U0148512

21世纪高等学校计算机基础实用规划教材

网络应用与信息检索

郭爱章 主编

张洁 杨清波 高峰 高茜 武继芬 副主编

清华大学出版社

北京

内容简介

网络应用与信息检索是一门面向多学科专业的公共课程，目的在于培养大学生掌握现代信息检索技术，快速、准确、有效地获取所需信息资源，培养良好的信息素养。为高校学生开展自主学习、探究式学习奠定基础。

本书共10章，分为网络技术基础、互联网信息利用、文献信息检索与利用3个部分。网络技术基础介绍了计算机网络基础知识，Internet基础知识及应用；互联网信息利用介绍了网络搜索引擎，互联网特殊资源的使用；文献信息检索与利用介绍了文献信息概论，信息检索的基本知识，中文常用数字资源，外文常用数字资源，特种文献的检索等内容。

本书主要满足当前高等学校计算机公共课教学的要求，既可以作为高等学校各学科专业本科生信息检索课程的教材，也可以作为科研人员信息检索方面的参考书。

图书在版编目(CIP)数据

网络应用与信息检索/郭爱章主编. --北京：清华大学出版社，2012.1
(21世纪高等学校计算机基础实用规划教材)
ISBN 978-7-302-27893-1

Ⅰ.①网…　Ⅱ.①郭…　Ⅲ.①网络检索－高等学校－教材　Ⅳ.①G354.4

中国版本图书馆CIP数据核字(2012)第005611号

责任编辑：魏江江　薛　阳
责任校对：焦丽丽
责任印制：王秀菊
出版发行：清华大学出版社　　**地　　址**：北京清华大学学研大厦A座
http://www.tup.com.cn　　**邮　　编**：100084
社　总　机：010-62770175　　**邮　　购**：010-62786544
投稿与读者服务：010-62776969，c-service@tup.tsinghua.edu.cn
质　量　反　馈：010-62772015，zhiliang@tup.tsinghua.edu.cn
印　刷　者：北京富博印刷有限公司
装　订　者：北京市密云县京文制本装订厂
经　　销：全国新华书店
开　　本：185×260　**印　张**：17.25　**字　数**：413千字
版　　次：2012年1月第1版　　**印　　次**：2012年1月第1次印刷
印　　数：1～3000
定　　价：29.50元

产品编号：041211-01

编审委员会成员

（按地区排序）

出版说明

随着我国改革开放的进一步深化，高等教育也得到了快速发展，各地高校紧密结合地方经济建设发展需要，科学运用市场调节机制，加大了使用信息科学等现代科学技术提升、改造传统学科专业的投入力度，通过教育改革合理调整和配置了教育资源，优化了传统学科专业，积极为地方经济建设输送人才，为我国经济社会的快速、健康和可持续发展以及高等教育自身的改革发展做出了巨大贡献。但是，高等教育质量还需要进一步提高以适应经济社会发展的需要，不少高校的专业设置和结构不尽合理，教师队伍整体素质亟待提高，人才培养模式、教学内容和方法需要进一步转变，学生的实践能力和创新精神亟待加强。

教育部一直十分重视高等教育质量工作。2007 年 1 月，教育部下发了《关于实施高等学校本科教学质量与教学改革工程的意见》，计划实施“高等学校本科教学质量与教学改革工程(简称‘质量工程’)”，通过专业结构调整、课程教材建设、实践教学改革、教学团队建设等多项内容，进一步深化高等学校教学改革，提高人才培养的能力和水平，更好地满足经济社会发展对高素质人才的需要。在贯彻和落实教育部“质量工程”的过程中，各地高校发挥师资力量强、办学经验丰富、教学资源充裕等优势，对其特色专业及特色课程(群)加以规划、整理和总结，更新教学内容、改革课程体系，建设了一大批内容新、体系新、方法新、手段新的特色课程。在此基础上，经教育部相关教学指导委员会专家的指导和建议，清华大学出版社在多个领域精选各高校的特色课程，分别规划出版系列教材，以配合“质量工程”的实施，满足各高校教学质量和教学改革的需要。

本系列教材立足于计算机公共课程领域，以公共基础课为主、专业基础课为辅，横向满足高校多层次教学的需要。在规划过程中体现了如下一些基本原则和特点。

(1) 面向多层次、多学科专业，强调计算机在各专业中的应用。教材内容坚持基本理论适度，反映各层次对基本理论和原理的需求，同时加强实践和应用环节。

(2) 反映教学需要，促进教学发展。教材要适应多样化的教学需要，正确把握教学内容和课程体系的改革方向，在选择教材内容和编写体系时注意体现素质教育、创新能力与实践能力的培养，为学生的知识、能力、素质协调发展创造条件。

(3) 实施精品战略，突出重点，保证质量。规划教材把重点放在公共基础课和专业基础课的教材建设上；特别注意选择并安排一部分原来基础比较好的优秀教材或讲义修订再版，逐步形成精品教材；提倡并鼓励编写体现教学质量和教学改革成果的教材。

(4) 主张一纲多本，合理配套。基础课和专业基础课教材配套，同一门课程有针对不同层次、面向不同专业的多本具有各自内容特点的教材。处理好教材统一性与多样化，基本教材与辅助教材、教学参考书，文字教材与软件教材的关系，实现教材系列资源配套。

(5) 依靠专家,择优选用。在制定教材规划时依靠各课程专家在调查研究本课程教材建设现状的基础上提出规划选题。在落实主编人选时,要引入竞争机制,通过申报、评审确定主题。书稿完成后要认真实行审稿程序,确保出书质量。

繁荣教材出版事业,提高教材质量的关键是教师。建立一支高水平教材编写梯队才能保证教材的编写质量和建设力度,希望有志于教材建设的教师能够加入到我们的编写队伍中来。

21世纪高等学校计算机基础实用规划教材

联系人:魏江江 weijj@tup.tsinghua.edu.cn

前 言

由于计算机和网络技术的飞速发展，当今社会已经进入信息时代。人类社会逐渐进入以"全球经济化"、"社会知识化"、"信息网络化"、"教育终身化"、"学习社会化"等一系列以信息时代为特征的知识经济时代。信息已与材料、能源并列成为社会的三大支柱，成为人类学习、生活以及从事科学研究的基础。随着 Internet 的迅速发展和广泛应用，使世界范围的信息交流、资源共享成为可能，从而大大拓展了人类的信息空间，网络信息资源成了人类社会生活中不可缺少的重要资源。

面对人类社会不断发展而积累起来的海量知识，如何高效、准确地查找所需要的信息，是每一个人在学习、研究和生活中都无法回避的问题。信息检索最早起源于图书馆的参考咨询工作和书目工作，后来，随着信息的急剧增加，人们对信息的利用也日趋广泛，信息检索也逐渐普及开来。计算机技术、网络技术、通信技术和大容量存储技术的发展和流行使得信息检索领域也发生了巨大的变化，现代信息检索与计算机科学的联系越来越密切，信息检索进入了全新的发展阶段。

本书以培养信息素养能力为目的，从网络基础及应用入手，突出信息检索的实用性和通用性，将重点放在数字信息资源和文献信息的检索方法和技巧应用上。本书分 3 个部分共 10 章。第 1 部分：网络技术基础，主要介绍计算机网络基础知识及新技术应用；Internet 基础知识及实用性较强的实训练习；Internet 应用，重点介绍实用性强、新兴的且学生感兴趣的部分。第 2 部分：互联网信息利用，主要介绍网络搜索引擎的概念、工作原理、组成及使用，同时给出了免费学术引擎的使用和目前国内外最关注的 OA 资源建设情况；互联网特殊资源的使用，主要介绍了 Web 2.0 的概念及应用、P2P 资源及应用、国内外各学科信息门户及网站资源。第 3 部分：文献信息检索与利用，主要介绍文献信息的概念、特征及重要的信息服务系统；信息检索的概念、检索语言、检索工具、检索系统、检索策略及评价等基本知识；在中外文常用数字资源、特种文献的检索章节中，重点介绍了国内外常用数据库、检索工具及检索方法。全书系统全面地把计算机网络知识、搜索引擎和信息检索的相关知识有机地结合在一起，方便学生掌握现代信息检索技术，高效、快捷地获取所需的信息资源。

本书共 3 个部分 10 章内容，郭爱章老师负责全书内容结构的设计及统稿工作，第 1 部分由张洁老师、高茜老师编写，第 2 部分由杨清波老师编写，第 3 部分由高峰老师、武继芬老师编写，张洁老师负责每章内容的引言及全书的校对。在本书的编写过程中，得到了作者单位领导、出版社魏江江主任和责任编辑的大力支持，在此一并表示衷心的感谢。

虽然本书的编者从事计算机网络技术及应用、信息检索等课程教学多年，但是由于编写时间有限，而且网络环境下信息资源的快速变化、网络信息资源检索平台的不断更新，以及本书编者的水平和视野有限，书中难免存在疏漏和不足之处，衷心欢迎业界同行的批评指正，也恳请各位读者反馈宝贵意见。

编　者

2011年11月

目录

第1部分 网络技术基础

第1章 计算机网络基础知识 …… 3

1.1 计算机网络的发展阶段 …… 3

1.2 计算机网络的定义、功能及分类 …… 4

1.2.1 计算机网络的定义 …… 4

1.2.2 计算机网络的功能 …… 4

1.2.3 计算机网络的分类 …… 5

1.3 计算机网络的应用 …… 7

1.4 未来的网络发展趋势 …… 10

1.4.1 三网融合 …… 10

1.4.2 光纤接入网 …… 10

1.4.3 TD-LTE-Advanced …… 11

1.4.4 云计算 …… 11

1.4.5 物联网 …… 12

思考题 …… 12

第2章 Internet 基础知识 …… 13

2.1 局域网 …… 13

2.1.1 局域网概述 …… 13

2.1.2 组建局域网的硬件设备 …… 13

2.2 广域网 …… 14

2.2.1 广域网概述 …… 14

2.2.2 组建广域网的硬件设备 …… 14

2.2.3 广域网技术的两种实现方式 …… 15

2.3 Internet 的接入方式 …… 17

2.3.1 用户计算机接入 Internet 的两种方式 …… 17

2.3.2 拨号方式接入 Internet 的工作原理 …… 18

2.3.3 局域网接入 Internet 的工作原理 …… 18

2.4 Internet 的一些重要概念 …… 19

2.4.1 IP 地址 …… 19
2.4.2 子网及子网掩码 …… 22
2.4.3 网关 …… 23
2.4.4 Internet 的域名系统 …… 24
2.4.5 WWW 和 URL …… 25
2.5 网络安全 …… 26
2.5.1 网络安全的重要性 …… 26
2.5.2 网络安全服务的主要内容 …… 27
2.5.3 防火墙的基本概念 …… 28
2.5.4 防火墙的作用 …… 29
2.6 本章实训 …… 29
2.6.1 计算机互联地址的配置 …… 29
2.6.2 网络基本技术应用 …… 32
2.6.3 Windows 环境下的网络资源共享 …… 35
思考题 …… 40
第 3 章 Internet 的应用 …… 41
3.1 IE 浏览器 …… 41
3.1.1 浏览器界面 …… 41
3.1.2 浏览器的使用方法 …… 42
3.2 电子邮件 …… 49
3.2.1 电子邮件服务使用的协议 …… 49
3.2.2 电子邮件地址格式 …… 49
3.2.3 电子邮件的工作过程 …… 49
3.2.4 电子邮件的优缺点 …… 50
3.2.5 免费电子邮箱的申请和电子邮件的收发 …… 50
3.2.6 Outlook Express 的使用 …… 55
3.3 新闻组的使用 …… 68
3.3.1 新闻组的优点 …… 68
3.3.2 新闻组访问方式 …… 69
3.4 BBS 与网上论坛的使用 …… 71
3.4.1 BBS 的特点 …… 71
3.4.2 中文 Internet BBS 系统 …… 72
3.4.3 论坛 …… 72
3.5 即时通信 …… 74
3.5.1 网上聊天 …… 74
3.5.2 网上寻呼 …… 74
3.5.3 IP 电话 …… 74
3.6 博客、播客、微博的使用 …… 75

3.6.1 博客 …… 75
3.6.2 播客 …… 79
3.6.3 微博 …… 83
思考题 …… 85

第2部分 互联网信息利用

第4章 网络搜索引擎 …… 89
4.1 计算机检索基本方法 …… 89
4.2 搜索引擎的定义和分类 …… 91
4.2.1 搜索引擎的定义 …… 91
4.2.2 搜索引擎的分类 …… 91
4.3 工作原理 …… 92
4.3.1 基本原理 …… 92
4.3.2 全文搜索引擎工作原理 …… 93
4.3.3 目录索引工作原理 …… 93
4.4 搜索引擎组成 …… 94
4.5 搜索引擎使用 …… 94
4.5.1 主要中文搜索引擎 …… 94
4.5.2 百度搜索引擎使用 …… 96
4.5.3 主要英文搜索引擎 …… 100
4.5.4 谷歌搜索引擎使用 …… 100
4.6 免费学术搜索引擎的使用 …… 103
4.7 OA资源 …… 105
4.7.1 Open Access资源简介 …… 105
4.7.2 中国OA资源 …… 106
思考题 …… 107

第5章 互联网特殊资源的使用 …… 108
5.1 Web 2.0的概念 …… 108
5.2 Web 2.0的主要应用 …… 109
5.2.1 博客 …… 109
5.2.2 RSS …… 111
5.2.3 Wiki百科全书 …… 112
5.2.4 网摘 …… 113
5.2.5 社交网络服务 …… 114
5.3 P2P资源及其利用 …… 115
5.4 FTP搜索引擎 …… 115
5.4.1 国外著名的FTP搜索引擎 …… 115

5.4.2 国内部分高校 FTP 站点 …… 116
5.5 学科信息门户 …… 117
5.5.1 一些国内外学科信息门户 …… 117
5.5.2 若干学科网站资源 …… 118
5.5.3 美国和欧洲大学网址资源 …… 138
5.6 开放课程计划 …… 141
5.6.1 开放式课程计划 …… 141
5.6.2 中国开放式教育资源共享协会 …… 142
5.6.3 其他的开放课程网站 …… 142
5.7 网络常用检索小工具集锦 …… 142
思考题 …… 144

第3部分 文献信息检索与利用

第6章 文献信息概论 …… 147

6.1 信息、知识、文献 …… 147
6.1.1 信息 …… 147
6.1.2 知识 …… 149
6.1.3 文献 …… 150
6.1.4 知识创新、信息意识与信息素质教育 …… 151
6.2 信息源及其特征 …… 152
6.2.1 文献信息源 …… 152
6.2.2 电子信息源 …… 156
6.2.3 实物及口头信息源 …… 157
6.3 信息服务业 …… 158
6.3.1 政府信息系统 …… 158
6.3.2 文献服务系统 …… 160
思考题 …… 164

第7章 信息检索的基本知识 …… 165

7.1 信息检索 …… 165
7.1.1 信息检索的概念 …… 165
7.1.2 信息检索的类型 …… 165
7.1.3 信息检索的原理 …… 166
7.2 信息检索语言 …… 167
7.2.1 体系分类法和分类检索语言 …… 167
7.2.2 主题法和主题检索语言 …… 168
7.3 检索工具 …… 169
7.3.1 检索工具的概念和特征 …… 169

7.3.2 检索工具种类 …… 170
7.3.3 检索工具的排检方法 …… 174
7.4 检索系统 …… 176
7.4.1 检索系统的概念 …… 176
7.4.2 检索系统的分类 …… 176
7.5 信息检索策略与效果评价 …… 177
7.5.1 检索策略的概念 …… 177
7.5.2 检索策略的制定 …… 177
7.5.3 文献检索效果的评价 …… 179
7.6 计算机检索 …… 180
7.6.1 计算机检索发展概况 …… 180
7.6.2 计算机信息检索系统 …… 181
7.6.3 计算机检索基本方法 …… 183
7.6.4 计算机信息检索步骤 …… 183
思考题 …… 184

第8章 中文常用数字资源 …… 185

8.1 文献型数字资源 …… 185
8.1.1 CNKI 数据库 …… 185
8.1.2 中文科技期刊数据库 …… 188
8.1.3 超星数字图书馆 …… 195
8.1.4 万方数据知识服务平台 …… 197
8.1.5 国家图书馆 OPAC …… 199
8.1.6 CALIS OPAC 系统 …… 201
8.2 事实、数据型数字资源 …… 203
8.2.1 中国大百科全书网络版 …… 203
8.2.2 CNKI 知网工具书库 …… 206
8.2.3 国研网 …… 206
思考题 …… 208

第9章 外文常用数字资源 …… 209

9.1 EBSCO 数据库系统(EBSCOhost) …… 209
9.1.1 EBSCO 数据库 …… 209
9.1.2 检索方法 …… 210
9.2 SpringerLink 全文数据库 …… 210
9.3 工程索引 …… 212
9.3.1 工程索引概述 …… 212
9.3.2 EI Engineering Village 2(EV2) …… 212
9.4 化学文摘 …… 215

9.4.1 美国《化学文摘》…… 215
9.4.2 《化学文摘》网络版…… 215
9.5 ISI多学科文献资料数据库 …… 220
9.5.1 数据库简介…… 221
9.5.2 检索方法…… 221
思考题…… 225

第10章 特种文献的检索 …… 226

10.1 专利文献信息检索 …… 226
10.1.1 专利含义、类型及特点…… 226
10.1.2 专利文献的含义、类型及特点…… 227
10.1.3 国际专利分类法简介 …… 228
10.1.4 专利文献检索的类型及途径 …… 229
10.1.5 国内外专利文献检索工具…… 230
10.1.6 国内外检索专利文献的相关网站 …… 232
10.2 会议文献信息检索 …… 233
10.2.1 会议文献的含义及类型 …… 233
10.2.2 会议文献的检索工具 …… 233
10.2.3 网上会议文献信息资源 …… 234
10.2.4 我国国内相关会议文献数据库 …… 235
10.3 学位论文的检索 …… 236
10.3.1 学位论文的含义及种类 …… 236
10.3.2 国内学位论文的重要检索工具 …… 237
10.3.3 学位论文数据库 …… 237
10.4 标准文献信息检索…… 237
10.4.1 标准文献的含义及其类型 …… 237
10.4.2 标准的分类体系和代号 …… 239
10.4.3 国际标准化组织及其网站 …… 239
10.4.4 中国标准组织及其文献检索…… 242
10.5 科技报告的检索 …… 243
10.5.1 科技报告的含义及类型 …… 243
10.5.2 中国科技报告及其检索工具 …… 244
10.5.3 国外科技报告及其检索工具 …… 244
思考题 …… 248

附录A 《中国图书馆分类法》简表…… 249

附录B 美国《化学文摘》编排格式…… 253

参考文献…… 259

第1部分

网络技术基础

第1章 计算机网络基础知识

21 世纪的一个非常重要的特征就是数字化、网络化和信息化。信息的传递要依靠网络,因此实现信息化离不开完善的网络。网络已成为信息社会的命脉和重要基础,21 世纪可以说是一个以网络为核心的信息时代。本章主要介绍计算机网络的发展阶段,计算机网络的定义、功能及分类,计算机网络的应用。通过本章的学习,读者将对上述内容有一个总体的了解,为后面章节的学习打下基础。

1.1 计算机网络的发展阶段

计算机网络技术的发展速度与应用的广泛程度是惊人的。计算机网络从形成、发展到广泛应用大致经历了近四十年的历史。纵观计算机网络的形成与发展历史,大致可以将它划分为 4 个阶段。

第一阶段可以追溯到 20 世纪 50 年代。那时,人们开始将彼此独立发展的计算机技术与通信技术结合起来,完成了数据通信技术与计算机通信网络的研究,为计算机网络的产生做好了技术准备,并奠定了理论基础。

第二阶段应该从 20 世纪 60 年代美国的 ARPANET 与分组交换技术开始。ARPANET 是计算机网络技术发展中的一个里程碑,它的研究成果对促进网络技术发展具有重要作用,并为 Internet 的形成奠定了基础。

第三阶段可以从 20 世纪 70 年代中期算起。20 世纪 70 年代中期,国际上各种广域网、局域网与公用分组交换网发展十分迅速,各个计算机生产商纷纷发展各自的计算机网络系统,但随之而来的是网络体系结构与网络协议的国际标准化问题。国际标准化组织(International Organization for Standardization,ISO)在推动开放系统参考模型与网络协议的研究方面做了大量的工作,对网络理论体系的形成与网络技术的发展起到了重要的作用,但它同时也面临着 TCP/IP 的严峻挑战。

第四阶段要从 20 世纪 90 年代算起。这个阶段最有挑战性的话题是 Internet 与异步传输模式(Asynchronous Transfer Mode,ATM)技术。Internet 作为世界性的信息网络,正在当今经济、文化、科学研究、教育与人类社会生活等方面发挥着越来越重要的作用。以 ATM 技术为代表的高速网络技术的发展,为全球信息高速公路的建设提供了技术准备。在这个阶段中,计算机网络发展的特点是:Internet 的广泛应用与高速网络技术的迅速发展。

1.2 计算机网络的定义、功能及分类

1.2.1 计算机网络的定义

下面看一下如图 1-1 所示的一个简单的计算机网络。

图 1-1 简单的计算机网络

在这个网络中，有两台分别装有网络操作系统的可以独立工作的计算机，它们通过连接在集线器上的两条电缆线连接在一起，两台计算机之间可以互相通信，互相使用对方的软驱、光驱和各自磁盘上的软件资源，可以安装一个网络游戏两人共同娱乐。一台计算机如果要拷贝另一台计算机上的容量约 10MB 的数据，只需要仅仅几秒钟的时间。

由此，从资源共享的观点上来看可以给计算机网络下一个最通常、最简单的定义：以能够相互共享资源的方式互连起来的自治计算机系统的集合。资源共享观点的定义符合目前计算机网络的基本特征，这主要表现在：计算机网络建立的主要目的是实现计算机资源的共享；互连的计算机是分布在不同地理位置的多台独立的"自治计算机"；联网计算机之间的通信必须遵循共同的网络协议。

从技术角度讲，组建计算机网络需要三要素：可独立自主工作的计算机、连接计算机的介质、通信协议(protocol)。可独立自主工作的计算机，是指装有操作系统的完整的计算机系统。如果一台计算机脱离了网络或其他计算机就不能工作，则不认为它是独立自主的。介质可以是同轴电缆、双绞线、光纤等有线介质，或是微波、红外、卫星等无线介质。通信协议可以理解为一种通信双方预先约定的共同遵守的格式和规范，同一网络中的两台设备之间要通信必须使用互相支持的共同协议。如果任何一台设备不支持用于网络互联的协议，它就不能与其他设备通信。可以将人的语言理解为人们互相通信的一种协议。图 1-2 中的两个不懂外语的外国人谈话相互都听不懂。图 1-3 中两台计算机使用不同的协议相互不能通信。

图 1-2 人们相互通信的协议——语言

图 1-3 计算机相互通信的协议——计算机网络协议

1.2.2 计算机网络的功能

随着计算机网络技术的发展及应用需求层次的日益提高，计算机网络功能的外延也在不断扩大。

1. 数据通信

数据通信包括两方面的含义，第一个方面的含义是：在计算机都处于工作状态的前提下脱离软盘、U盘、光盘等外存储器通过网络快速传送文件。在没有计算机网络的环境中，任意两台计算机之间若想实现数据的传递就必须通过软盘、光盘、移动硬盘、U盘等移动存储介质来完成。这种数据的传递方法很显然有很多的缺陷。一是工作效率低，二是不能保证数据的一致性。

数据通信的第二个方面的含义是：在需要接收文件的计算机暂时无法处于工作状态的情况下，传送文件的人可以将网络中的某台计算机作为邮局，并将需要传送的文件暂存到这个邮局中，而收件人只需凭借密码即可到那台存放文件的计算机中取信。

2. 资源共享

资源共享包含三个方面的含义：一是硬件的共享，二是软件的共享，三是数据的共享。

(1) 硬件共享

在计算机出现的初期，硬盘的价格是非常昂贵的，网络中每个工作站都装有硬盘是不现实的，因此为了节省经费和便于管理，就令网络中的多个工作站共享一个服务器硬盘，所有的数据和文件都存入这一个服务器中。

而随着计算机硬盘价格的逐渐降低，每台计算机都配备一个硬盘显然是小菜一碟了。这时，共享硬盘的情况减少了，但是其他的诸如打印机、扫描仪、绘图仪等硬件设备，如果一台计算机配备一个，显然不太现实，而通过网络则可令多台计算机共享一台打印机或扫描仪等外部设备，从而实现了一台外部设备交替着为多个人服务。

(2) 软件共享

共享软件资源比较典型的应用就是网络版软件的安装和使用。一是可以节省大量的资金；二是可以更好地进行版本控制；三是可以解决由于软件对硬件的环境要求高而不能在某些计算机上安装的问题。

(3) 数据共享

数据共享可以保证数据的准确性，促进人们相互交流，达到充分利用信息资源的目的。

计算机网络除了具有以上这两大传统功能之外，还具有以下两大功能。

(1) 提高计算机系统的可靠性和可用性

当一台计算机出现故障时，其他计算机可以马上承担起由该故障机所担负的任务。计算机网络能够进行智能的判断，均衡网络中每台计算机的负载。

(2) 易于进行分布处理

用户可根据情况选择计算机网内的资源，以就近的原则快速处理；对于较大型的综合问题，通过一定的算法将任务交给不同的计算机，从而达到均衡网络资源，实现分布处理的目的；将多台计算机连成具有高性能的计算机系统，以并行的方式共同来处理一个复杂的问题。

1.2.3 计算机网络的分类

从不同的角度可以对计算机网络进行不同的分类。

1. 根据计算机分布的地理位置划分

根据计算机分布的地理位置将计算机网络划分为：局域网(LAN)、广域网(WAN)和城域网(MAN)三种。

局域网用在一些局部的，地理位置相近的场合（家庭、办公室、建筑物），所包含的计算机数目有限。主要在一个单位拥有的建筑物里用本单位所拥有的电缆线连接起来，即网络的隶属权是属于该单位自己的。

广域网用在一些地理位置相距甚远的场合（国家），所包含的机器数目可高达几百万台。常常通过租用一些公用的通信服务设施连接起来，如公用的无线电通信设备、微波通信线路、光纤通信线路和卫星通信线路等，这些设备可以突破距离的局限性。

城域网介于局域网和广域网之间，可以覆盖一组临近公司的办公室和一个城市，一般适用于 5～150km 的范围。既可能是私有的，也有可能是公用的。可将城域网划归到局域网的范围之内，认为城域网是一种更大的局域网。LAN 技术具有价格低、可靠性高、安装方便和管理方便等优点。WAN 复杂性高、对通信的要求也高。可通过图 1-4 进一步理解三者之间的关系。

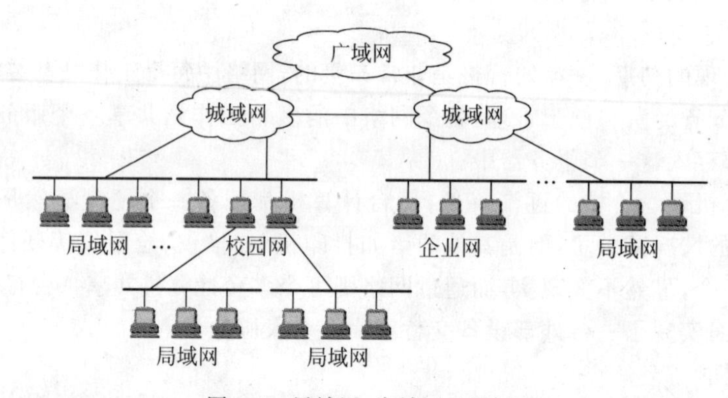

图 1-4　局域网、广域网、城域网

2. 根据网络的拓扑结构划分

把网络中的计算机等设备抽象为点，把网络中的通信媒体抽象为线，就形成了由点和线组成的几何图形，即采用拓扑学方法抽象出的网络结果，称之为网络的拓扑结构。

计算机网络按拓扑结构可以分成总线型网络、星状网络、环状网络、树状网络和混合型网络，如图 1-5～图 1-9 所示。

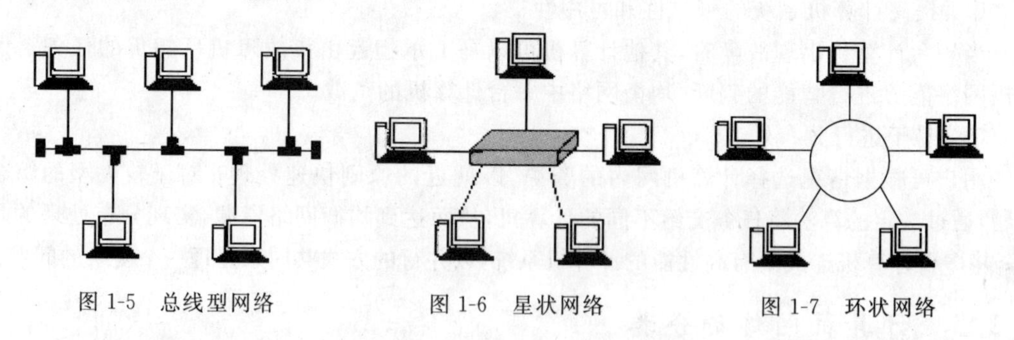

图 1-5　总线型网络　　图 1-6　星状网络　　图 1-7　环状网络

3. 根据传输介质分类

传输介质就是指用于网络连接的通信线路。目前常用的传输介质有同轴电缆、双绞线、光纤、卫星、微波等有线或无线传输介质，相应地可将网络分为同轴电缆网、双绞线网、光纤网、卫星网和无线网。

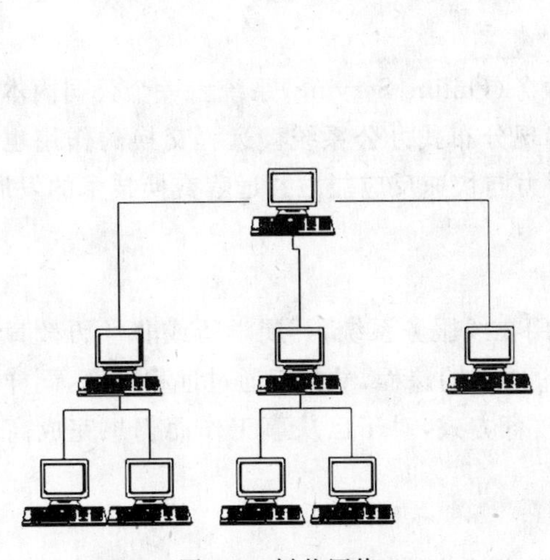

图 1-8　树状网络

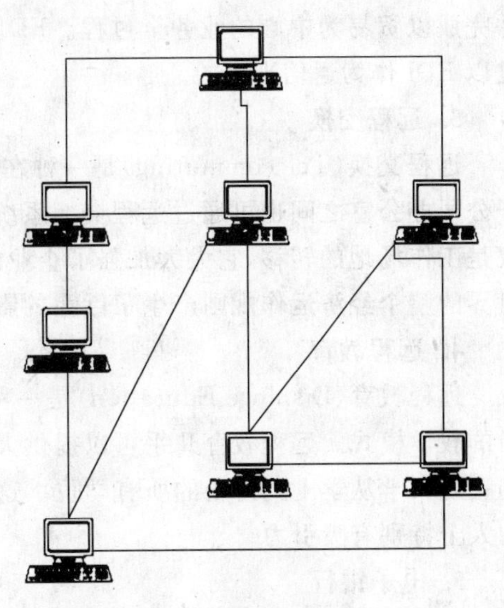

图 1-9　混合型网络

4. 按带宽速率分类

带宽速率指的是“网络带宽”和“传输速率”两个概念。

传输速率是指每秒钟传送的二进制位数，通常使用的计量单位为 b/s、Kb/s、Mb/s。计算机网络的带宽是指网络可通过的最高数据率，即每秒多少比特。描述带宽也常常把“比特/秒”省略。例如，带宽是 10M，实际上是 10Mb/s。这里的 M 是 10^6。

按网络带宽可以分为基带网(窄带网)和宽带网；按传输速率可以分为低速网、中速网和高速网。一般来讲，高速网是宽带网，低速网是窄带网。

1.3　计算机网络的应用

计算机网络在资源共享和信息交换方面所具有的功能，是其他系统所不能替代的。计算机网络所具有的高可靠性、高性能价格比和易扩充性等优点，使得它在工业、农业、交通运输、邮电通信、文化教育、商业、国防以及科学研究等各个领域、各个行业获得了越来越广泛的应用。计算机网络的应用范围非常广泛，本节仅介绍一些带有普遍意义和典型意义的应用领域。

1. 办公自动化

办公自动化(Office Automation，OA)系统，按计算机系统结构来看是一个计算机网络，每个办公室相当于一个工作站。它集计算机技术、数据库、局域网、远距离通信技术以及人工智能、声音、图像、文字处理技术等综合应用技术之大成，是一种全新的信息处理方式。办公自动化系统的核心是通信，其所提供的通信手段主要为数据/声音综合服务、可视会议服务和电子邮件服务。

2. 电子数据交换

电子数据交换(Electronic Data Interchange，EDI)是将贸易、运输、保险、银行、海关等行业信息用一种国际公认的标准格式，通过计算机网络通信，实现各企业之间的数据交换，并完成以贸易为中心的业务全过程。EDI在发达国家应用已很广泛，我国的"金关"工程就是以EDI作为通信平台的。

3. 远程交换

远程交换(Telecommuting)是一种在线服务(Online Serving)系统。一个公司内本部与子公司办公室之间也可通过远程交换系统，实现分布式办公系统。远程交换的作用也不仅仅是工作场地的转移，它大大加强了企业的活力与快速反应能力。远程交换技术的发展，对世界的整个经济运作规则产生了巨大的影响。

4. 远程教育

远程教育(Distance Education)是一种利用在线服务系统，开展学历或非学历教育的全新的教学模式。远程教育几乎可以提供大学中所有的课程，学员们通过远程教育，同样可得到正规大学从学士到博士的所有学位。这种教育方式，对于已从事工作而仍想完成高学位的人士特别有吸引力。

5. 电子银行

电子银行也是一种在线服务系统，是一种由银行提供的基于计算机和计算机网络的新型金融服务系统。电子银行的功能包括：金融交易卡服务、自动存取款作业、销售点自动转账服务、电子汇款与清算等，其核心为金融交易卡服务。金融交易卡的诞生，标志了人类交换方式从物物交换、货币交换到信息交换的又一次飞跃。

6. 电子公告板系统

电子公告板系统(Bulletin Board System，BBS)是一种发布并交换信息的在线服务系统。BBS可以使更多的用户通过电话线以简单的终端形式实现互联，从而得到廉价的丰富信息，并为其会员提供网上交谈、发布消息、讨论问题、传送文件、学习交流和游戏等的机会和空间。

7. 证券及期货交易

证券及期货交易由于获利巨大、风险巨大且行情变化迅速，投资者对信息的依赖显得格外重要。金融业通过在线服务计算机网络提供证券市场分析、预测、金融管理、投资计划等需要大量计算工作的服务，提供在线股票经纪人服务和在线数据库服务(包括最新股价数据库、历史股价数据库、股指数据库以及有关新闻、文章、股评等)。

8. 广播分组交换

广播分组交换实际上是由一种无线广播与在线系统结合的特殊服务，该系统使用户在任何地点都可使用在线服务系统。广播分组交换可提供电子邮件、新闻、文件等传送服务，无线广播与在线系统通过调制解调器，再通过电话局可以结合在一起。移动式电话也属于广播系统。

9. 校园网

校园网(Campus Network)是在大学校园区内用以完成大中型计算机资源及其他网内资源共享的通信网络。无论在国内还是国外，校园网的存在与否，是衡量该院校学术水平与管理水平的重要标志，也是提高学校教学、科研水平不可或缺的重要支撑环节。

共享资源是校园网最基本的应用，人们通过网络更有效地共享各种软、硬件及信息资源，为众多的科研人员提供一种崭新的合作环境。校园网可以提供异型机联网的公共计算环境、海量的用户文件存储空间、昂贵的打印输出设备、能方便获取的图文并茂的电子图书信息，以及为各级行政人员服务的行政信息管理系统和为一般用户服务的电子邮件系统。校园网示意图如图 1-10 所示。某高校校园网拓扑结构示意图如图 1-11 所示。

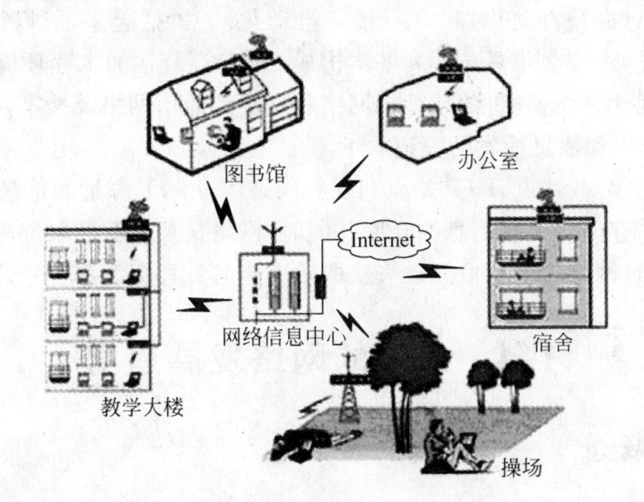

图 1-10　校园网示意图

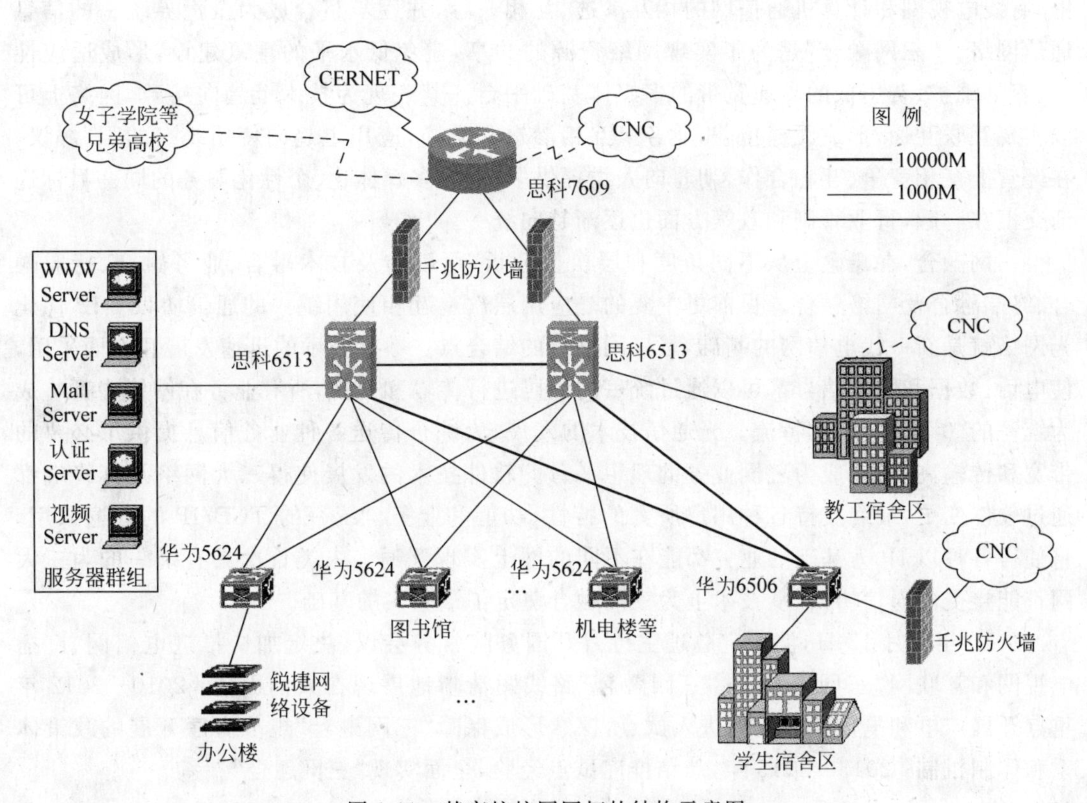

图 1-11　某高校校园网拓扑结构示意图

10. 智能大厦和结构化综合布线系统

智能大厦(Intelligent Building)是近 10 年来新兴的高技术建筑形式，它集计算机技术、通信技术、人类工程学、楼宇控制、楼宇设施管理为一体，使大楼具有高度的适应性(柔性)，以适应各种不同环境与不同客户的需要。智能大厦是以信息技术为主要支撑的，这也是其具有“智能”名称的由来。有人认为具有三 A 的大厦，可视为智能大厦。所谓三 A 就是 CA(通信自动化)、OA(办公自动化)和 BA(楼宇自动化)。概括起来，可以认为智能大厦除有传统大厦功能之外，主要必须具备下列基本构成要素：高舒适的工程环境、高效率的管理信息系统和办公自动化系统、先进的计算机网络和远距离通信网络及楼宇自动化。

11. 信息的仓库和信息检索的渠道

网络上众多的 Web 站点、FTP 站点和视频网站等存储了海量的信息，从这个角度上可以把网络看做一个存储着大量信息的仓库。同时，网络又是人们获取资源的渠道，只要能接入网络，便可以通过网络这个通信渠道去获取站点上的各种资源。

1.4 未来的网络发展趋势

1.4.1 三网融合

“三网融合”又叫“三网合一”(即 FTTx)，是当代热门技术及热门话题之一。意指电信网、有线电视网和计算机通信网的相互渗透、互相兼容，并逐步整合成为全世界统一的信息通信网络。“三网融合”是为了实现网络资源的共享，避免低水平的重复建设，形成适应性广、容易维护、费用低的高速宽带的多媒体基础平台。其表现为技术上趋向一致，网络上可以实现互联互通，形成无缝覆盖，业务上互相渗透和交叉，应用上趋向使用统一的 IP 协议，在经营上互相竞争、互相合作，朝着向人类提供多样化、多媒体化、个性化服务的同一目标逐渐交汇在一起，行业管制和政策方面也逐渐趋向统一。

三网融合，在概念上从不同角度和层次上分析，可以涉及技术融合、业务融合、行业融合、终端融合及网络融合。目前更主要的是应用层次上互相使用统一的通信协议。IP 优化光网络就是新一代电信网的基础，是三网融合的结合点。数字技术的迅速发展和全面采用，使电话、数据和图像信号都可以通过统一的编码进行传输和交换，所有业务在网络中都将成为统一的“0”或“1”的比特流。光通信技术的发展，为综合传送各种业务信息提供了必要的带宽和传输高质量，成为三网业务的理想平台。软件技术的发展使得三大网络及其终端都通过软件变更，最终支持各种用户所需的特性、功能和业务。统一的 TCP/IP 的普遍采用，将使得各种以 IP 为基础的业务都能在不同的网上实现互通。人类首次具有统一的为三大网都能接受的通信协议，从技术上为三网融合奠定了最坚实的基础。

2010 年 1 月 13 日，温家宝总理主持召开国务院常务会议，决定加快推进电信网、广播电视网和互联网“三网融合”。“三网融合”路线图清晰地展现在人们面前：2010—2012 年重点开展广电和电信业务双向进入试点，探索形成保障“三网融合”规范有序开展的政策体系和体制机制；2013—2015 年，总结推广试点经验，全面实现“三网融合”。

1.4.2 光纤接入网

光纤接入网(OAN)，是指用光纤作为主要的传输媒质，实现接入网的信息传送功能。通过光线路终端(OLT)与业务节点相连，通过光网络单元(ONU)与用户连接。光纤接入网包括远端设备——光网络单元和局端设备——光线路终端，它们通过传输设备相连。系统的主要组成部分是 OLT 和远端 ONU。它们在整个接入网中完成从业务节点接口(SNI)到用户网络接口(UNI)间有关信令协议的转换。接入设备本身还具有组网能力，可以组成多种形式的网络拓扑结构。同时接入设备还具有本地维护和远程集中监控功能，通过透明的光传输形成一个维护管理网，并通过相应的网管协议纳入网管中心统一管理。

OLT 的作用是为接入网提供与本地交换机之间的接口，并通过光传输与用户端的光网络单元通信。它将交换机的交换功能与用户接入完全隔开。光线路终端提供对自身和用户端的维护和监控，它可以直接与本地交换机一起放置在交换局端，也可以设置在远端。

ONU 的作用是为接入网提供用户侧的接口。它可以接入多种用户终端，同时具有光电转换功能以及相应的维护和监控功能。ONU 的主要功能是终结来自 OLT 的光纤，处理光信号并为多个小企业、事业用户和居民住宅用户提供业务接口。ONU 的网络端是光接口，而其用户端是电接口。因此 ONU 具有光/电和电/光转换功能。它还具有对话音的数/模和模/数转换功能。ONU 通常放在距离用户较近的地方，其位置具有很大的灵活性。

光纤通信具有通信容量大、质量高、性能稳定、防电磁干扰、保密性强等优点。在干线通信中，光纤扮演着重要角色，在接入网中，光纤接入也将成为发展的重点。光纤接入网是发展宽带接入的长远解决方案。

1.4.3 TD-LTE-Advanced

TD-LTE-Advanced(LTE-Advanced TDD 制式)是中国继 TD-SCDMA 之后，提出的具有自主知识产权的新一代移动通信技术。它吸纳了 TD-SCDMA 的主要技术元素，体现了我国通信产业界在宽带无线移动通信领域的最新自主创新成果。2004 年，中国在标准化组织 3GPP 提出了第三代移动通信 TD-SCDMA 的后续演进技术 TD-LTE，主导完成了相关技术标准。2007 年，按照“新一代宽带无线移动通信网”重大专项的要求，中国政府面向国内组织开展了 4G 技术方案征集遴选。国内企事业单位积极响应，累计提交相关技术提案近 600 篇。经过两年多的攻关研究，对多种技术方案进行分析评估和试验验证，最终中国产业界达成共识，在 TD-LTE 基础上形成了 TD-LTE-Advanced 技术方案。目前，TD-LTE-Advanced 已获得欧洲标准化组织 3GPP 和亚太地区通信企业的广泛认可和支持。在 4G 国际标准制定过程中，TD-LTE-Advanced 将面临其他候选技术的挑战。中国将全力推动 TD-LTE-Advanced 成为 4G 国际标准，积极推进相关产业发展。

LTE 作为无线网络领域的下一代主要技术，具备超宽带的速度，数据下行速率达到 100Mb/s，可以为百万像素级的多媒体应用提供几乎瞬时的响应，从而实现卓越的用户体验。在 2010 年上海世博会上，中国移动提供了基于 TD-LTE 技术的高清视频会议、三维实景技术及高清影像采集系统等应用。

1.4.4 云计算

云计算(Cloud Computing)是网格计算(Grid Computing)、分布式计算(Distributed Computing)、并行计算(Parallel Computing)、效用计算(Utility Computing)、网络存储(Network Storage Technologies)、虚拟化(Virtualization)、负载均衡(Load Balance)等传统计算机技术和网络技术发展融合的产物。

它旨在通过网络把多个成本相对较低的计算实体整合成一个具有强大计算能力的完美系统，并借助 SaaS、PaaS、IaaS、MSP 等先进的商业模式把这强大的计算能力分布到终端用户手中。Cloud Computing 的一个核心理念就是通过不断提高“云”的处理能力，进而减少用户终端的处理负担，最终使用户终端简化成一个单纯的输入输出设备，并能按需享受“云”的强大计算处理能力。

云计算的核心思想，是将大量用网络连接的计算资源统一管理和调度，构成一个计算资源池向用户按需提供服务。

1.4.5 物联网

2009 年 2 月 24 日，在 2009 IBM 论坛上，IBM 大中华区首席执行官钱大群公布了名为“智慧的地球”的最新策略。此概念一经提出，即得到美国各界的高度关注，甚至有分析认为 IBM 公司的这一构想极有可能上升至美国的国家战略，并在世界范围内引起轰动。IBM 认为，IT 产业下一阶段的任务是把新一代 IT 技术充分运用在各行各业之中，具体地说，就是把感应器嵌入和装备到电网、铁路、桥梁、隧道、公路、建筑、供水系统、大坝、油气管道等各种物体中，并且被普遍连接，形成物联网。

2009 年 8 月，温家宝总理在视察中国科学院无锡物联网产业研究所时，对于物联网应用也提出了一些看法和要求。自温总理提出“感知中国”以来，物联网被正式列为国家五大新兴战略性产业之一，写入“政府工作报告”，物联网在中国受到了全社会极大的关注，其受关注程度是在美国、欧盟，以及其他各国不可比拟的。

从技术架构上来看，物联网可分为三层：感知层、网络层和应用层。感知层由各种传感器以及传感器网关构成，包括二氧化碳浓度传感器、温度传感器、湿度传感器、二维码标签、RFID 标签和读写器、摄像头、GPS 等感知终端。感知层的作用相当于人的眼耳鼻喉和皮肤等神经末梢，它是物联网识别物体、采集信息的来源，其主要功能是识别物体、采集信息。网络层由各种私有网络、互联网、有线和无线通信网、网络管理系统和云计算平台等组成，相当于人的神经中枢和大脑，负责传递和处理感知层获取的信息。应用层是物联网和用户（包括人、组织和其他系统）的接口，它与行业需求结合，实现物联网的智能应用。

物联网的行业特性主要体现在其应用领域内，目前绿色农业、工业监控、公共安全、城市管理、远程医疗、智能家居、智能交通和环境监测等各个行业均有物联网应用的尝试，某些行业已经积累了一些成功的案例。

思 考 题

1. 什么是计算机网络？
2. 计算机网络的功能是什么？
3. 计算机网络有哪些常见的网络拓扑结构？

第 2 章 Internet 基础知识

Internet 是人类历史上的一大奇迹，它让分居世界各地的人们感到不再遥远，通过它人们能够找到想知道或者想得到的信息。可以说，它改变了人们的生活方式，把人们带入了信息时代。本章主要介绍局域网、广域网、Internet 的接入方式，Internet 的一些重要概念、网络安全等。通过本章的学习，读者将对 Internet 的基础知识有进一步的了解。

2.1 局 域 网

2.1.1 局域网概述

局域网(Local Area Network，LAN)，顾名思义就是局部区域的计算机网络。局域网是一种小范围(几千米)的以实现资源共享为基本目的而组建的计算机网络，其本质特征是分布距离短、数据传输速度快。较低速的局域网传输数据的速度大约为 10～100Mb/s，较高速的局域网传输数据的速度可达 1000Mb/s～10Gb/s。

目前 LAN 的主要用途有：共享局域网中的资源，如打印机、绘图仪等；共享服务器上数据库中的数据；共享服务器上的多媒体数据，如音乐、电影等；向用户提供电子邮件等服务；用户间的数据拷贝与存储。

2.1.2 组建局域网的硬件设备

组建局域网使用的主要设备为，集线器、交换机和路由器等，如图 2-1 所示，对应的硬件设备图标如图 2-2 所示。如图 2-3 所示的是一组相对功能较强的局域网交换机。

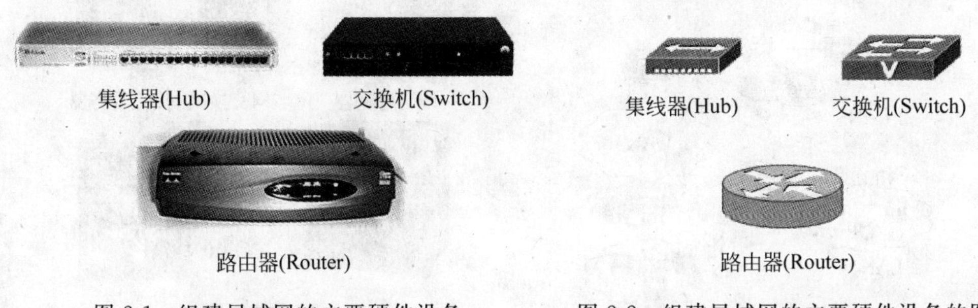

图 2-1 组建局域网的主要硬件设备　　图 2-2 组建局域网的主要硬件设备的图标

图 2-3　一组相对功能较强的局域网交换机

2.2　广　域　网

2.2.1　广域网概述

广域网(Wide Area Network,WAN)是指分布在不同的国家、地域,甚至全球范围的各种局域网互联而成的大型计算机通信网络。广域网中的主机和工作站的物理分布一般在几千米以上。

广域网与局域网所覆盖的地理范围和所有权不同:局域网的地理范围在十几千米以内(一个建筑物内、一所校园或一个企业内),所有权隶属于一个单位和部门的计算机网络;广域网的地理范围一般可从几千米到几万千米(一个城市、一个国家或洲际间的网络)。WAN 示意图如图 2-4 所示。

例如,像 IMB、Sun 等计算机公司都建立了自己企业的广域网,它们通过通信部门的通信网络来连接分布在全球的各子公司。广域网的传输速度相对局域网来说较低,一般在几 Kb/s 到 2Mb/s 左右。WAN 的主要功能是在较大范围的区域内提供数据通信服务,主要用于互联局域网。WAN 可分类为公用电话网 PSTN、综合业务数字网 ISDN、数字数据网 DDN、X. 25 共用分组交换网、帧中继 Frame Relay、异步传输模式 ATM 等。

2.2.2　组建广域网的硬件设备

组建广域网使用的主要设备为:调制解调器、广域网交换机、接入服务器、路由器和防火墙等,如图 2-5 所示。

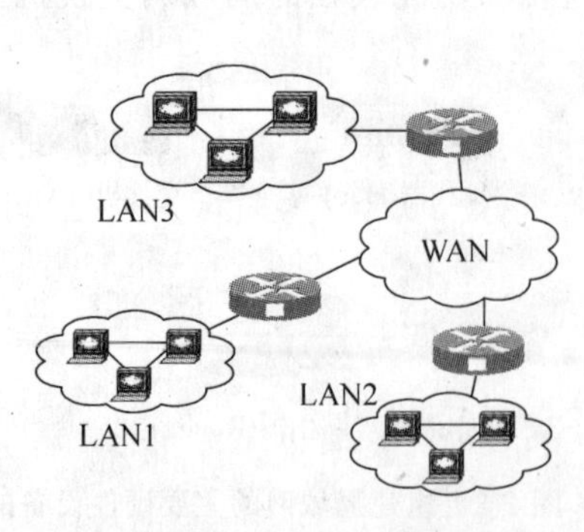

图 2-4　WAN 示意图

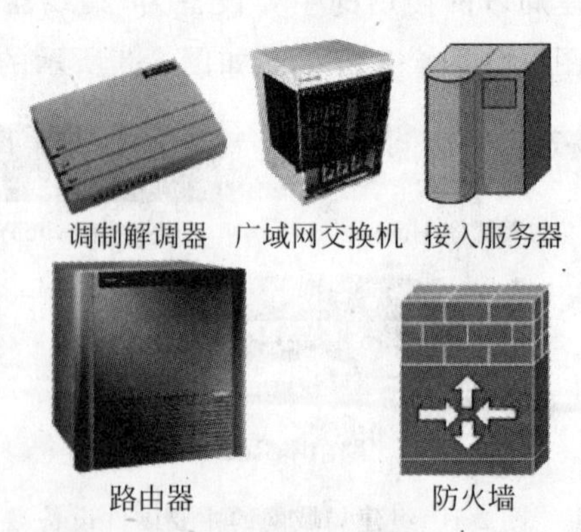

图 2-5　组建广域网使用的主要硬件设备

2.2.3 广域网技术的两种实现方式

广域网往往需要借助电信运营商的设备和通信线路来支持长距离的数据通信，因此在广域网中，提供公共传输网络服务的主要单位就是电信部门。那么数据在广域网中是如何进行传输的呢？换句话说，公共传输网络可以分为哪几类呢？数据在广域网中传输主要可以通过两种方式来实现：一是电路交换；二是分组交换。

1. 电路交换

传统的电话网是采用电路交换的，两部电话机只需要用一对电线就能够互相连接起来，但当电话机的数量很大时，如果再两两相连，需要使用的线就太多了，这时就只能使用交换机跟每一个电话机相连，电话与电话相通，必须通过交换机转接。

在电路交换方式中实现通信，必须按照以下这三个步骤完成：第一个步骤是打电话之前先拨号，拨号建立连接。这个拨号，可能只需经过一个交换机，也可能需要经过很多。第二个步骤是通话过程中，通信双方一直占用所建立的连接，也就是数据传输阶段。第三个步骤是电话打完了，挂机，释放资源，也就是线路释放阶段。电路交换的通信过程如图 2-6 所示。

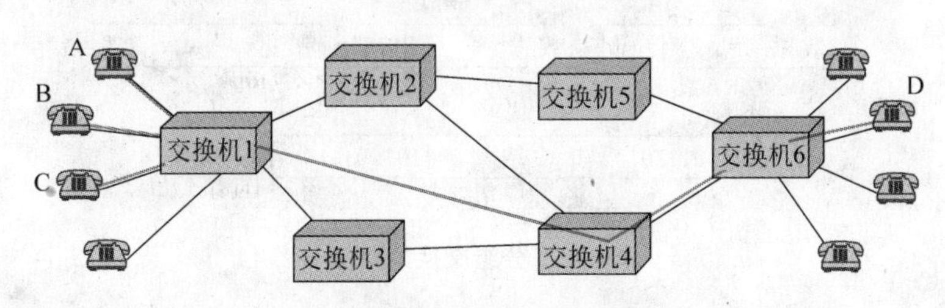

图 2-6　电路交换的通信过程

早期的计算机网络采用的就是这样的电路交换，图 2-6 中的电话由具有独立功能的计算机代替，构成了电路交换的计算机网络。那时计算机很少，非常昂贵。远地终端是没有处理功能的，只能通过通信线路（可能要经过许多个交换机）使用处于网络中心的计算机的资源。电路交换方式的优点是：通信实时性强，适用于交互式会话类通信。缺点是：对突发性通信不适应，系统效率低；系统不具有存储数据的能力，不能平滑交通量；系统不具备差错控制能力，无法发现与纠正传输过程中发生的数据差错。

电话网是为电话通信设计的，因此电路交换的电话网很适合于电话通信。但计算机数据具有很大的突发性，使用电路交换会导致网络资源严重浪费。计算机逐渐增多，联网的需求日益迫切，计算机网络需要使用更加有效的联网技术，这就促使基于存储转发分组交换方式的问世。

2. 分组交换

在电路交换方式中，在传输数据之前，必须首先在发送端与接收端之间建立一个物理连接，在物理连接建立好之后才能传输数据，并且在传输数据的时候这条物理线路是专用的，其他人是不可以使用的。另外，在这条物理线路上传输的数据就是数据本身，不需要在数据上再添加任何的控制信息或地址信息。但是在基于存储转发分组交换方式当中就不同了，它不需要事先在发送端和接收端之间建立物理连接，但是发送的数据不再是数据本身了，还要在发送数据的同时发送一些控制信息和地址信息。

分组交换方式中，传输的数据单元以报文分组(Packet Switching)的形式存在，所谓的报文分组交换就是发送端在发送数据的时候将一个长报文分成多个报文分组，对于每一个报文分组分别进行存储转发，而在接收端接收数据的时候再将多个报文分组按顺序重新组织成一个长报文的这样一个交换方式。而报文分组通常也可以直接简称为分组。分组交换的原理如图 2-7 所示。

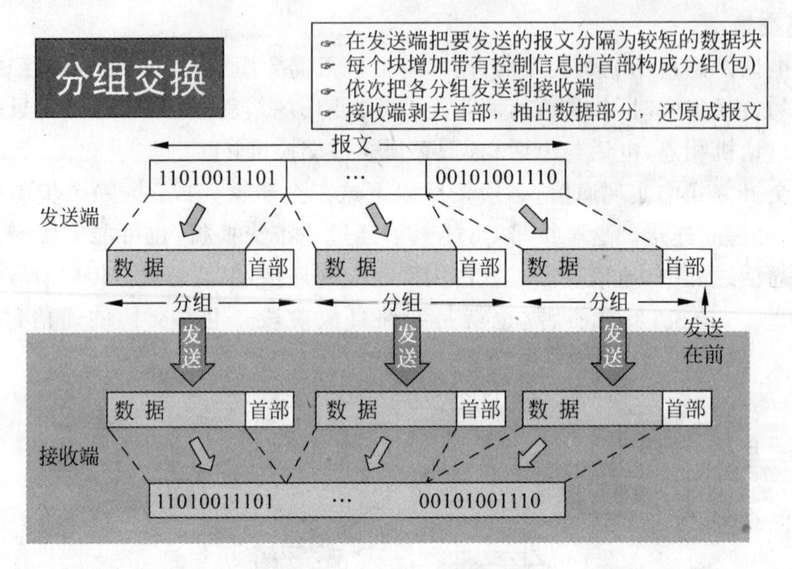

图 2-7　分组交换的原理

基于存储转发分组交换方式的基本原理如图 2-8 所示。计算机 A 首先把数据发送给一个路由器，路由器先把数据存下来，然后根据报文或报文分组中所包含的数据的目的地址查路由表，查找需要把数据转发到哪一个路由器；然后再根据查找结果，把数据转发给下一个路由器；重复同样的步骤，直到找到目的计算机。

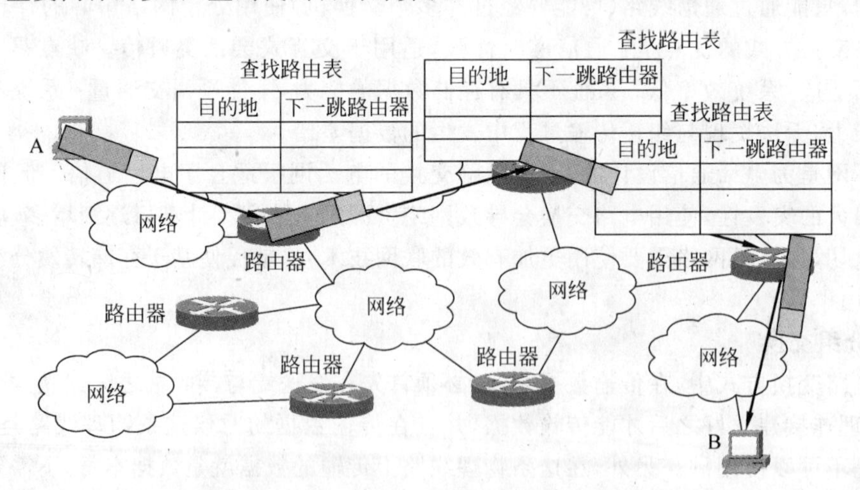

图 2-8　基于存储转发分组交换方式的基本原理

2.3 Internet的接入方式

Internet代表着全球范围内一组无限增长的信息资源，是人类所拥有的知识宝库之一。Internet的发展速度是非常惊人的，据说平均每半小时就有一个新的网络与Internet相连，每月有近100万人成为Internet的新网民。2006年1月17日，中国互联网信息中心(CNNIC)发布了《第17次中国互联网络发展状况统计报告》。报告显示，截至2005年12月31日，我国网民人数就达到1.11亿了。而2009年1月13日，中国互联网信息中心(CNNIC)发布了《第20次中国互联网络发展状况统计报告》。报告显示，我国网民人数已达到2.98亿了。在短短的三年内，就增长了一亿多网民。

要使用Internet提供的服务，就必须将自己的计算机接入Internet。任何一台计算机都可以接入Internet，只要以某种方式与已经接入Internet的Internet服务提供商(Internet Service Provider，ISP)的主机进行连接即可。

2.3.1 用户计算机接入Internet的两种方式

目前，个人用户接入Internet主要有两种方式，一种是通过局域网接入Internet；另一种是通过电话网接入Internet，如图2-9所示。

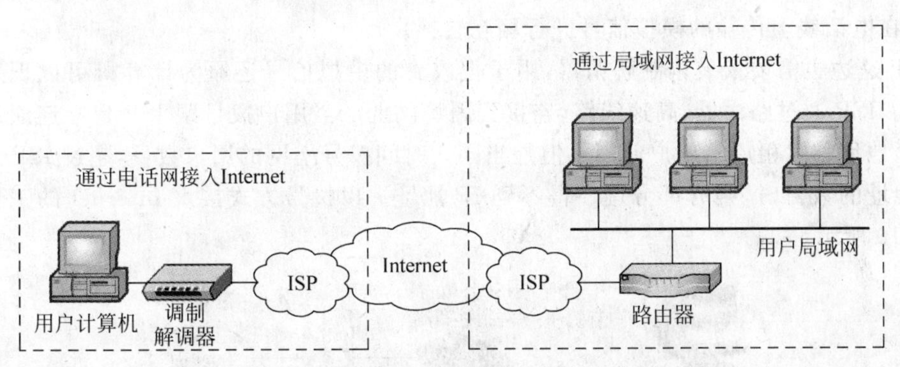

图2-9 用户计算机接入Internet的两种方式

从图2-9可以看出，不论是通过电话线接入Internet还是通过局域网接入Internet都必须从ISP那里申请账号，然后通过ISP连接到因特网中。

ISP是连接Internet和用户的一个商业机构，绝大多数Internet用户都是通过本地区的ISP连接到Internet中。ISP直接为人们提供Internet的服务，不同的ISP提供的接入服务质量不同，资费标准也不同，并且由于每个ISP所开通的线路数量以及使用的国际线路的容量不尽相同，所以从不同的ISP连接到Internet时的拨通率和连接速度也会有所不同。用户在选择ISP时主要的考虑因素有以下几个方面。

接入方式：即电话中继的多少，如果中继多，则可提高拨号时的拨通率。

出口大小：出口带宽越大，则速度越快，越不容易造成堵塞。

连接费用：价格要合理。

服务项目：一般对个人用户，只提供Web和E-mail服务。

技术支持：包括是否提供上网软件，是否帮助安装和培训等。

选定自己的ISP后,就要申请一个账号了。一般要按照ISP的规定出示自己的有效证件,填写一些表格并签署几份文件,建议仔细阅读ISP的有关规章制度,弄清自己在网上的权利和义务,可以做些什么,哪些事不能做。当ISP接受用户的上网申请后,会为用户提供以下几项信息:用户名(账号)、密码、域名服务器DNS的IP地址及其他一些附带信息。这个IP地址就是人们为本机配置TCP/IP的时候在首选DNS服务器处需要输入的IP地址,换句话说,如果想通过域名对Internet中的计算机进行访问,需要首先通过申请的这个ISP的DNS服务器进行域名解析。这些信息都是ISP必须提供的。

当人们通过LAN上网时,一般ISP给人们提供这些信息就足够了。而如果选择的是通过拨号方式入网,则ISP除了需要提供上面的信息之外,还需要提供ISP入网服务电话号码,也就是Modem接入时呼叫的电话号码。

对于个人用户来讲,可以通过ISP来申请IP地址。对于单位来讲,可分为两种情况,如果长期使用大量的IP地址,可以到中国互联网络信息中心(CNNIC)申请。如果虽然是长期上网,但只需要少量的几个IP地址,只需到本地的ISP去申请即可。

2.3.2 拨号方式接入Internet的工作原理

ISP需首先按手续申请到一批IP地址,可以临时出租,当人们需要连入Internet时需首先拨号跟ISP建立连接。此时,计算机上需要安装调制解调器,用于将PC的数字信号与适合于在电话线上传输的模拟信号进行相互转换。

ISP这边也需要安装调制解调器,用于把收到的模拟信号还原为计算机可以识别的数字信号。ISP通过路由器、高速线路,连接到因特网上。当用户拨号跟ISP建立连通后,ISP会把IP地址临时租用给用户使用。但是当同一时间拨号上网的用户数目,超过ISP所拥有的IP地址的数目时,则有部分用户得不到IP地址。以拨号方式接入Internet的工作原理如图2-10所示。

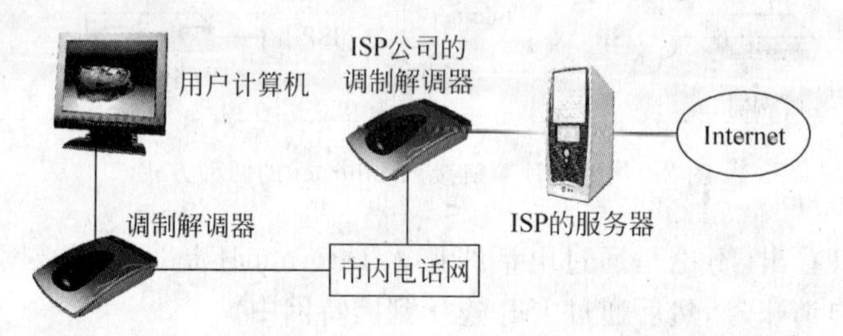

图2-10　拨号方式接入Internet的工作原理

2.3.3 局域网接入Internet的工作原理

所谓“通过局域网接入Internet”,是指用户局域网使用路由器,通过数据通信网与ISP相连接,再通过ISP的线路接入Internet。局域网接入Internet的工作原理如图2-11所示。

采用这种接入方式时,用户花费在租用线路上的费用比较昂贵,用户端通常是有一定规模的局域网,例如一个企业网或校园网。一般来说,采用这种接入方式的用户希望达到以下目的:在Internet上提供信息服务。通过Internet实现企业内部网的互联。在单位内部配置连接Internet的电子邮件服务器获得更大的带宽,以保证传输的可靠性。

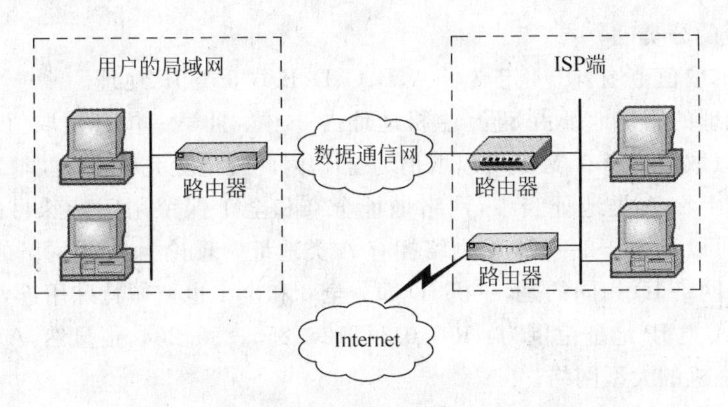

图 2-11　局域网接入 Internet 的工作原理

2.4　Internet 的一些重要概念

2.4.1　IP 地址

1. IP 地址的结构

连接在因特网中的每台计算机或路由器都有一个由授权机构分配的号码，这个号码称做 IP 地址，并且这个 IP 地址在世界范围内必须是唯一的。Internet 是用路由器作为网络互联设备，将分布在世界各地、数以万计、规模不一的计算机网络互联起来的国际网。而路由器最主要的作用就是要进行路由选择，根据分组首部中的目的 IP 地址查找出下一跳路由器的地址，从而将分组由发送主机成功地发送到接收主机。

IP 地址的作用类似于发信时在信封上所写的发件人地址和收件人地址。源主机在发送 IP 数据包时只需指明第一个路由器，而该路由器会根据该数据包中的目的 IP 地址来决定在 Internet 中的传输路径，在经过路由器的多次转发后将该数据包交给目的主机。至于数据包具体沿哪一条路径从源主机发送到目的主机，用户不参与，完全由通信子网独立完成。

IP 协议规定，IP 地址是 32 位的二进制数字，记起来非常困难，且输入时容易出错。为了方便记忆和书写，人们将每 8 位二进制数字转换成十进制数字，中间以“点”相隔，并将这种表示方式称为“点-分”十进制表示法。

IP 地址不但可以用来识别某一台主机，还隐含着网际间的路径信息。这里的主机是指网络上的一个节点，而不是简单地理解为一台计算机。实际上，一台计算机可以有多个 IP 地址。

IP 地址采用的分层机构，分为“网络地址”与“主机地址”两部分。

网络地址也可以叫做网络 ID 或者网络标识，用来标识主机所在的网络。同一个网段上的计算机具有同样的网络 ID。主机地址也可以叫做主机 ID 或主机标识，用来标识同一个网段上的不同的主机。这里的主机并不一定是计算机，还可以是路由器或是其他设备。

同一网络内的主机分配相同的网络标识号，同一网络内的不同主机必须分配不同的主机地址，以区分主机。不同网络内的每台主机必须具有不同的网络标识号，但是不同网络中主机的主机地址可以相同。

2. IP 地址的分类

根据不同的取值范围,IPv4 定义了 A、B、C、D、E 共 5 类 IP 地址。

A 类 IP 地址的网络地址占 8 位,主机地址占 24 位,且第一位必须取值为“0”。网络地址部分最小可以取值为全 0,最大可以取值为全 1,因此理论上允许有 2^7,即 128 个不同的 A 类网络,但实际上在 A 类地址当中,网络地址全 0 和全 1 保留用于特殊目的,并不允许使用。因此最多可以有 $2^7-2=126$ 个网络拥有 A 类地址。理论上 A 类网络的主机地址数多达 224 个,但与网络 ID 相同的是,主机 ID 部分全 0 和全 1 也留做特殊用途,因此,实际上可以用于分配的 A 类 IP 地址范围为: 1.0.0.1～126.255.255.254,很显然,A 类 IP 地址结构适用于有大量主机的大型网络。

B 类 IP 地址的网络地址与主机地址各占 16 位,且前两位必须取值为“10”。与 A 类 IP 地址一样,全 0 和全 1 还是保留用于特殊目的,不允许使用,因此 B 类 IP 地址最多可以标识 $2^{14}-2$ 个网段,最多可以拥有 $2^{16}-2$ 个主机,实际上可以用于分配的 B 类 IP 地址范围为: 128.1.0.1～191.254.255.254。B 类 IP 地址可以支持的网络规模和主机数都比较适中,适用于一些国际性大公司或规模较大的单位与政府机构。

C 类 IP 地址的网络地址占 24 位,主机地址占 8 位,且前三位必须取值为“110”。同样,全 0 和全 1 还是保留用于特殊目的,不允许使用,C 类 IP 地址最多可以标识 $2^{21}-2$ 个网段,最多可以拥有 2^8-2 个主机。因此,实际上可以用于分配的 C 类 IP 地址范围为: 192.0.1.1～223.255.254.254。C 类 IP 地址可以支持的网络数比较多,而可以支持的主机数比较少,因此特别适用于一些规模较小的单位,如公司、院校等单位与普通的研究机构。

D 类地址前 4 位必须取值为“1110”。D 类 IP 地址不分网络地址和主机地址,主要是留给 Internet 体系结构委员会 IAB 使用,不标识具体的网络,可用于一些特殊的用途,如多目的地址广播(multicasting)。可以用于分配的 D 类 IP 地址范围为: 224.0.0.0～239.255.255.255。

E 类地址前 5 位必须取值为“11110”。该类地址现在暂时保留做实验或将来使用,目前不对外放号。

在这 5 类地址当中,目前大量使用的仅有 A、B、C 这三类。

3. 特殊的 IP 地址

第一种特殊地址是: 网络标识部分全零,主机标识部分全零,换句话说 32 位全零,这种 IP 地址是指本机,这种 IP 地址在机器启动的时候需要使用。

第二种特殊地址是: 网络标识部分全零,主机标识部分为某一个主机地址,这表明这台计算机是主机类型的 IP 地址,是本网的主机。

第三种特殊地址是: 标识了网络部分,主机部分是全零,这种 IP 地址是用来标识一个网络地址或子网地址。比如 192.168.5.0,就表示一个 C 类网络地址

第四种特殊地址是: 标识了网络部分,但是主机部分是全 1,这种 IP 地址就是网络或子网的广播地址。广播地址有两种形式,一种是标识网络部分,另一种是网络部分全 1。前一种情况是一种直接广播,即报文会在前缀部分指定的网络中直接广播。比如,IP 地址为 192.168.101.255,数据会在网络 ID 为 192.168.101 的这个 C 类网络上广播,即信息会发送到网络 ID 为 192.168.101 的这个 C 类网络上的所有主机中; 广播地址的第二种形式是网络部分全为 1,主机部分也全为 1,这是一种有限广播,即报文只会在本地网中广播。

第五种特殊地址：前缀是127，后缀三个字节任意。这类IP地址是一个回环，用于测试使用。当安装了TCP/IP的时候，如果想测试一下协议站安装得是否正确，可以先在本地测，在本地测就可以通过127开头的任意的IP地址来测，人们通常习惯用127.0.0.1来测，它可以将消息传给自己，如果能ping通，说明网卡连接正常。实际上只要前面是127，后面可以是任意的数字。

4. 私有IP地址

当某个单位不需要访问互联网，只需实现内部网络中的计算机的互连时，就可以选用一段私有IP地址来节约IP地址空间。这些IP地址不能用于公网上。

私有IP地址的范围有：

10.0.0.0～10.255.255.255；

172.16.0.0～172.31.255.255；

192.168.0.0～192.168.255.255 。

5. 下一代互联网协议IPv6

(1) IPv4的局限性

目前Internet采用的协议簇是TCP/IP协议簇。IP是TCP/IP协议簇中网络层的协议，是TCP/IP协议簇的核心协议。IP协议的版本号是4(简称为IPv4)，发展至今已经使用了30多年。它的地址位数为32位，也就是最多有2^{32}台计算机可以连接到Internet上。

① 地址空间局限问题——从理论上讲，可以编址1600万个网络、40亿台主机。但采用A、B、C三类编址方式后，可用的网络地址和主机地址的数目大打折扣，以致目前的IP地址近乎枯竭。其中北美占有3/4，约30亿个，而人口最多的亚洲只有不到4亿个，中国只有三千多万个，只相当于美国麻省理工学院的数量。设计者没有预计到微型计算机会普及得如此之快，由于互联网的蓬勃发展，IP地址的需求量愈来愈大，使得IP地址的发放愈来愈趋于严格，各项资料显示全球IPv4地址很可能在最近几年间全部发完。

② IP地址在使用时有很大的浪费。

(2) IPv6的优点

IPv6是下一版本的互联网协议，也可以说是下一代互联网的协议。为了扩大地址空间，拟通过IPv6重新定义地址空间。IPv6采用128位地址长度，几乎可以不受限制地提供地址。按保守方法估算IPv6实际可分配的地址，整个地球的每平方米面积上仍可分配1000多个地址。在IPv6的设计过程中，除了一劳永逸地解决了地址短缺问题以外，还考虑了在IPv4中解决不好的其他问题，主要有端到端IP连接、服务质量QoS、安全性、移动性、即插即用等。

IPv6支持两种自动配置技术。一种技术基于动态主机配置协议DHCP，该协议用于动态编址技术。每当一台计算机登录到网络上时，动态编址方法就把一个IP地址赋予该计算机。利用DHCP，可以将一个IP地址在规定的时间内出租给特定的计算机。DHCP可以使具有DHCP服务的服务器检测到新的工作站、服务器或网络设备的出现，并给它分配一个IP地址。这种动态编址技术被称为有状态自动配置技术。另一种IPv6自动配置技术是无状态自动配置技术。在无状态自动配置技术中，网络设备分配的是自己的IP地址，而不是从服务器中获取的地址。网络设备仅仅将它的网络接口卡(网卡)上的MAC地址和它从子网上的路由器中获取的子网命名结合起来，就建立了地址。

(3) IPv6 的地址表示方法

用原来 IPv4 的“点一分”十进制来书写 IPv6 的 128 个比特的 IP 地址为：255.254.0.12.0.0.0.0.12.0.0.0.0.0.0.12，很复杂。IPv6 用“冒号十六进制”记法，它把每 16 个比特用十六进制值表示，各组之间用冒号分隔，如 FFFE:000C:0000:0000:0C00:0000:0000:000C。

(4) IPv6 冒号十六进制的地址压缩

① 一组中的前导零可以忽略不写。例如上面这个 IPv6 地址中的第二组 000C 可以直接写成 C，则该地址可压缩为：FFFE:C:0:0:C00:0:0:C。

② 还允许零压缩，即一串连续的零可以为一对冒号所取代，为了保证零压缩有一个不含混的解释，建议中还规定，在任一地址中，只能使用一次零压缩。该技术对已建议的分配策略特别有用，因为会有许多地址包含连续的零串。例如，上面这个 IPv6 地址可压缩为：FFFE:C::C00:0:0:C。

③ 冒号十六进制记法结合点分十进制记法的后缀，这种结合在 IPv4 向 IPv6 的转换阶段特别有用，如 0:0:0:0:0:0:192.168.101.5。

请注意，在这种记法中，虽然为冒号所分隔的每个值是一个 16 比特的量，但每个点分十进制部分的值则指明一个字节的值。再使用零压缩：多个 0 块的单个连续序列由双冒号符号(::)表示，如::192.168.101.5。

6. TCP

TCP/IP 协议族中一个主要的传输协议是 TCP，TCP 是 Transmission Control Protocol 的缩写，中文译名是传输控制协议。TCP 驻留在用户计算机中，工作在 TCP/IP 模型的传输层，它的作用是保证应用程序之间端到端的可靠服务，包括数据分段、流量控制、可靠性等；当网络中的通信量过大时，TCP 就告诉发送端要放慢发送数据，即流量控制；此外 IP 协议还要负责可靠传输：控制数据的丢失、重复和乱序问题。

如何保证数据不出现上述问题呢，简单地说，TCP 是采用下面的这个方法来解决的：TCP 给要传送的每一个字节的数据都进行编号；接收端在收到数据后必须向发送端发送确认信息；若发送端在规定的时间内没有收到对方的确认，就重传这部分数据。

2.4.2 子网及子网掩码

1. 子网

划分子网的目的就是通过划分子网来令网络中大量的计算机进行更加有效的通信。而子网就是将前面所讲的 A、B、C 这三类网络在原有 IP 地址的基础之上，通过进一步的划分生成多个逻辑网络。划分子网的方法是令多个物理网络共享一个 IP 地址的前缀，即多个物理网络共享一个网络地址，再通过将原来 IP 地址主机地址分为子网地址部分和主机地址部分来将一个网络地址分出多个网络来。前半部分描述主机隶属于哪个物理网络，后半部分描述是哪台计算机。这种编址方法就是子网编址。

在划分子网之前，寻址顺序是：先按所要找的 IP 地址中的网络地址 net-id 把目的网络找到；而当分组到达目的网络后，再利用主机地址 host-id 将数据报直接交付给目的主机。而划分了子网之后，就需要先根据网络地址判断需要将数据投递到哪个网络，而当数据进入网络内部之后，再由网络内部的路由器来决定该将数据包投递到哪个网点。

2. 子网掩码

子网编码的思想已经清楚，但在实际操作时怎样才能知道后缀部分哪些代表子网标识，哪些代表主机标识呢？也就是说本地路由器怎么知道我的本地网点到底是如何划分子网呢，就要用到子网掩码。

通过子网掩码，可以非常方便地判断出这个本地网点具体地又划分为几个子网。而子网掩码是怎么定义的呢？IP 地址有 32 位，子网掩码对应地也有 32 位，其中 IP 地址表示网络地址和子网地址的位对应到子网掩码中相应位就取 1，而表示主机的位对应到子网掩码中相应的位就取 0。由于子网地址占前面连续的几位，主机地址占后面连续的几位，因此所有的 1 都是连续的，所有的 0 也都是连续的，0 不可能夹在 1 之间出现。

对于任何一个路由器而言，它只能通过 IP 地址本身来断定哪些是网络地址，哪些是主机地址，但是无法断定主机地址具体又是如何划分为子网部分和主机部分的，因此本地网点中的路由器在接收到 Internet 中的分组之后，还需要将子网掩码与目的主机的 IP 地址结合起来断定应该将分组再转发到哪个子网当中。具体的判定方法是：将子网掩码与 IP 地址进行与操作，与操作的值就是 IP 地址所在的子网的子网号码，进而路由器根据与操作之后的结果来判定分组应该转发到哪个子网中，如图 2-12 所示。

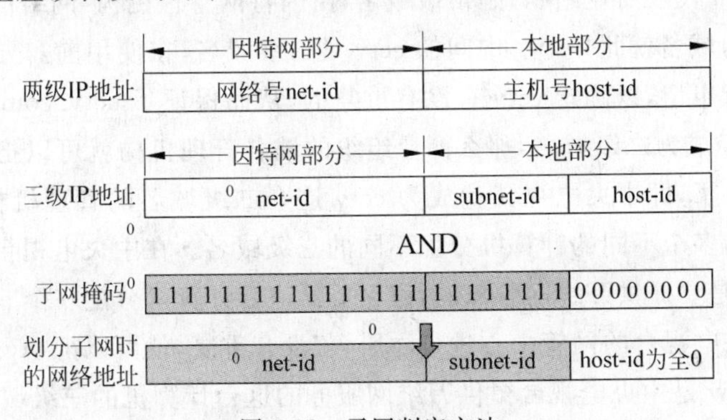

图 2-12　子网判定方法

2.4.3　网关

网关(Gateway)就是一个网络连接到另一个网络的“关口”。按照不同的分类标准，网关也有很多种。TCP/IP 里的网关是最常用的，在这里所讲的“网关”均指 TCP/IP 下的网关。那么网关到底是什么呢？网关实质上是一个网络通向其他网络的 IP 地址。比如有网络 A 和网络 B，网络 A 的 IP 地址范围为 192.168.1.1～192.168.1.254，子网掩码为 255.255.255.0；网络 B 的 IP 地址范围为 192.168.2.1～192.168.2.254，子网掩码为 255.255.255.0。在没有路由器的情况下，两个网络之间是不能进行 TCP/IP 通信的，即使是两个网络连接在同一台交换机(或集线器)上，TCP/IP 也会根据子网掩码(255.255.255.0)判定两个网络中的主机处在不同的网络里。要实现这两个网络之间的通信，则必须通过网关。如果网络 A 中的主机发现数据包的目的主机不在本地网络中，就把数据包转发给它自己的网关，再由网关转发给网络 B 的网关，网络 B 的网关再转发给网络 B 的某个主机。因此，只有设置好网关的 IP 地址，TCP/IP 才能实现不同网络之间的相互通信。那么这个 IP 地址是哪台机器的 IP 地址呢？网关的 IP 地址是具有路由功能的设备的 IP 地址，具有路由功能的设备有路由器、启用了路由协议的服务器(实质上相当于一台路由器)、代理服务器(也相当于一台路由器)等。

就好像一个房间可以有多扇门一样,一台主机可以有多个网关。默认网关的意思是一台主机如果找不到可用的网关,就把数据包发给默认指定的网关,由这个网关来处理数据包。现在主机使用的网关一般指的是默认网关。

2.4.4 Internet 的域名系统

1. Internet 域名

域名其实就是名字,因特网对这个名字采用的是分级管理,它将一个名字分为多个级,每一级由不同的部门来进行管理,而这每一级就称做是一个域,因此就有了"域名"这个概念。

为了将多个级区分开,因特网将域名分为:一级域名、二级域名、三级域名、四级域名。并给一级域名起了一个特别的名字叫"顶级域名"。下面以中央电视台在因特网中提供万维服务的网站域名"www. cctv. com"为例介绍域名的命名过程。

最右边的. com 代表商业组织,是顶级域名,由因特网管理机构"网络信息中心"来定,全世界的商业组织的域名就此一个。中间的 cctv 是二级域名,在使用前需要先到商业组织的域名管理机构进行申请,以确定 cctv 有没有重复的,从而保证了 cctv. com 在全世界是唯一的。既然 cctv 已经成为二级域名,那么商业组织的域名管理机构就可以把二级域名的管理权授予中央电视台了,即中央电视台就成为 cctv 这个二级域名的管理机构,它可以对 cctv 这个二级域名下的多个不同的计算机分配不同的三级域名。在中央电视台的多台计算机当中,有一台计算机是要提供万维网服务的,假设要给这台计算机分配一个三级域名 www,那么就需要先在中央电视台的网管中心进行注册,若没有重复,就可以把 www 作为 cctv 下的三级域名。即 www 是中央电视台提供万维网服务的这台计算机的三级域名。

从上面的例子当中,可以看出域名系统与 IP 地址的结构一样,也是采用典型的层次结构。Internet 的域名结构是由 TCP/IP 协议集的域名系统(Domain Namc System,DNS)定义的。DNS 将整个 Internet 划分为多个顶级域,并为每个顶级域规定了通用的顶级域名。域名反映了 DNS 的分层性质。在这种模式下,每个域名都包含使用句点分隔的一系列标签。域名中的最后一个标签代表"顶级域"(Top-Level Domain,TLD),也就是 DNS 层次中的最高一级。常用顶级域名如表 2-1 所示。表中列出的前 8 个 TLD 是在 20 世纪 80 年代中期建成的。此外,每个国家都有其自己的域前缀,也就是国家码 TLD。例如中国域以. cn 结尾,而加拿大域以. ca 结尾。

在使用域命名方法的 TCP/IP 网络上,每个计算机都与域名和 IP 地址有关。由于域名比 IP 地址更容易记忆,所以使用网络的人们通常使用域名模式来指特定的计算机。但是要注意,TCP/IP 网络使用的是 IP 地址而不是计算机名。因此,当用户希望利用名称访问特定的计算机时,Internet 必须将计算机名翻译成 IP 地址。

域名系统的特点就是:在域名系统中,每个域是由不同的组织来管理的,而这些组织又可将其子域分给其他的组织来管理。这种层次结构的优点是:各个组织在它们的内部可以自由选择域名,只要保证组织内的唯一性,而不用担心与其他组织内的域名冲突。

表 2-1 顶级域

顶级域	组织的类型	顶级域	组织的类型
ARPA	保留的查找域（特殊的 Internet 功能）	BIZ	商业
COM	公司	INFO	自由使用
EDU	教育机构	AERO	航空业
GOV	政府部门	COOP	协会
ORG	非商业组织（例如非盈利机构）	MUSEUM	博物馆
NET	网络机构（比如 ISP）	NAME	个人
INT	国际条约组织	PRO	专业人士（例如医生、律师和工程师）
MIL	美国军事组织		

2. 域名服务器

在 Internet 上，域名与 IP 地址之间是一一对应的，域名虽然便于人们记忆，但机器之间只能互相认识 IP 地址，它们之间的转换工作称为域名解析，域名解析需要由专门的域名解析服务器(Domain Name Server，DNS)来完成，DNS 就是进行域名解析的服务器。

DNS 是一种 TCP/IP 服务，它可以把计算机名或域名转换成 IP 地址，也可以把 IP 地址转换成计算机名或域名。这个过程被称为“解析”。DNS 在全球范围内进行操作。为了更加有效地路由数据，DNS 分成三个部分：解析器、名称服务器和名称空间。

“解析器”是 Internet 上的一些主机，需要通过它们查阅域名信息并将信息与 IP 地址相关联。解析器客户端内嵌在 Telnet、HTTP 和 FTP 等 TCP/IP 应用程序中。例如，当用户访问 Web 并将浏览器指向 www. cybertang. com 时，工作站将启动一个解析器并将主机名 www. cybertang. com 域与正确的 IP 地址相关联。如果以前连接到过该站点，那么信息就有可能存在于临时内存中，这样就可以非常快速地进行检索。否则，解析器服务将查询计算机的名称服务器，以便找到 www. cybertang. com 的 IP 地址。

“名称服务器”(也称为“DNS 服务器”)是包含名称及相关 IP 地址数据库的服务器。名称服务器向解析器提供它所需要的信息。如果名称服务器无法解析 IP 地址，那么查询将被传递给更高一级的名称服务器。例如，如果试图从办公室的计算机访问 www. cybertang. com 这个 Web 站点，那么提供与该主机名称相关联的 IP 地址的第一台服务器可能是该站点的 DNS。如果它不包含需要的信息，则会将请求传递给 Internet 更高一级的名称服务器(例如，一台由公司的 ISP 运营的服务器)。

全球的许多服务器共同跟踪 IP 地址和相关联的域名。“名称空间”是指 IP 地址及其相关名称的数据库。每台名称服务器都保留一部分 DNS 名称空间。在层次的最高一级是根服务器。根服务器是一台名称服务器，用于确定如何访问顶级域(比如以. com、. edu 或. net 结尾的域)。

2.4.5 WWW 和 URL

1991 年，CERN(欧洲粒子物理研究所)的科学家 Tim Berners-Lee 发现，随着研究的发展，研究所里文件不断更新，人员流动很大，很难找到最新的资料。他借用了20世纪50年代出现的"超文本"概念提出了一个建议：用服务器维护一个目录，目录的链接指向每个人的文件；每个人维护自己的文件，保证别人访问的时候总是最新的文档。由此他提出了万维网（World Wide Web）的概念。在Internet上超文本互相链接，就形成纵横交错的万维网。

WWW通常简称为Web，是许多台Internet服务器的集合，是一种组织和格式化分散在这些服务器上的数据的方法。在客户端，访问Web需要TCP/IP、唯一的IP地址、到Internet的连接，以及Web浏览器。在服务器端，Web站点需要TCP/IP、到DNS服务器的连接、路由器、Web服务器软件，以及到Internet的连接。Web站点还必须有一个被认可并注册过的域名，这样浏览器才能找到它。

每一个Web页都有自己的URL（统一资源定位器），用户使用Web浏览器就可以通过URL查找相应的Web页内容。Web浏览器就是能够解释Web格式编排代码，并在用户计算机屏幕上显示文本和图像的程序。从1994年发布第一个Web浏览器Mosaic开始，浏览器和格式化代码已经经历了突飞猛进的发展过程。例如，Web页面变得更加复杂了，第一个浏览器程序无法显示色彩和动画，而如今的浏览器都能够轻松地实现这些功能。

URL是Web页的地址，它从左到右由下述部分组成。

Internet资源类型（scheme）：指出Web客户程序用来操作的工具。如"http://"表示Web服务器，"ftp://"表示FTP服务器，而"new："表示Newgroup新闻组。

服务器地址（host）：指出Web页所在的服务器域名。

端口（port）：有时对某些资源的访问来说，需要为相应的服务器提供端口号。

路径（path）：指明服务器上某资源的位置（其格式与DOS系统中的格式一样，通常由目录/子目录/文件名这样的结构组成）。与端口一样，路径并非总是必需的。

URL地址格式排列为：scheme://host:port/path，例如http://www.cybertang.com/zyxz.htm就是一个典型的URL地址。

2.5 网络安全

2.5.1 网络安全的重要性

计算机网络的广泛应用对社会经济、科学研究、文化的发展产生了重大的影响，同时也不可避免地带来了一些新的社会、道德、政治与法律问题。Internet技术的发展促进了电子商务技术的成熟与广泛的应用。目前，大量的商业信息与大笔资金正在通过计算机网络在世界各地流通，这已经对世界经济的发展产生了重要和积极的影响。政府上网工程的实施，使得各级政府与各个部门之间越来越多地利用网络进行信息交互，实现办公自动化。所有这一切都说明：网络的应用正在改变着人们的工作方式、生活方式与思维方式，对提高人们的生活质量产生了重要的影响。

在看到计算机网络的广泛应用对社会发展正面作用的同时，也必须注意到它的负面影响。网络可以使经济、文化、社会、科学、教育等领域信息的获取、传输、处理与利用更加迅速和有效。那么，也必然会使个别坏人可能比较"方便"地利用网络非法获取重要的经济、政治、军事、科技情报，或进行信息欺诈、破坏与网络攻击等犯罪活动。同时，也会出现利用网络发表不负责或损害他人利益的消息，涉及个人隐私法律与道德问题。计算机犯罪正在引起社会的普遍关注，而计算机网络是犯罪分子攻击的重点。计算机犯罪是一种高技术型犯罪，由于其犯罪的隐蔽性，因此会对网络安全构成很大的威胁。

Internet 可以为科学研究人员、学生、公司职员提供很多宝贵的信息，使得人们可以不受地理位置与时间的限制，相互交换信息，合作研究，学习新的知识，了解各国科学、文化的发展情况。同时，人们对 Internet 上一些不健康的、违背道德规范的信息表示了极大的担忧。一些不道德的 Internet 用户利用网络发表不负责或损害他人利益的消息，窃取商业情报与科研机密。我们必须意识到，对于大到整个的 Internet，小到各个公司的企业内部网与各个大学的校园网，都存在着来自网络内部与外部的威胁。要使网络有序、安全地运行，必须加强网络使用方法、网络安全技术与道德教育，完善网络管理，研究与不断开发新的网络安全技术与产品，同时也要重视"网络社会"中的"道德"与"法律"教育。

同时，还应该看到一个问题，那就是存储在计算机中的信息，以及与在网络中传输的信息是电子信息。当有人非法窃取信息时，他并不一定需要从计算机中将大量的信息从文件中移出，而只需要执行一个简单的拷贝命令就可以非法获取信息。这就增大了对信息被窃取事实的发现、识别、认定的难度，也使网络环境中信息安全问题变得更加复杂。要保证这样一个庞大的信息系统的安全性与可靠性，必然要涉及人、计算机、网络、管理、法律与法规等一系列问题。网络安全涉及一个系统的概念，它包括技术、管理与法制环境等多个方面。只有不断地健全有关网络与信息安全的相关法律法规，提高网络管理人员的素质、法律意识与技术水平，提高网络用户自觉遵守网络使用规则的自觉性，提高网络与信息系统安全防护技术水平，才有可能不断改善网络与信息系统的安全状况。

2.5.2 网络安全服务的主要内容

完整地考虑网络安全应该包括三个方面的内容，即安全攻击(Security Attack)、安全机制(Security Mechanism)与安全服务(Security Service)。

安全攻击是指所有有损于网络信息安全的操作。安全机制是指用于检测、预防攻击，以及在受到攻击之后进行恢复的机制。安全服务则是指提高数据处理安全系统中信息传输安全性的服务。

网络安全服务应该提供以下这些基本的服务功能。

1. 保密性

保密性(Confidentiality)服务是为了防止被攻击而对网络传输的信息进行保护。对于所传送的信息的安全要求不同，选择不同的保密级别。最广泛的服务是保护两个用户之间在一段时间内传送的所有用户数据。同时也可以对某个信息中的特定域进行保护。

保密性的另一个方面是防止信息在传输中，数据流被截获与分析。这就要求采取必要的措施，使攻击者无法检测到在网络中传输信息的源地址、目的地址、长度及其他特征。

2. 认证

认证(Authentication)服务是用来确定网络中信息传送的源节点用户与目的节点用户的身份是真实的，不出现假冒、伪装等现象，保证信息的真实性。在网络中两个用户开始通信时，要确认对方是合法用户，还应保证不会有第三方在通信过程中干扰与攻击信息交换的过程，以保证网络中信息传输的安全性。

3. 数据完整性

数据完整性(Data Integrity)服务可以保证信息流、单个信息或信息中指定的字段，保证接收方所接收的信息与发送方所发送的信息是一致的。在传送过程中没有出现复制、插入、删除等对信息进行破坏的行为。

数据完整性服务又可以分为有恢复与无恢复服务两类。因为数据完整性服务与信息受到主动攻击相关，因此数据完整性服务与预防攻击相比更注重信息一致性的检测。如果安全系统检测到数据完整性遭到破坏，可以只报告攻击事件发生，也可以通过软件或人工干预的方式进行恢复。

4. 防抵赖

防抵赖(Nonrepudiation)服务是用来保证收发双方不能对已发送或已接收的信息予以否认。一旦出现发送方对发送信息的过程予以否认，或接收方对已接收的信息进行否认时，防抵赖服务可以提供记录，说明否认方是错误的。防抵赖服务对多目的地址的通信机制与电子商务活动是非常有用的。

5. 访问控制

访问控制(Access Control)服务是控制与限定网络用户对主机、应用与网络服务的访问。攻击者首先要欺骗或绕过网络访问控制机制。常用的访问控制服务是通过对用户的身份确认与访问权限设置来确定用户身份的合法性，以及对主机、应用或服务访问类型的合法性。更高安全级别的访问控制服务，可以通过用户口令的加密存储与传输，以及使用一次性口令、智能卡、个人特殊性标识(例如指纹、视网膜、声音)等方法提高身份认证的可靠性。

2.5.3 防火墙的基本概念

计算机网络最本质的活动是不同计算机系统之间的分布式进程通信，而分布式进程通信又是通过相互间交换报文分组的方式来实现的。因此，从网络安全角度看，对网络资源的非法使用与对网络系统的破坏也都必然要以一种“合法”的网络用户身份，通过伪造正常的网络服务请求分组的方式来进行。这样，设置网络防火墙实质上就是要在企业内部网与外部网之间检查网络服务请求分组是否合法，网络中传送的数据是否会对网络安全构成威胁。

防火墙的概念起源于中世纪的城堡防卫系统。那时人们为了保护城堡的安全，在城堡的周围挖一条护城河，每一个进入城堡的人都要经过一个吊桥，接受城门守卫的检查。在网络中，人们借鉴了这种思想，设计了一种网络安全防护系统(即网络防火墙)。防火墙用来检查所有通过企业内部网与外部网的分组，典型的防火墙结构如图 2-13 所示。

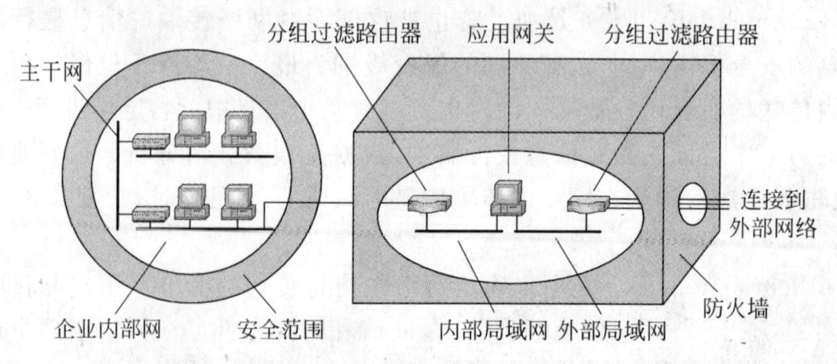

图 2-13　典型防火墙结构

2.5.4 防火墙的作用

设计防火墙的目的有两个：一是进出企业内部网的所有通信量都要通过防火墙；二是只有合法的通信量才能通过防火墙。

防火墙的结构可以有很多形式，但无论采取什么样的物理结构，从基本工作原理上来说，如果外部网络的用户要访问企业内部网的 WWW 服务器，那么它首先是由分组过滤路由器来判断外部网用户的 IP 地址是不是企业内部网所禁止使用的。如果是禁止进入节点的 IP 地址，那么分组过滤路由器将会丢弃该 IP 包；如果不是禁止进入节点的 IP 地址，那么这个 IP 包不是直接送到企业内部网的 WWW 服务器，而是被传送到应用网关。由应用网关来判断发出这个 IP 包的用户是不是合法用户。如果该用户是合法用户，该 IP 包才能送到企业内部网的 WWW 服务器去处理；如果该用户不是合法用户，则该 IP 包将会被应用网关丢弃。这样，人们就可以通过设置不同的安全规则的防火墙来实现不同的网络安全策略。

最初的防火墙主要用于 Internet 服务控制，但随着研究工作的深入，已经扩展为提供以下 4 种基本服务。

1. 服务控制

防火墙可以控制外部网络与内部网络用户相互访问的 Internet 服务类型。防火墙可以根据 IP 地址与 TCP 端口号过滤通信量，来确定是否是合法用户，以及能否访问网络服务。

2. 方向控制

出于某种安全考虑，可以通过防火墙的设置，来限制允许企业内部网的用户访问外部 Internet，而不允许外部 Internet 用户访问企业内部网，反之亦然。

3. 用户控制

出于某种安全考虑，可以通过防火墙的设置，来确定只允许企业内部网的哪些用户访问外部 Internet 的服务，而其他用户不能访问外部 Internet 的服务；同样也可以限制外部 Internet 的特定用户访问企业内部网的服务。

4. 行为控制

通过防火墙的设置，可以控制如何使用某种特定的服务。例如，可以通过防火墙将电子邮件中的一些垃圾邮件过滤掉，也可以限制外部网的用户，使他们只能访问企业内部网的 WWW 服务器中的某一部分信息。

企业内部网通过将防火墙技术与用户授权、操作系统安全机制、数据加密等多种方法的结合，可以保护网络资源不被非法使用，网络系统不被破坏，从而全面执行网络安全策略，增强系统的安全性。

2.6 本章实训

2.6.1 计算机互联地址的配置

1. 设置 IP 地址、子网掩码、网关和 DNS

步骤 1：在计算机桌面上找到“网上邻居”，右击，如图 2-14 所示。

步骤 2：单击"属性"，打开"网络连接"窗口，如图 2-15 所示。

图 2-14 右击"网上邻居"

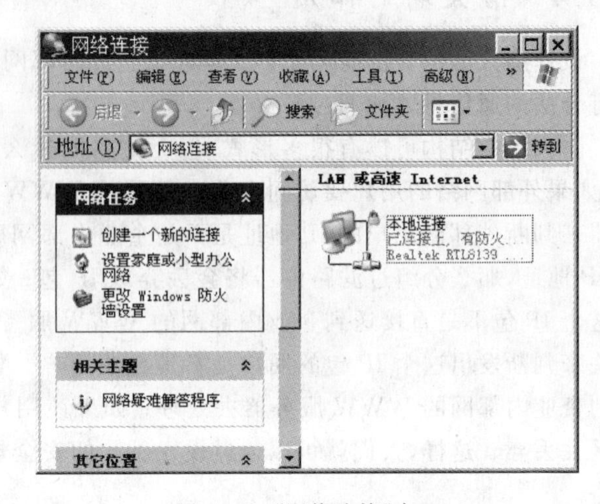

图 2-15 "网络连接"窗口

步骤 3：用鼠标选中"本地连接"，右击，如图 2-16 所示。

步骤 4：选择"属性"命令，打开"本地连接属性"对话框，如图 2-17 所示。

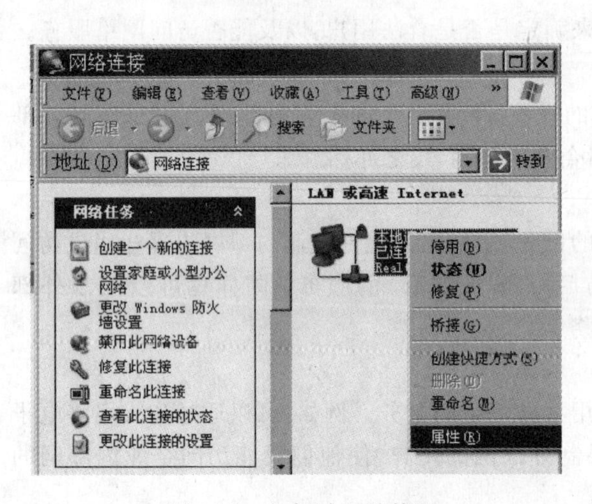

图 2-16 右击"本地连接"

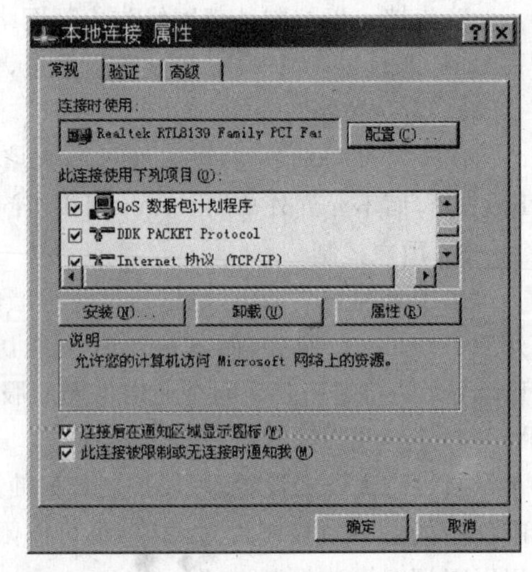

图 2-17 "本地连接属性"对话框

步骤 5：双击"Internet 协议(TCP/IP)"，打开"Internet 协议(TCP/IP)属性"对话框，如图 2-18 所示，可以看到 IP 地址、子网掩码、默认网关以及 DNS 地址。在手动设置之前，会自动选择"自动获得 IP 地址"，此时计算机从网络中的 DHCP 服务器获得动态 IP 等信息。可以将从网络管理人员那里获得的分配给本机的 IP 地址等信息手工输入，这里选择"使用下面的 IP 地址"。

步骤 6：在如图 2-19 所示的 IP 地址等栏内输入网管人员分配的 IP 地址等信息。

2. 用命令测试网络设置是否正确，测试网络是否连通

步骤 1：单击"开始"→"运行"命令，出现如图 2-20 所示的"运行"对话框，在"打开"文本框中输入"cmd"命令，进入"命令"窗口。

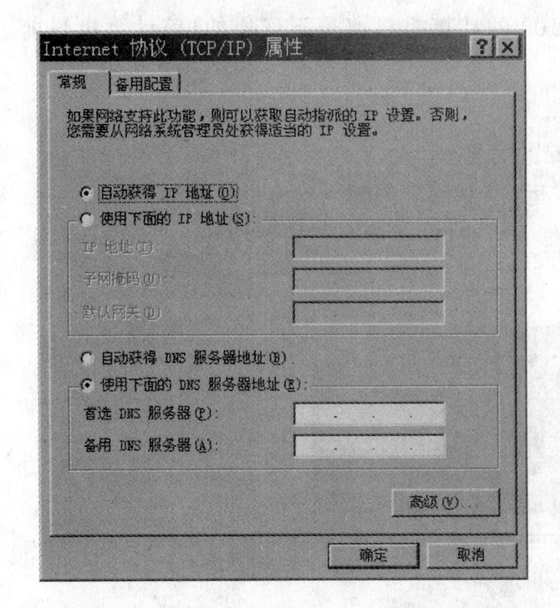

图 2-18 “Internet 协议(TCP/IP)属性”对话框

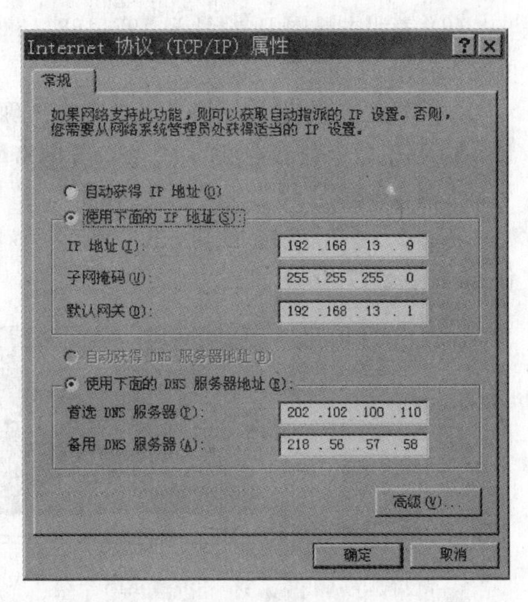

图 2-19 手动设置 IP 地址等信息

步骤 2：利用 ping 命令来测试网络连通情况。在 Windows 命令行窗口中输入“ping 被测试计算机 IP 地址”，按 Enter 键之后，可以根据应答信息判定网络的连通情况，如图 2-21 所示。测试结果说明以下三个问题。

图 2-20 “运行”对话框

(1) 表明本机同 IP 地址为 192.168.13.1 的计算机(默认网关)是连通的。

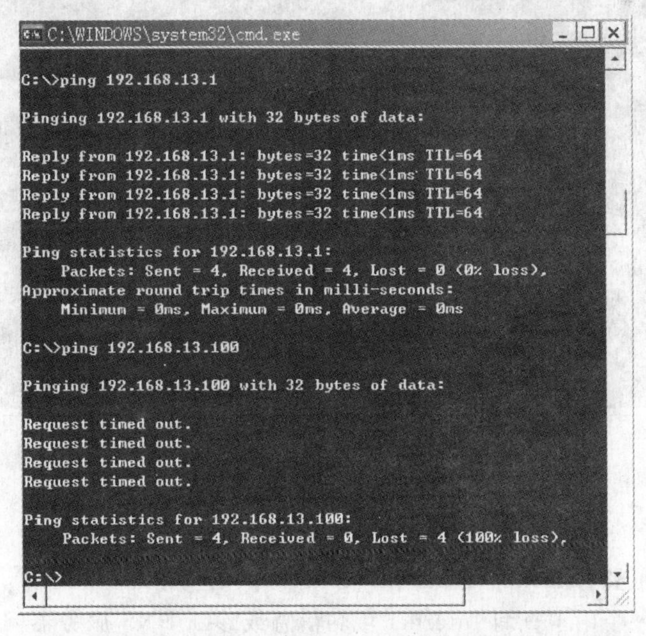

图 2-21 用 ping 命令测试网络连通情况

(2) 表明本机同 IP 地址为 192.168.13.100 的计算机目前是不连通的(该计算机目前可能不在网络上)。

(3) 本机的 IP 地址等信息设置基本正确。

3. 利用命令查看本机的 IP 地址等网络配置信息

步骤 1：单击“开始”→“运行”程序项，在“运行”对话框中输入“cmd”命令。

步骤 2：单击“确定”按钮，进入 Windows 命令行窗口，在命令行窗口中输入“ipconfig/all”命令，如图 2-22 所示。

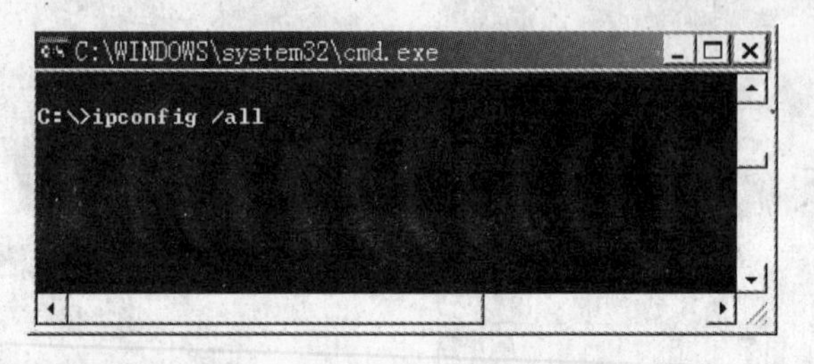

图 2-22 Windows 命令行

步骤 3：按 Enter 键执行命令，就可以查看到计算机的网卡地址以及 IP 地址等相关信息，如图 2-23 所示。

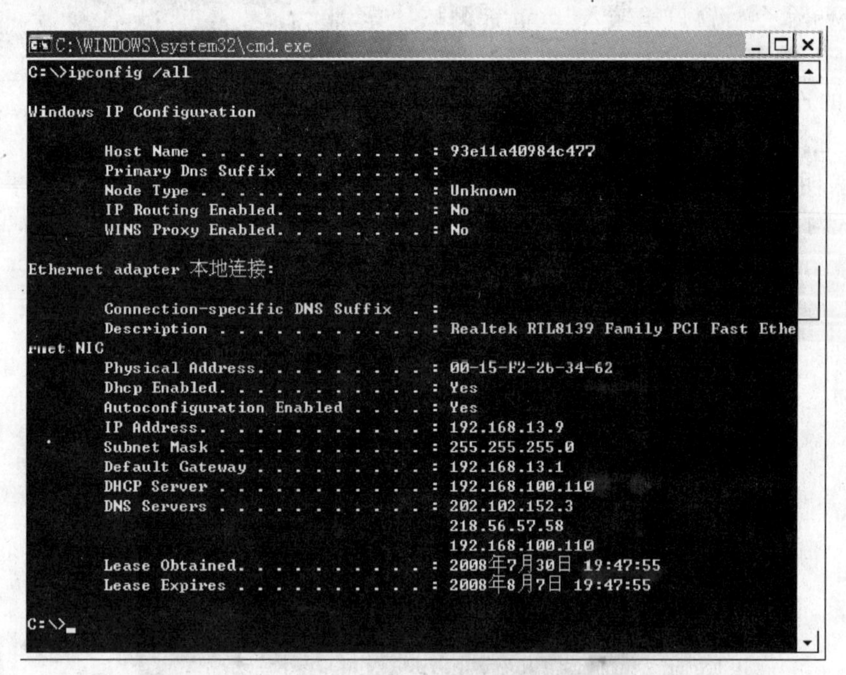

图 2-23 地址信息

2.6.2 网络基本技术应用

1. 域名查询工具 Nslookup(Name Server lookup)的使用

Nslookup 是一个用于查询 Internet 域名信息或诊断 DNS 服务器问题的工具，可以指定查询的类型，可以查到 DNS 记录的生存时间，还可以指定使用哪个 DNS 服务器进行解释。在已安装 TCP/IP 的计算机上均可以使用这个命令。

选择“开始”→“程序”→“附件”→“命令提示符”，弹出 DOS 窗口，在命令提示符下输入“nslookup”命令，出现如图 2-24 所示的界面。

图 2-24　执行 nslookup 命令后的界面

在该界面下输入某个域名如 www. spu. edu. cn、www. tsinghua. edu. cn 即可显示 DNS 服务器域名、IP 地址和该域名相对应的 IP 地址或者别名，如图 2-25 所示。

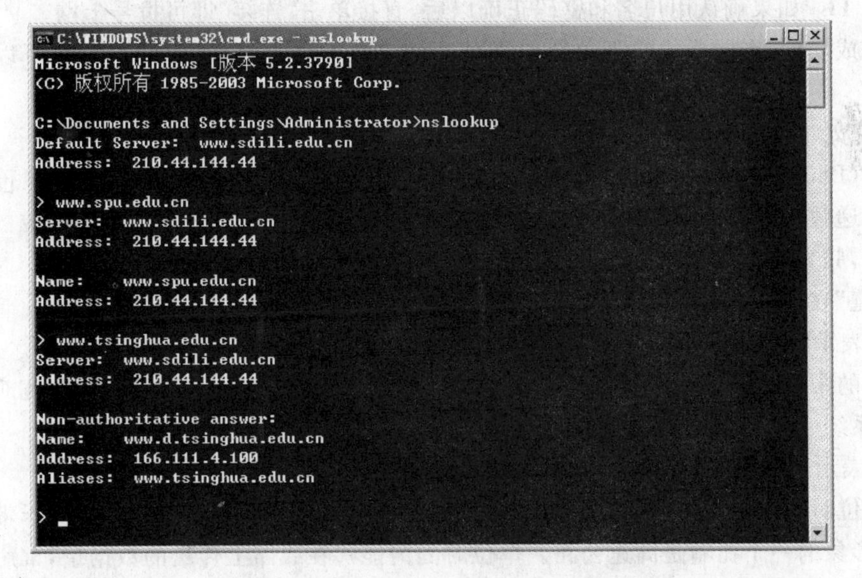

图 2-25　在 nslookup 界面查询 IP 地址

2. 添加宽带连接

ADSL 是 Asymmetrical Digital Subscriber Loop(非对称数字用户环路)的缩写，ADSL 技术是运行在原有普通电话线上的一种新的高速宽带技术，它利用现有的一对电话铜线，为用户提供上、下行非对称的传输速率(带宽)。宽带连接是家庭用户使用ADSL方式上网采用的连接方式,在计算机上添加宽带连接的步骤如下。

步骤1: 安装好硬件以后,从"开始"菜单中选择运行Windows XP连接向导("开始"→"程序"→"附件"→"通讯"→新建连接向导),由于Windows XP"开始"菜单比原来的系列Windows系统增加了智能调节功能,自动把常用程序放在最前面的菜单中,所以顺序可能与这里有所区别,Windows XP在安装过程中也会运行连接向导,也可以就在安装的时候进行设置。

步骤2: 运行连接向导以后,出现"欢迎使用新建连接向导"界面,直接单击"下一步"。

步骤3: 然后选择默认选择"连接到Internet",单击"下一步"。

步骤4: 在这里选择"手动设置我的连接",然后再单击"下一步"。

步骤5: 选择"用要求用户名和密码的宽带连接来连接",单击"下一步"。

步骤6: 出现提示输入"ISP名称",这里只是一个连接的名称,可以随便输入,例如"联通宽带",然后单击"下一步"。

步骤7: 在这里可以选择此连接是为任何用户所使用或仅为用户自己所使用,直接单击"下一步"。

步骤8: 输入自己的用户名和密码(一定要注意用户名和密码的格式和字母的大小写),并根据向导的提示对这个上网连接进行Windows XP的其他一些安全方面设置,然后单击"下一步"。

步骤9: 至此虚拟拨号设置就完成了。

步骤10: 单击"完成"后,会看到自己的桌面上多了一个名为"联通宽带"的连接图标。

步骤11: 如果确认用户名和密码正确以后,直接单击"连接"即可拨号上网。

连接成功后,在屏幕的右下角会出现两个计算机网络连接的图标,至此就可以上网畅游了。

3. 带宽(网速)测试

带宽(Band Width)又叫频宽,是指在固定的时间可传输的资料数量,亦即在传输管道中可以传递数据的能力。在数字设备中,频宽通常以b/s表示,即每秒可传输的位数。在模拟设备中,频宽通常以每秒传送周期或赫兹(Hz)来表示。

"带宽"在计算机中有以下两种不同的意义。

(1) 表示频带宽度

信号的带宽是指该信号所包含的各种不同频率成分所占据的频率范围。频宽对基本输入/输出系统(BIOS)设备尤其重要,如快速磁盘驱动器会受低频宽的总线所阻碍。

(2) 表示通信线路所能传送数据的能力

在单位时间内从网络中的某一点到另外一点所能通过的"最高数据率"。对于带宽的概念,比较形象的一个比喻是高速公路。单位时间内能够在线路上传送的数据量,常用的单位是b/s(bit per second)。计算机网络的带宽是指网络可通过的最高数据率,即每秒多少比特。

严格来说,数字网络的带宽应使用波特率来表示(baud),表示每秒的脉冲数。而比特是信息单位,由于数字设备使用二进制,则每位电平所承载的信息量是1(以2为底2的对数,如果是四进制,则是以2为底的4的对数,每位电平所承载的信息量为2)。因此,在数值上,波特与比特是相同的。由于人们对这两个概念分得并不是很清楚,因此常使用比特率来表示速率,也正是用比特的人太多,所以比特率也就成了一个带宽事实的标准叫法了。

描述带宽时常常把"b/s"省略。例如,带宽是10M,实际上是10Mb/s,这里的Mb是指1024×1024位,转换成字节就是(1024×1024)/8=131 072字节(Byte)。

网络带宽的测试方法有很多,可以采用测试工具、测速站点或者直接通过浏览器或FTP方式下载文件查看。

(1) 百度的测速工具如下:

```
http://app.baidu.com/widget?appid = 107220&keyword = %E7%BD%91%E9%80%9F%E6%B5%8B%E8%AF%95
```

(2) 校内FTP站点:ftp://172.17.21.128

(3) 打开网址:http://bm.ly169.cn/e/speed.htm

再下载文件:江民杀毒软件KV2010——山东联通专用版。

单击鼠标右键,选择菜单中"目标另存为"命令,在"另存为"对话框中选择桌面,单击右下方"保存"按钮。

在弹出的对话框中(如图2-26所示),利用"传输速度"一项进行测试。

观察"传输速度"稳定值,2M宽带正常网速为140KB/秒以上,3M为210KB/秒以上,4M为280KB/秒以上,10M达到700KB/秒以上。

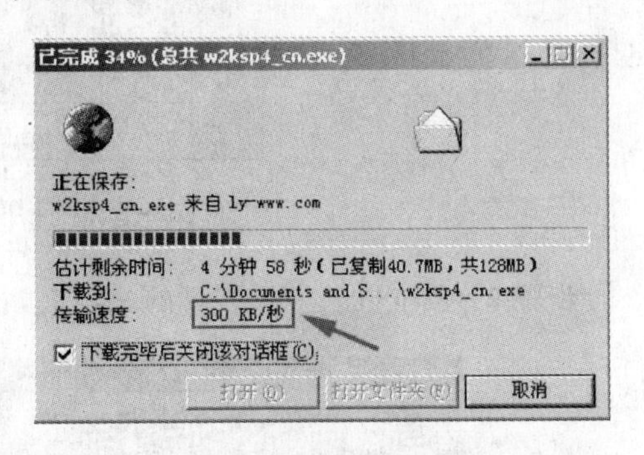

图2-26 软件下载界面

注意:下载软件中的速度单位是MB/s或KB/s,ADSL、小区宽带等上网方式(即带宽)的单位是Mb/s或Kb/s,B和b的换算关系是:1B=8b。可以通过测试出的下载速度,经过换算大致推算出网络带宽。

2.6.3 Windows环境下的网络资源共享

计算机联网的一个主要目的就是要实现在不同计算机间的资源共享。一个办公室的同事之间,一个实验室的同学之间经常要共享必要的资料。共享的方式有很多,可以通过U盘拷贝传递共享,小文件可以通过邮件传递共享,或者通过QQ等点对点网络工具进行传递共享,或者把文件放到公共的FTP服务器上共享,但是在局域网内最简单的共享方式是设置文件共享。

Windows XP的共享分为简单文件共享和非简单文件共享两种,二者的区别主要在于权限设置。通过以下的方式可以将简单文件共享改为非简单文件共享:打开"我的电脑",选择"工具"→"文件夹选项"→"查看",去掉"使用简单文件共享"前的勾选,如图2-27所示。

在一个局域网中,将某台主机的一个文件夹设置成共享文件夹,使得网络上的其他计算机可以共享该资源。

1. 简单文件共享

步骤1:打开"我的电脑",选择"工具"→"文件夹选项"→"查看",如图2-27所示,选中

"使用简单文件共享"。

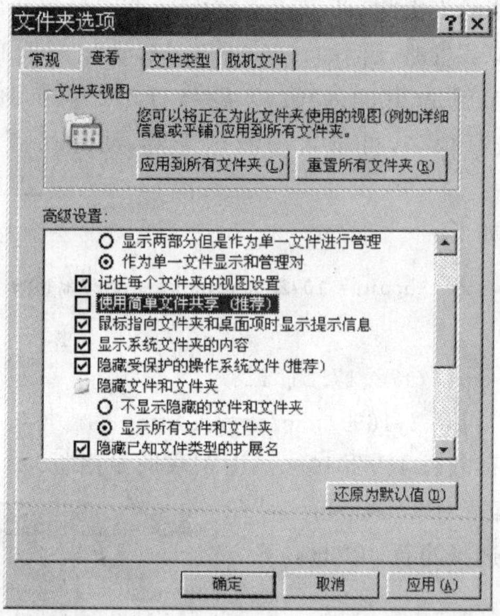

图 2-27 "使用简单文件共享"设置

步骤 2：在本机选中要共享的文件夹，右击，如图 2-28 所示。

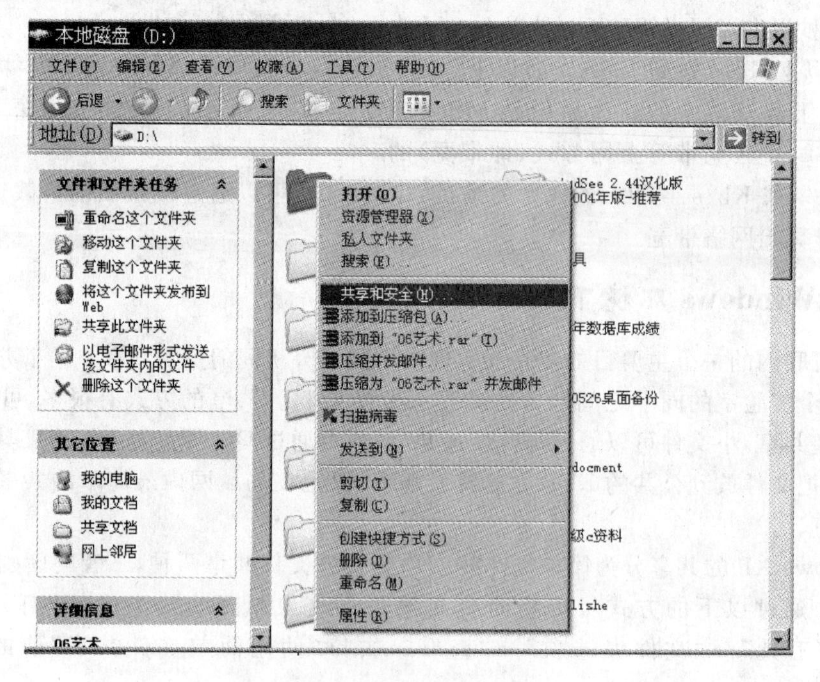

图 2-28 选中要共享的文件夹右击

步骤 3：选中"共享和安全"选项，打开文件夹属性对话框，准备将该文件夹设置成共享文件夹。

步骤 4：单击"共享"标签，选中"在网络上共享这个文件夹"，如图 2-29 所示(可以更改文件夹的共享名，此时其他网络用户对这个文件夹只有“只读”权限，不能修改文件；如果允许网络用户修改本机的文件，需要将下方的“允许网络用户更改我的文件”选项选中）。

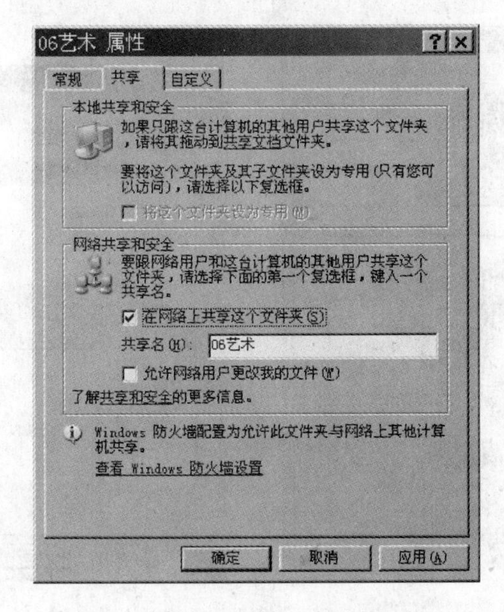

图 2-29 “共享”选项卡

步骤 5：单击“确定”按钮，可以看到该文件夹已经设置成共享了，如图 2-30 所示。

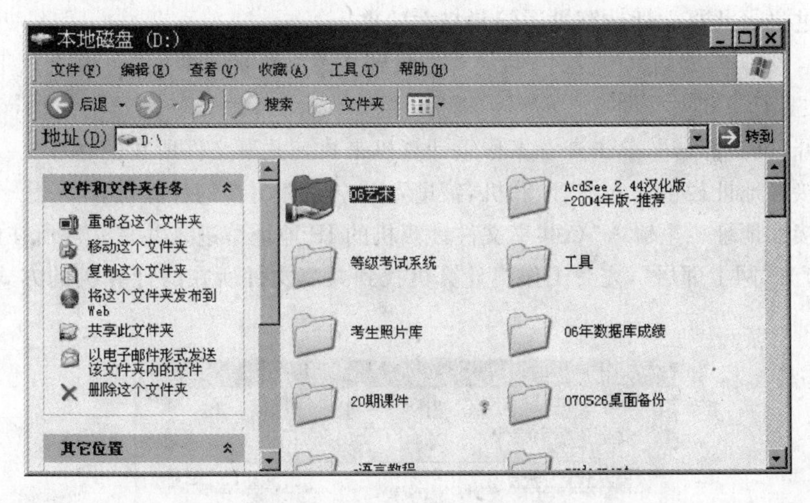

图 2-30 文件夹共享设置成功

2. 非简单文件共享

步骤 1：将“使用简单文件共享”勾选去掉，如图 2-27 所示。

步骤 2：在本机选中要共享的文件夹，右击。

步骤 3：选中“共享和安全”选项，打开文件夹属性对话框，准备将该文件夹设置成共享文件夹（注意“共享”选项卡发生变化）。

步骤 4：单击“共享”标签，选中“共享此文件夹”，如图 2-31 所示（在这里还可以更改共享名，添加注释，设定用户数限制）。

步骤 5：对于网络用户的访问权限可以单击图 2-31 中的“权限”按钮，进入如图 2-32 所示界面进行设置。

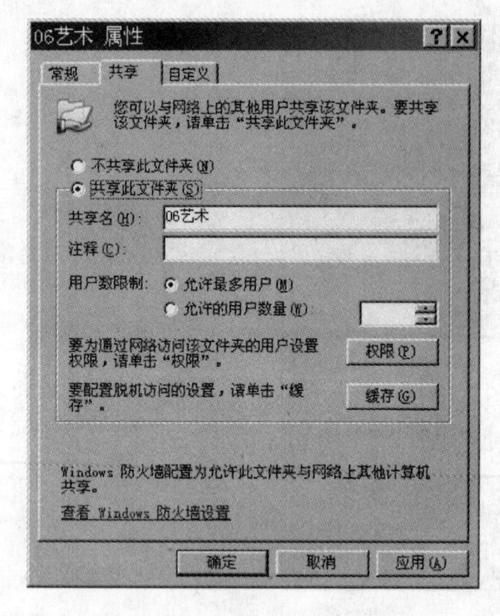

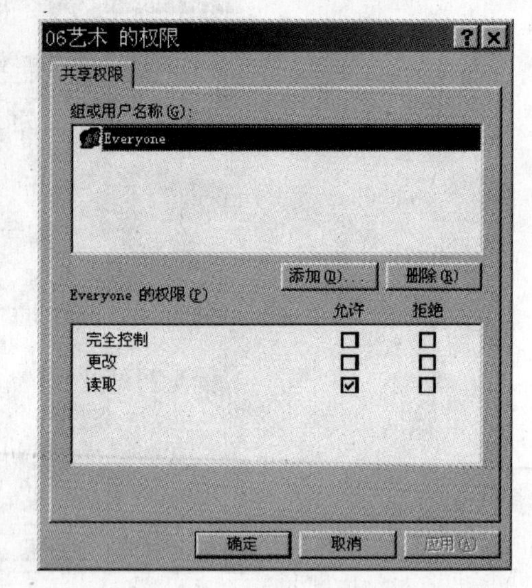

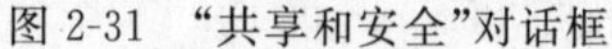
图 2-31 “共享和安全”对话框

图 2-32 共享文件夹的权限设置

步骤 6：文件夹“06 艺术”已经设置成共享了。

3. 通过进入共享文件计算机访问共享文件夹

步骤 1：要访问网络共享文件，必须首先找到共享文件的计算机，可以有以下三种方式进入共享文件计算机。

- 打开“网上邻居”，单击查看工作组计算机来找到共享文件所在的计算机。
- 直接在地址栏里输入“\\计算机名”进入共享文件所在的计算机。
- 直接在地址栏里输入“\\共享文件计算机的 IP 地址”，进入共享文件所在的计算机。

通过打开“网上邻居”，查看工作组计算机找到共享文件所在的计算机的方式如图 2-33 所示。

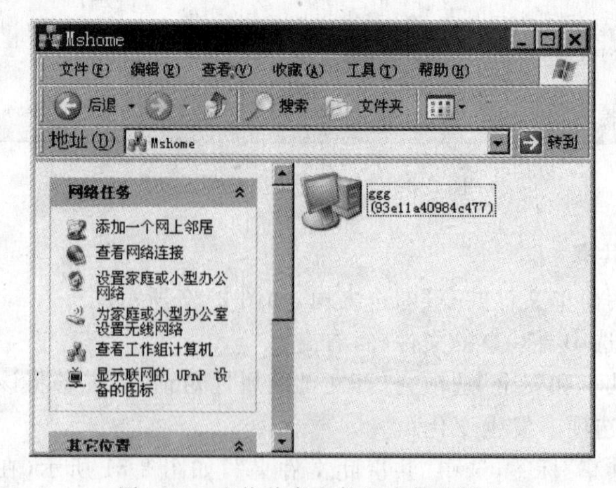

图 2-33 查找共享文件所在的计算机

步骤 2：双击计算机图标进入共享文件计算机，可以看到该计算机的共享文件夹，如图 2-34 所示。

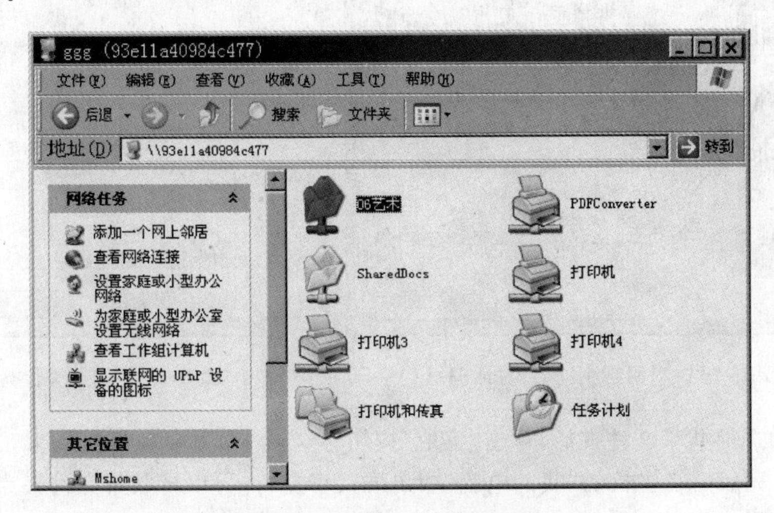

图 2-34　找到共享文件夹

步骤 3：双击该文件夹，可以查看到共享的资源，如图 2-35 所示。

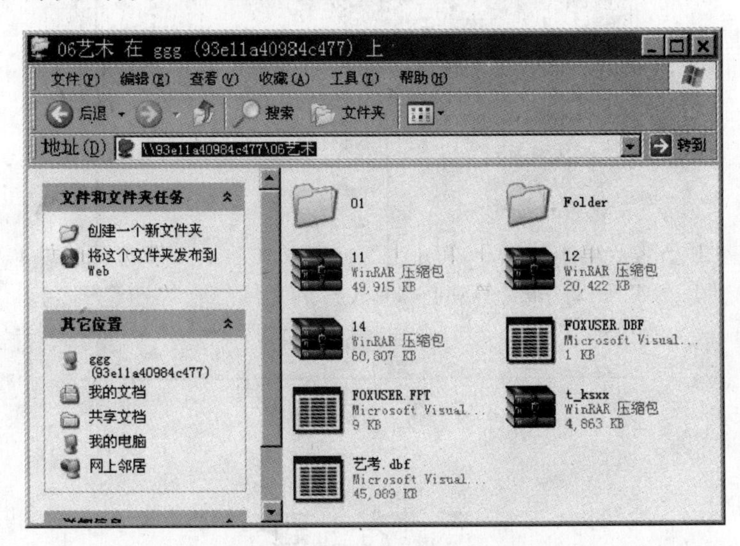

图 2-35　网络用户查看共享文件夹

4. 通过映射网络驱动器访问共享文件夹

通过映射网络驱动器，将共享资源直接映射到主机中，以后在主机的资源管理器中就可以直接打开了。前提是共享了文件的主机在局域网内也必须开机。

步骤 1：在主机中右击“网上邻居”或“我的电脑”，选择“映射网络驱动器”，打开如图 2-36 所示的对话框。驱动器盘符可以更改，也可以保留默认。“文件夹”指的是网络上的共享文件夹，可以通过浏览查找，也可以通过输入“\\计算机名\共享文件路径”的方式找到。

步骤 2：单击“浏览”按钮出现“浏览文件夹”对话框，如图 2-37 所示。通过工作组→计算机找到共享的文件夹。

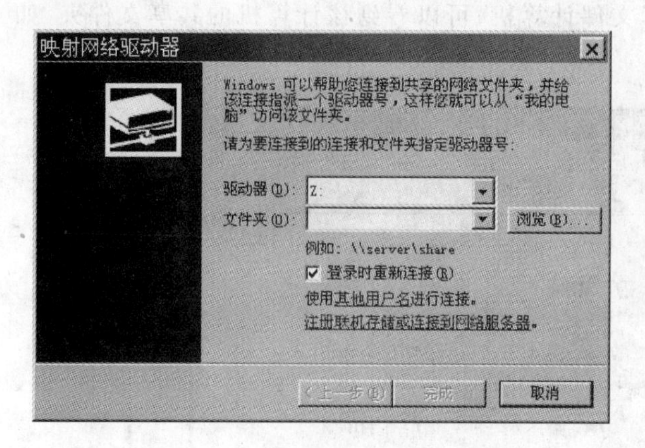

图 2-36 “映射网络驱动器”对话框

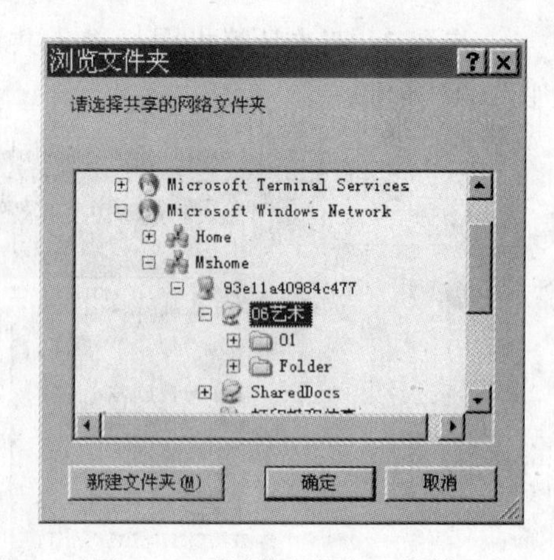

图 2-37 “浏览文件夹”对话框

步骤 3：选择共享文件夹后，单击“完成”按钮。

步骤 4：完成后在主机的“我的电脑”中出现共享盘符，可以将共享文件夹当作一个磁盘一样访问，如图 2-38 所示。

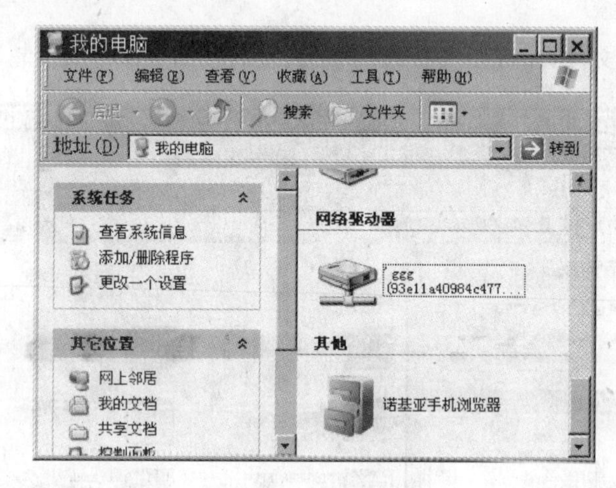

图 2-38 网络驱动器

思 考 题

1. 组建局域网的硬件设备有哪些？
2. 常用的 Internet 的接入方式有哪些？
3. 简述 IP 地址的结构和分类。

第3章 Internet 的应用

Internet 主要是指通过 TCP/IP 将世界各地的网络连接起来,实现资源共享、信息交换、提供各种应用服务的全球性计算机网络,它是全球最大的、开放式的、由众多网络互联而成的计算机网络。Internet 上所提供的服务功能已达上万种,其中多数服务是免费提供的。本章主要介绍 IE 浏览器,电子邮件服务,新闻组的使用,BBS 与网上论坛的使用,即时通信(IM),博客、播客、微博的使用等。通过本章的学习,读者将了解 Internet 的各种应用,更好地利用网络共享资源、交流信息、发布和获取信息。

3.1 IE 浏览器

3.1.1 浏览器界面

IE 浏览器是 Internet Explorer 的简称,即互联网浏览器,它是 Windows 系统自带的浏览器,作用通俗地讲就是上网查看网页。打开 IE 浏览器的方法很多,最常用的一种就是直接双击桌面上的 IE 图标。IE 浏览器的界面如图 3-1 所示。

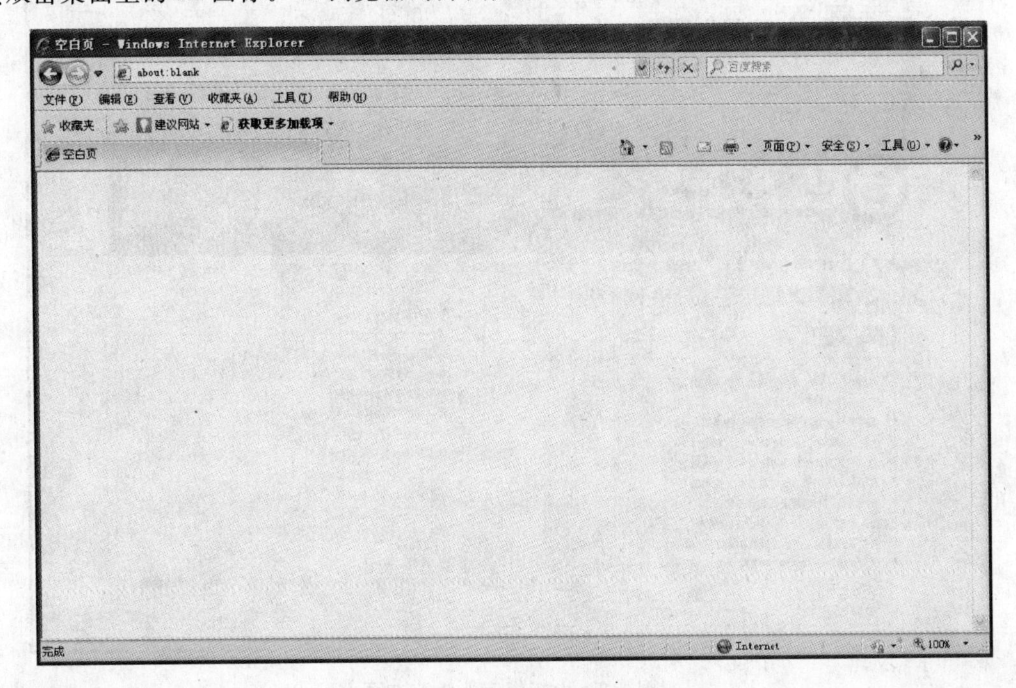

图 3-1 IE 浏览器界面

第一行为标题栏，显示当前正在浏览的网页名称或当前正在浏览的网页的地址。由于当前没有打开任何网页，就显示为空白(blank)。标题栏的最右端是这个窗口的“最小化”、“最大化”(“还原”)和“关闭”按钮。

第二行为地址栏：输入网址的地方。可以在地址栏中输入网址直接到达需要去的地方。

第三行为菜单栏：显示可以使用的所有菜单命令，在实际的使用中用户可以不用打开菜单，而是单击相应的按钮来快捷执行命令。

第四行为工具栏：列出了常用命令的工具按钮，使用户可以不用打开菜单，而是单击相应的按钮来快捷地执行命令。

如果某些工具栏没有显示，可以单击菜单栏中的“查看”，在“工具栏”的下一级菜单中，找到对应项，将其勾选即可。

中间的窗口区域就是浏览区：用户查看网页的地方，也是对用户来说最感兴趣的地方。

最下面一行为状态栏：显示当前用户正在浏览的网页下载状态、下载进度和区域属性。

3.1.2 浏览器的使用方法

打开浏览器，在地址栏中输入想要访问网站的地址，比如现在想访问山东轻工业学院网站，那么就在地址栏中输入：www.spu.edu.cn，然后按 Enter 键就可以进入山东轻工业学院网站的首页，如图 3-2 所示。

图 3-2 山东轻工业学院首页

1. 超链接的使用

在页面上，若把鼠标指针指向某一文字（通常都带有下划线）或者某一图片，鼠标指针变成手形，表明此处是一个超级链接。在上面单击鼠标，浏览器将显示出该超级链接指向的网页。例如：单击“公告信息”右侧 more 就跳转到“山东轻工业学院 网站公布”页面，如图 3-3 所示。

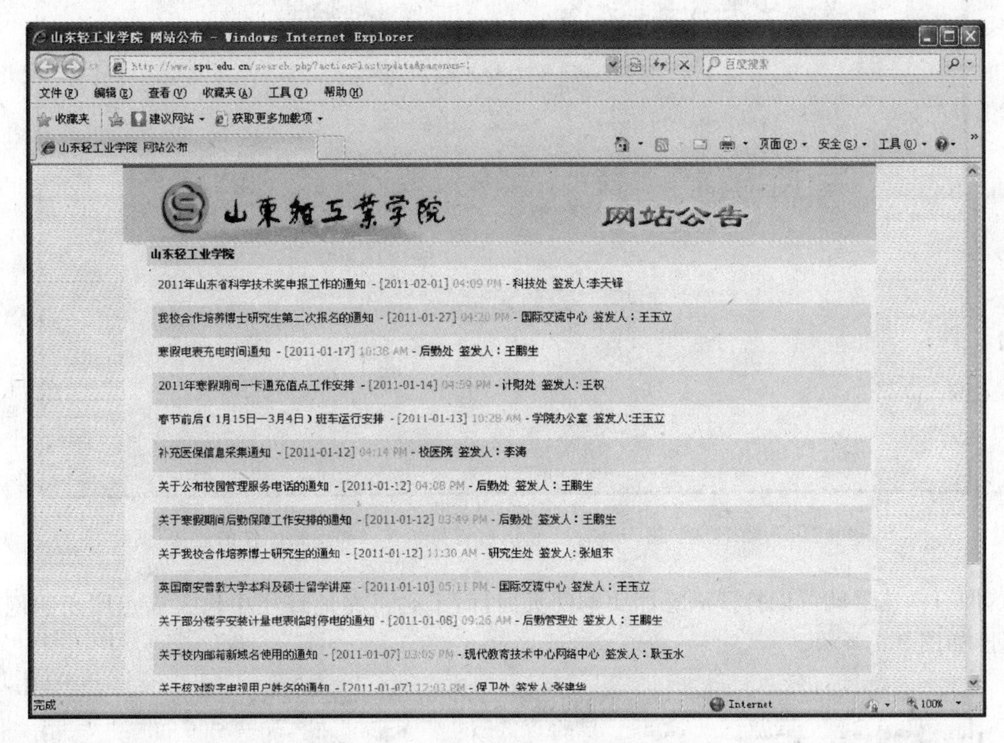

图 3-3 “山东轻工业学院 网站公布”页面

单击不同的主题可以浏览相应的内容，如单击“2011 年山东省科学技术奖申报工作的通知”就跳转到“山东轻工业学院——2011 年山东省科学技术奖申报工作的通知”页面，如图 3-4 所示。如果想回到上一页面，可以单击工具栏中的“后退”按钮，就可回到上一页面。回到“山东轻工业学院 网站公布”页面后，会发现工具栏中的“前进”按钮也会亮色显示了。单击“前进”就又来到刚才打开的“山东轻工业学院——2011 年山东省科学技术奖申报工作的通知”页面。这里注意：工具栏中的按钮若是“灰色”显示，表明是不可执行的。若单击链接页面跳转到一个新窗口，如果不想浏览该内容，那么就只有直接把该窗口关闭了。

2. “刷新”按钮的使用

如果长时间地在网上浏览，较早浏览的网页可能已经被更新，特别是一些提供实时信息的网页，比如浏览的是一个有关股市行情的网页，这时为了得到最新的网页信息，可通过单击“刷新”按钮来实现网页的更新。

3. 收藏夹的使用

在打开浏览器后，单击“收藏夹”按钮 收藏夹，会在左侧显示当初加入收藏夹中的内容，通过单击收藏夹中的网站，可以直接到达所喜欢的网站。例如，单击“收藏夹”中的“满意团

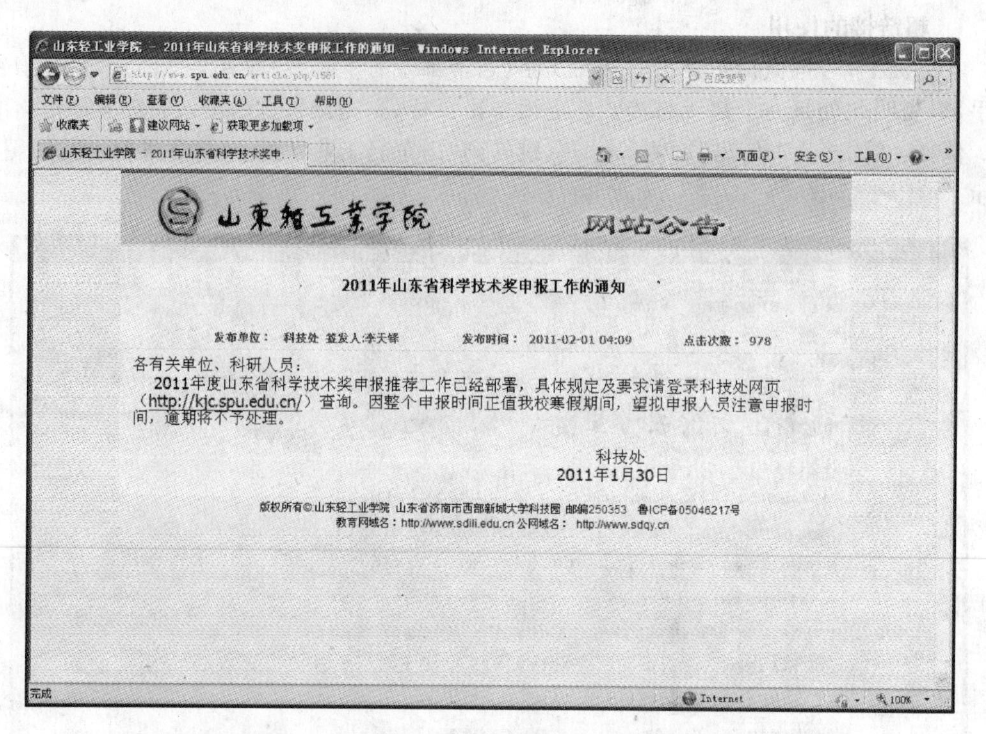

图 3-4 “山东轻工业学院——2011 年山东省科学技术奖申报工作的通知”页面

团购网”，浏览器就可以打开满意团团购网页面，而不必再在地址栏中输入满意团团购网的网址，如图 3-5 所示。

图 3-5 “满意团团购网”页面

当浏览一个网站时，发现这个网站的内容非常好，以后想经常登录这个网站，怎样把这个网站添加到收藏夹中呢？比如浏览“山东省教育厅”网站，想把它添加到收藏夹中，方法如下：打开“山东省教育厅”网站，如图 3-6 所示，单击菜单栏中的“收藏夹”菜单或者单击工具栏中的“收藏夹”按钮，在相应的下拉菜单中或窗口中单击“添加到收藏夹”项，就会弹出一个对话框，如图 3-7 所示，在“名称”栏中就会出现当前所浏览网页的名称“山东省教育厅”，单击“添加”即可。这时，在收藏夹中就会出现山东省教育厅网站的名称。

图 3-6 “山东省教育厅”首页

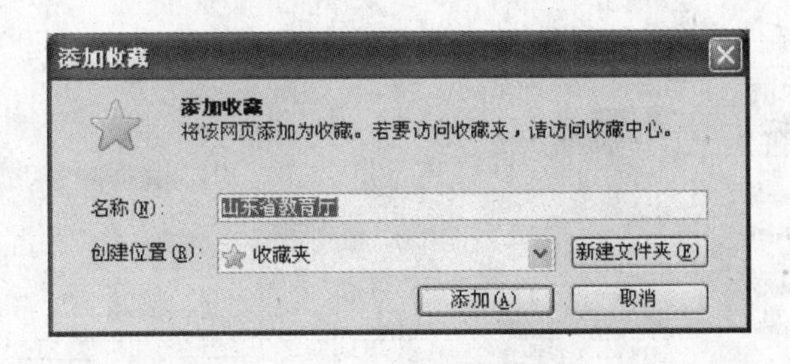

图 3-7 “添加收藏”对话框

如果以后还想浏览“山东省教育厅”网站，则只需打开收藏夹，单击“山东省教育厅”网站名称即可。

4. 主页的设定

主页是什么？通俗地讲就是运行浏览器时，首先显示的网站。

在浏览某个网页过程中，如果单击工具栏中的“主页”按钮 ，可回到事先设定的网页上，这个页面就是主页。主页是可以设置的。如果现在想把百度设为主页，方法如下。

第一种方法：单击菜单栏中的“工具”菜单，在下拉菜单中单击“Internet 选项”，弹出“Internet 选项”对话框，在“主页”项的地址中输入“www. baidu. com”然后单击“确定”即可。

现在关闭浏览器,重新打开浏览器,可以发现窗口就直接显示百度页面。若在"主页"项中单击"使用空白页",然后确定。那么再运行浏览器时,页面就为空白。

第二种方法:运行浏览器,打开百度网站。此时,按照第一种方法打开"Internet 选项"对话框,在"主页"项中,单击"使用当前页",单击"确定"。这样也可以把百度设为主页。

第三种方法:运行浏览器,打开百度网站。在百度网站的首页,就有"把百度设为首页"的提示,这时只需单击这些字就可以将百度设为主页,当然有些网站若没有这些提示,这种方法就不行了。

5. 存储网页

在浏览网页的过程中,经常需要将一些页面保存下来,以便以后阅读。可以使用以下 4 种文件类型保存网页信息。

(1) 保存为 HTML 文件。

将网页保存为 HTML 文件,在以后阅读这些文件时,网页的内容、布局及文字格式都保持不变。具体方法是:在浏览器窗口中选择"文件"菜单中的"另存为"菜单项,屏幕上弹出如图 3-8 所示的对话框,在"文件名"框中输入网页文件的名称,在"保存类型"下拉列表框中显示了可保存文件的类型,从中选择"网页,全部(*.htm; *.html)",该选项可将当前 Web 页面中的图像、框架和样式表全部保存,将所有被当前页显示的文件一同下载保存到一个"文件名.file"的目录下,并且 Internet Explorer 自动修改 Web 页中的链接,以方便离线浏览。

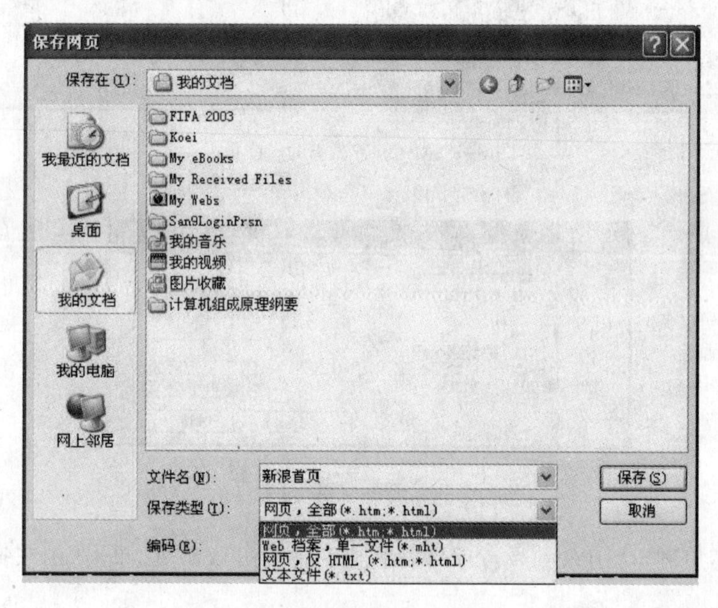

图 3-8 "保存网页"对话框

(2) 保存为单一文件(*.mht)的 Web 档案。

Web 档案同样可以保存当前 Web 页的全部可视信息。把显示该 Web 页所需的全部信息保存在一个 MIME 编码的文件中。该选项必须在安装了 Outlook Express 5.0 后才能使用。以这种类型保存的文件和使用"网页,全部(*.htm; *.html)"保存的文件可以脱机查看所有的 Web 页,而不用将网站地址添加到收藏夹列表中并标记为可脱机查看。

(3) 保存为纯文本格式。

如果对保存下来的网页布局和格式不做要求,可以用纯文本格式来保存网页,这样只保存网页上的文字信息,其他格式和图片等多媒体信息不被保留。方法是:另存文件时,在"保存类型"下拉列表框中选择"文本文件(*.txt)"项,其他步骤与保存 HTML 文件相同。

(4) 保存为 Web 页,仅 HTML(*.htm; *.html)。

该选项保存 Web 页信息,但它不保存图像、声音或其他文件。

(5) 保存部分文本。

保存网页上的一部分文字信息,可以像在字处理软件(如 Word)中选定文本块一样在网页上选取一块文本,然后选择"编辑"菜单中的"复制"菜单项,或单击鼠标右键,选择快捷菜单中的"复制"项,这样被选取的文本块就被复制到 Windows 的剪贴板中,其后可以在其他字处理软件(如 Word)中把剪贴板里的文字粘贴过去并进行保存处理。

(6) 保存网页图片。

保存网页上的图片,具体有两种方法:其一,将鼠标指在网页中的图片(非广告图片)上停留片刻后,图片工具栏便会自动出现,可以利用上面的按钮对图片进行保存、本地打印、直接 E-mail 发送(无须事先在本地硬盘上保存)、打开"我的图片"文件夹等操作,使操作更加方便。其二,将鼠标指在网页图片上单击鼠标右键,将弹出一个快捷菜单,如图 3-9 所示,选择快捷菜单中的"图片另存为"项,这时会弹出"保存图片"对话框,如图 3-10 所示,从中选择图片格式,是 JPEG(*.jpg),或 GIF(*.gif),还是位图(*.bmp),再填写文件名后,单击"保存"按钮,即可保存。

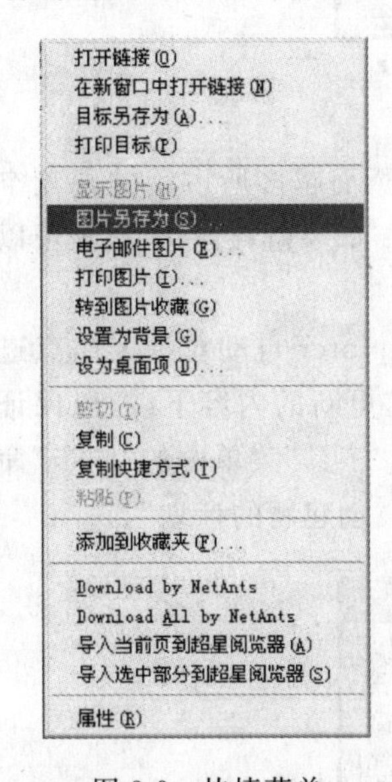

图 3-9 快捷菜单

图 3-10 "保存图片"对话框

6. 打印网页

从浏览器窗口中选择"文件"菜单中的"打印"菜单项或单击"常用"工具栏中的"打印"按钮,将弹出"打印"对话框,其中除了可以对打印机属性、打印范围、打印份数进行设置外,还可以对网页框架、链接文档和链接列表的打印情况进行选定。最后单击"确定"按钮开始打印。

7. 用电子邮件发送网页

在"文件"菜单上指向"发送",然后单击"电子邮件页面"或"电子邮件链接"。在邮件窗口中填写有关内容,然后将邮件发送出去。注意,必须在计算机上设置电子邮件账户和电子邮件程序。

8. 设置并使用脱机浏览

目前对大多数人而言,在 Internet 上漫游的费用还是偏高的,所以希望尽量缩短上网时间,又能够浏览足够多的内容,脱机浏览是一种很好的解决方法。

(1) 进入希望脱机浏览的网页,选择"收藏夹"菜单中的"添加到收藏夹"。

(2) 将当前网页添加到收藏夹中,选中"允许脱机使用"复选框,单击"自定义"按钮,显示"脱机收藏夹向导"对话框,单击"下一步"按钮,得到如图 3-11 所示的对话框。

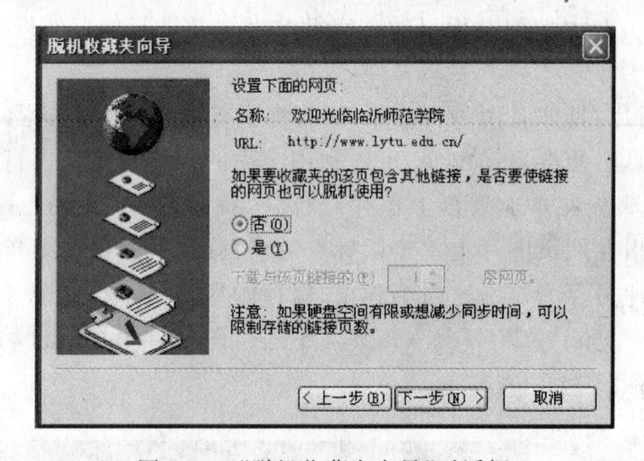

图 3-11 "脱机收藏夹向导"对话框

(3) 设置脱机浏览层数。用户都希望下载更多的内容,但是页面越多所占用的硬盘空间就越大,下载的时间就越长。如果链接层选为 1,则只下载首页;如果链接层为 2,则可以看到首页及其所链接的页面。设定链接层数,单击"下一步"按钮。

(4) 选择同步计划,如图 3-12 所示。同步是指让 Internet Explorer 自动对指定站点进行检查,该站点的内容是否已更新,如果是则通知用户或自动将已更新的内容下载,以保证使用脱机浏览所看到的内容也是最新的。系统默认是在用户执行"工具"菜单中的"同步"命令时,更新网站内容。如果希望在特定的时间自动更新,可以选择"创建新的计划"。

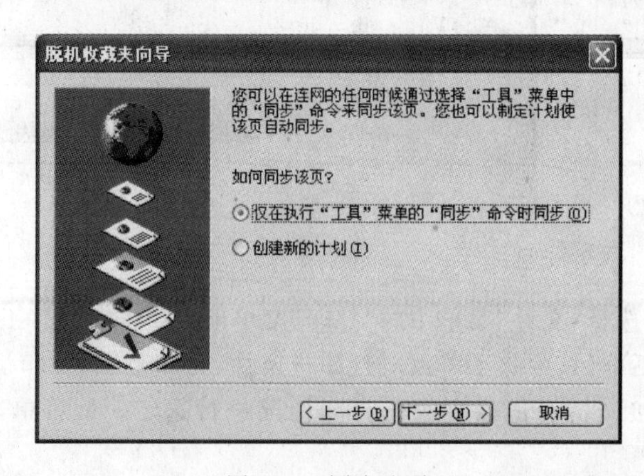

图 3-12 同步选项

(5) 最后系统询问该站点是否需要密码，单击“完成”。

(6) 在 Internet Explorer 窗口，选择“文件”菜单中的“脱机工作”。

(7) 单击“收藏”按钮，在收藏栏中选择设置为脱机浏览的网站，便可以和连接 Internet 时一样，脱机浏览网页。

3.2 电子邮件

3.2.1 电子邮件服务使用的协议

电子邮件服务(E-mail 服务)是因特网上最受欢迎的服务之一，E-mail 服务大大方便了人们的生活、工作和学习，也改变了人们的工作、生活和学习方式。

电子邮件服务需要用到两种协议，一种是发送邮件所需要使用的协议：SMTP，其中文全称是简单邮件传送协议，英文全称是 Simple Mail Transfer Protocol。另一种是接收邮件使用的协议，接收邮件有两种协议可以选择，一是 POP3 协议，POP 即为 Post Office Protocol 的简称，是一种电子邮局传输协议，而 POP3 是它的第三个版本，再一个是 IMAP。在这两种接收邮件的协议中，POP3 协议用得比较多。各协议的作用如图 3-13 所示。

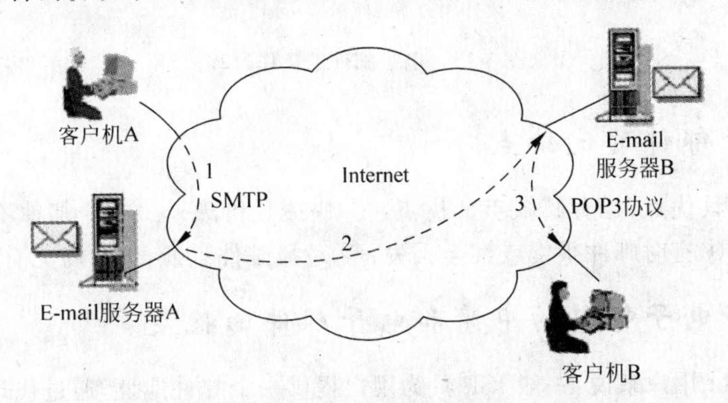

图 3-13　E-mail 用到的协议的作用

3.2.2 电子邮件地址格式

电子邮件地址的格式为：用户账号@电子邮件域名

@的左边是用户名，@的右边是邮件服务器的域名，中间的@代表英文的 at，表明用户账户是位于哪个电子邮件服务器上的用户名。

3.2.3 电子邮件的工作过程

电子邮件的工作过程如图 3-14 所示。中间是因特网，左边是发送方，右边是接收方。假定发送方在新浪网站上申请了一个电子邮件地址，接收方在中央电视台申请了一个电子邮件地址。中央电视台有邮件服务器，新浪也有邮件服务器。邮件服务器由两部分组成，下面的是邮件缓存，作用好比是邮筒；上面的作用好比信箱。发送方发送的邮件先暂时存放在发送方邮件服务器(即新浪电子邮件服务器)中的邮件缓存里面，然后根据一定的优先策略，使用 SMTP 将邮件发送到接收方邮件服务器(即中央电视台电子邮件服务器)电子信箱中。接收方要想知道有无电子邮件，需要使用 POP3 协议或 IMAP 登录到中央电视台电子邮件服务器的电子信箱中查看。这就是电子邮件服务的工作过程。

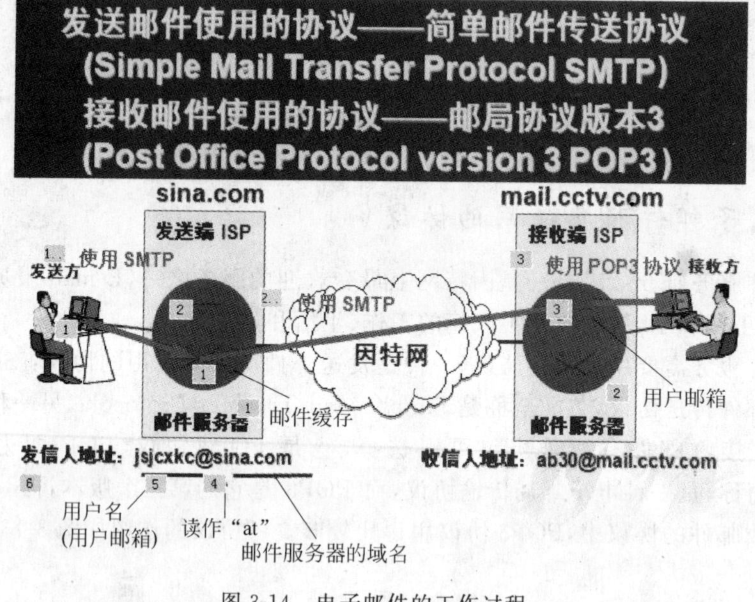

图 3-14　电子邮件的工作过程

3.2.4　电子邮件的优缺点

电子邮件有其优点，也有其缺点。优点：①快捷且价廉；②电子邮件不打断对方的工作或学习。缺点①有时邮件很慢或甚至丢失；②垃圾邮件猖獗，现在尚无有效对策。

3.2.5　免费电子邮箱的申请和电子邮件的收发

对于 Internet 用户来说，一般 ISP 只为用户提供一个邮件地址，通过代理服务器上网的用户或没有固定地方上网的用户都没有 ISP 提供的邮件账户，那么这些用户如何获取邮件账户上网收发电子邮件呢？免费电子邮箱是一种无须付费并且可以获得多个账户的最好途径。

目前，Internet 上有许多网站提供免费电子邮箱服务，如 TOM 邮箱、163 邮箱、MSN 邮箱和 Yahoo 邮箱等。这些站点提供的电子邮件服务功能基本相似，大部分可以通过 POP3 服务器收邮件，通过 SMTP 服务器发邮件。这些免费邮箱提供的邮件服务基本上都支持在网页上进行，称为基于 Web 的 E-mail 访问方式。免费邮件好处很多，它不受地域的限制，可以在全球的任意地方使用。

1. 申请免费电子邮箱

现在因特网上的免费电子邮箱很多，非常方便网民申请。现以 www. tom. com 为例，介绍免费中文电子邮箱的获取方法。该免费邮箱是全中文操作，为用户提供 1. 5GB 邮箱容量，30MB 附件支持的邮箱服务，支持 POP3 和 SMTP 网络协议。

连接因特网，进入 http://www. tom. com 主页并单击"邮箱"，或者直接进入 http://mail. tom. com，就可以进入 TOM 邮箱界面，如图 3-15 所示。单击右侧的"免费注册"，就可以注册新邮箱了。

图 3-15　TOM 邮箱网页

在“用户名”输入框中，按提示输入准备使用的用户名(注意：输入时不包括“@”和“@”以后的所有内容)，然后按照提示输入电子邮箱密码、密保邮箱及验证码，选中“我已阅读并接受服务条款”，最后单击“注册”按钮。

2. TOM 邮箱的使用

申请完成后，该邮件账户立即可以使用。TOM 邮箱可以在 TOM 主页上使用，也可以使用各种邮件软件管理使用(后面将介绍 Outlook Express 的使用方法)。在 TOM 主页上使用，应进入 TOM 主页，在“用户名”、“密码”文本框中输入用户名和密码，然后单击“登录”按钮，进入 TOM 邮箱，如图 3-16 所示。

(1) 编辑发送邮件

进入 TOM 邮箱窗口，单击“写信”按钮，进入书写邮件的页面，如图 3-17 所示。

① 收件人：如果邮件同时发给多人，可在文本框内将每个 E-mail 地址用逗号分隔开。

② 主题：让收件人大概清楚邮件的内容。若发出的邮件没填写主题，则系统会提示“您的邮件还没有标题，真的不要标题吗?”。如果确实不填写主题，就单击“确定”按钮。否则，单击“取消”按钮，转回到写邮件页面，继续填写。

③ 抄送与暗送：单击“显示抄送”，在增加的“抄送”文本框中输入抄送人地址，也可以添加多个抄送人。单击“显示暗送”，在增加的“暗送”文本框中输入暗送人地址(也可以添加多个暗送人)。

④ 附件：如果需要发送附件，单击“添加附件”，然后按照弹出对话框上的提示操作

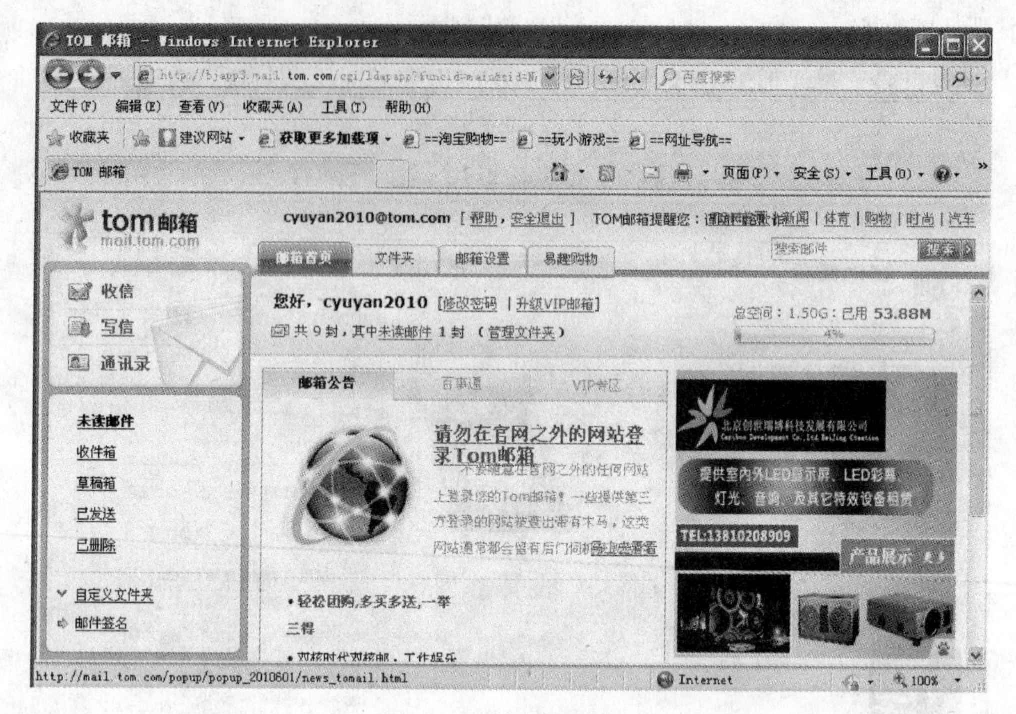

图 3-16　TOM 邮箱窗口

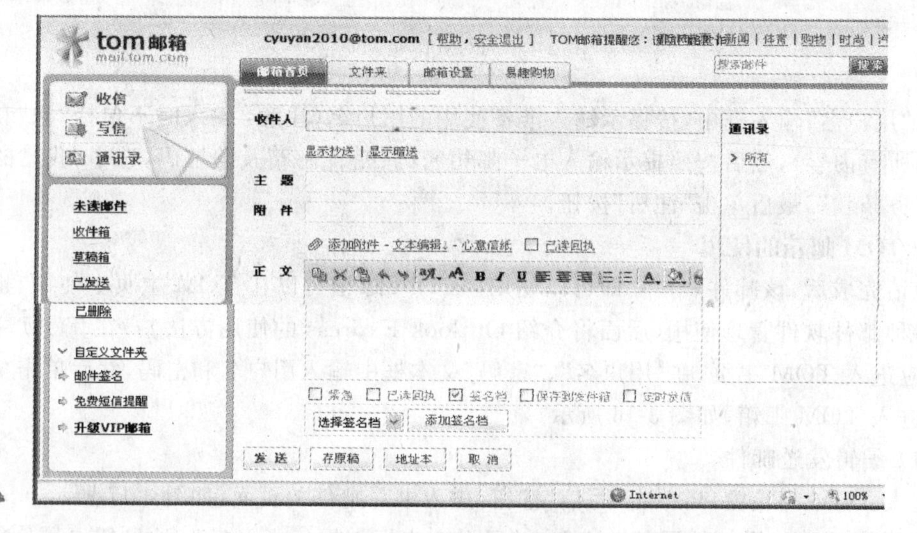

图 3-17　写邮件窗口

即可。

⑤ 保存草稿：如果邮件输入时间长，建议适时地应用该功能。

⑥ 保存到发件箱：如果发出的邮件需要保存，在“保存到发件箱”前的选择框内打“√”。

⑦ 签名：“使用我的签名”默认是“不使用”，也可通过“添加签名档”创建签名然后应用。

⑧ 取消发信：如果要取消发信，单击"取消"按钮。

⑨ 邮件发送：邮件编辑完成后，单击"发送"按钮，系统显示"您的邮件已经成功发送到……"，邮件正常发出。

⑩ 定时发信：设定邮件的发送时间，在写完邮件内容后，把要发信的时间填入"时间"框内后，单击"定时发"，系统显示"定时发信设置成功"，邮件将在设定的时间自动发出。

（2）收取邮件

在 TOM 邮箱窗口，单击"收件箱"按钮，进入收件箱页面，如图 3-18 所示。用户收到的邮件显示在窗口中。

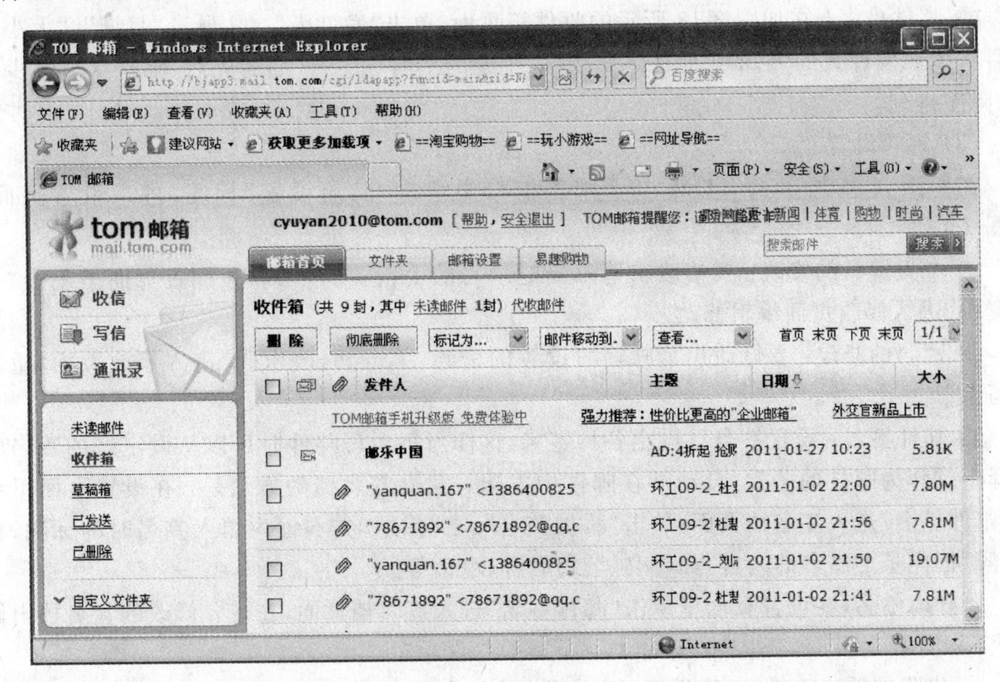

图 3-18 收件箱窗口

① 阅读邮件：单击"发件人"栏中邮件的地址，进入读邮件页面。

在读信页面中，读完邮件后可以对邮件进行删除、转移等操作。

② 删除邮件及转移邮件：单击"删除"按钮，系统将这封邮件删除到垃圾箱里。选择移动的目的位置如"收件箱"、"草稿箱"、"垃圾箱"，然后单击"转移到"按钮，邮件转移到指定文件夹。

③ 回复邮件：读完邮件后，直接给对方回复，单击"回复"，系统转到写邮件页面，收件人的 E-mail 地址和标题都已填入，也可以修改。

④ 全部回复：读完一封同时发给多个用户（不论是普通发送、抄送或是暗送）的邮件，单击"全部回复"，系统将所有用户的 E-mail 地址都列到填写框内，直接发送给所有用户。

⑤ 转发邮件：如果需要把邮件转发给其他用户，单击"转发"，系统转到转发页面，输入转发的 E-mail 地址，单击"转发"。如果将邮件修改后再转发，单击"修改后转交"，系统转到写邮件页面，把邮件修改完，填上对方的 E-mail 地址，单击"发送"。

⑥ 保存地址：读完邮件后如果想把发件人的 E-mail 地址保存到“地址簿”，单击“存地址”，系统转到“地址簿”页面，并将电子邮件地址自动填入，用户可以对其进行编辑。

⑦ 拒收邮件：如果不想再收到正在阅读的邮件发件人发来的邮件，可以单击“拒收”，系统转到“过滤器”页面，用户进行设置，拒绝接收该地址发来的所有邮件。

⑧ 下载邮件：如果希望把正在读取的邮件下载到当前计算机，单击“下载”，弹出下载对话框，按照提示操作，完成邮件下载。

⑨ 查看邮件其他部分：查看邮件的其他各部分（如文本正文、超文本正文、附件等），单击“各部分”按钮。

⑩ 邮件排序：在如图 3-18 所示的收件箱页面，单击“发件人”、“主题”、“日期”、“大小”，邮件将按照发件人的 E-mail 地址字典顺序、主题的字典顺序、日期的先后、邮件字节多少的升、降序排列。

（3）邮箱设置

在如图 3-16 所示的 TOM 电子邮箱窗口中单击“邮箱设置”标签，进入设置页面，如图 3-19 所示。

① 个人资料的修改：要修改申请邮箱时填写的个人资料，可以在配置页面里单击“个人资料”进入修改页面编辑修改。

② 密码的修改：要修改申请邮箱时设置的密码，单击“修改密码”进入修改页面，重新填写。

③ 邮件签名：设置签名。设定各种签名，这样当每次写邮件时可以从设定好的签名中选择一款作为邮件的落款，自动贴在邮件中发出。建立签名档的方法是：在设置页面里单击“邮件签名”进入签名档页面，单击“添加签名”，在“标题”文本框内填入签名时的标题，在“内容”框内填上签名的内容，如署名、公司名称、电话等。

要修改签名，在设置页面里单击“邮件签名”进入签名档页面，在需要修改的签名档内做修改。

④ 代收邮件：经过 POP 设置，用户可以在该邮箱里收取其他邮箱的邮件而不需要登录多个邮箱（一共可以设定 20 个 POP 账户），省下逐个网站去收取邮件的时间。设置方法是：在配置页面里单击“代收邮件”进入设置页面，在“代收邮箱地址”文本框里填入其他邮件的 E-mail 地址，在“邮箱密码”文本框里填入邮箱的相应密码，再输入接收邮件的 POP 的地址，最后单击“新建”按钮。

⑤ 垃圾邮件过滤：设置过滤器可以锁定某些 E-mail 地址，禁止这些邮件送到你的邮箱。

“直接拒收，不收入我的邮箱”：如果不希望看到某些邮件，可以将这些邮件的地址添加进去，这样，系统在收到这些邮件的时候，会自动删除掉，而发送邮件的用户还以为发送到了。

“转移到垃圾邮件文件夹”：可将不希望看到的信件直接转移到垃圾邮件文件夹中，该文件夹里的邮件会被不定期由系统自动删除。

⑥ 定时发信：要取消定时发信队列里的邮件的发送，在设置页面的“定时发信”中，单击需要取消的邮件，系统询问“确实想删除这封信的定时发信请求?”，单击“确定”按钮。

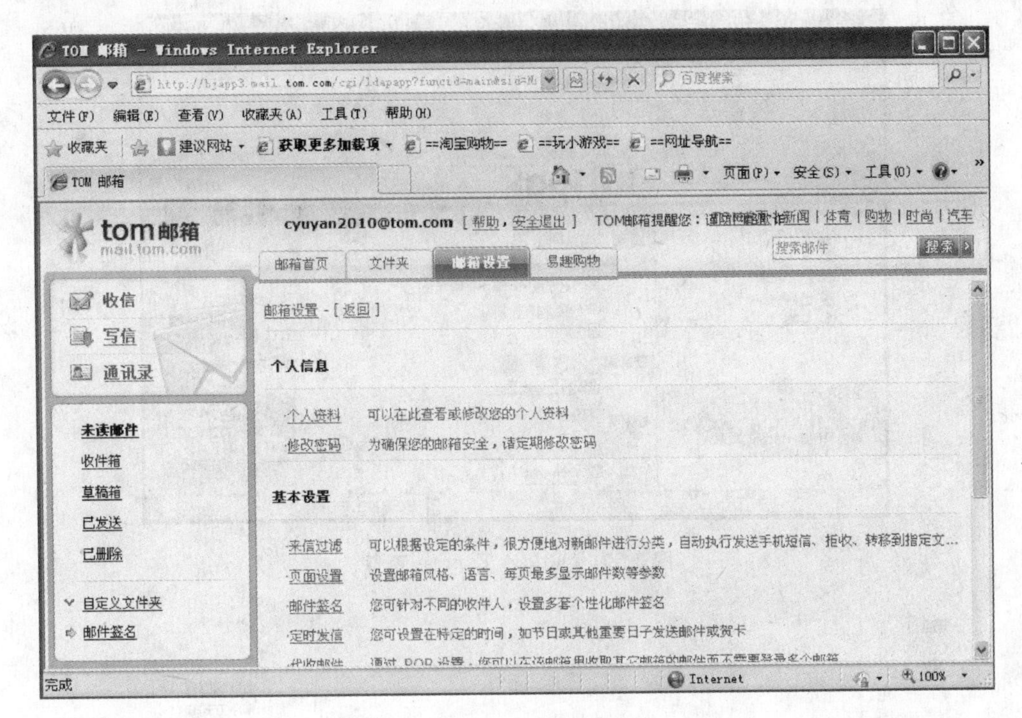

图 3-19　TOM 邮箱设置

3.2.6　Outlook Express 的使用

Outlook Express 是 IE 浏览器的组件之一，具有比较好的邮件处理功能。可以访问 Internet 电子邮件账号，接收、回复和发送电子邮件，并且还有一些特殊功能，可以非常方便地令用户对电子邮件进行使用和管理。

1. 启动 Outlook Express

方法 1：在“开始”菜单的“程序”选项中单击 Outlook Express 菜单项。

方法 2：在 Internet Explorer 窗口中单击“邮件”按钮。

进入 Outlook Express 窗口，如图 3-20 所示。窗口内有常用的菜单、工具按钮、文件夹、邮件列表、邮件、状态栏等。用户可以自行设置显示内容及格式。

2. 窗口的组成——菜单

Outlook Express 窗口上的菜单有“文件”、“编辑”、“查看”、“工具”、“邮件”、“帮助”6 项，包含 Outlook Express 的全部操作，每项中的内容如图 3-21～图 3-26 所示。

3. 窗口的组成——工具按钮

菜单中的一些常用命令项被做成按钮，显示在菜单条的下方，如图 3-27 所示。

创建邮件：单击该按钮弹出新邮件窗口，撰写邮件。若单击其后的下拉按钮，则弹出一菜单，可选择 HTML 方式的信纸或 Web 页。

答复：收到邮件阅读后，希望马上回复，单击该按钮弹出新邮件窗口并自动填入收件人地址和发件人的默认地址，“主题”栏中自动填入“Re：*** ”，*** 为原邮件主题。

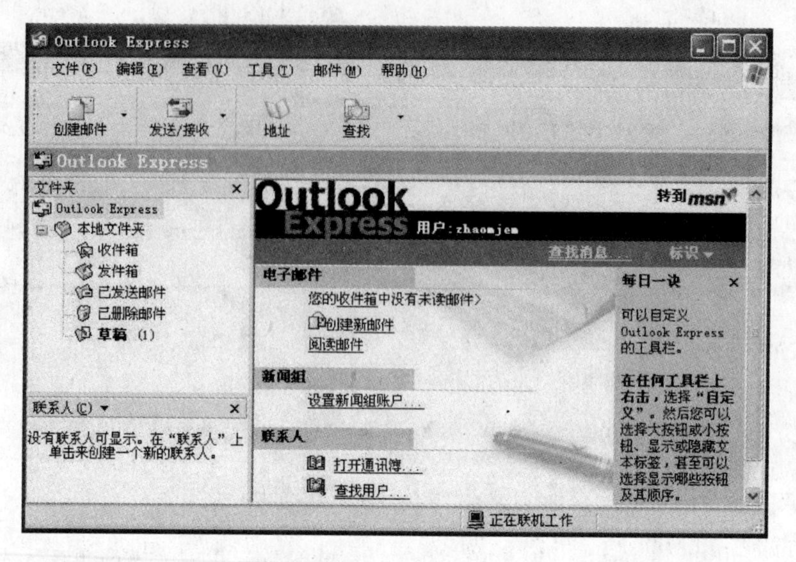

图 3-20 Outlook Express 窗口

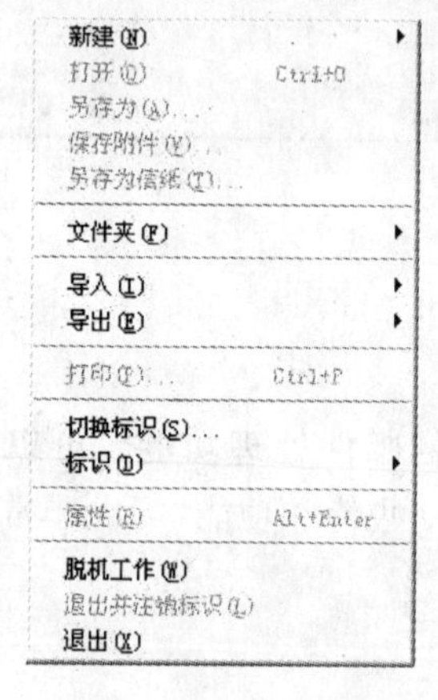

图 3-21 "文件"菜单

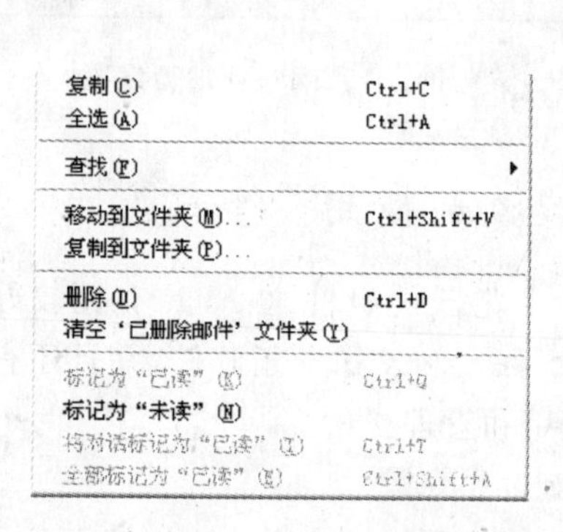

图 3 22 "编辑"菜单

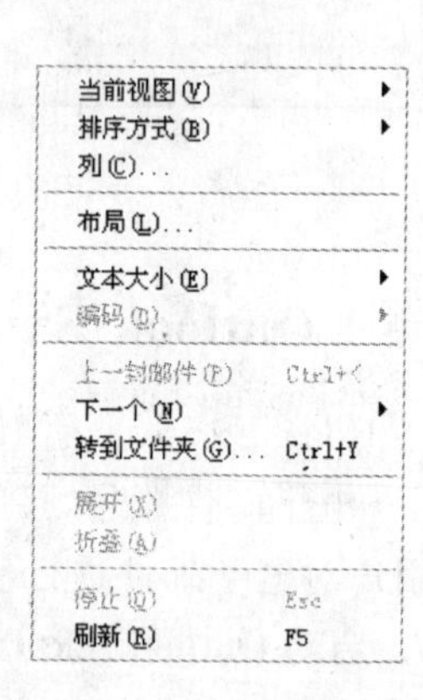

图 3-23 "查看"菜单

图 3-24 "工具"菜单

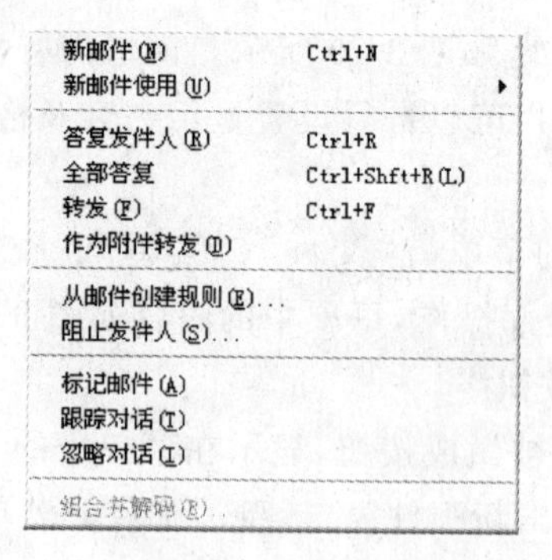

图 3-25 "邮件"菜单

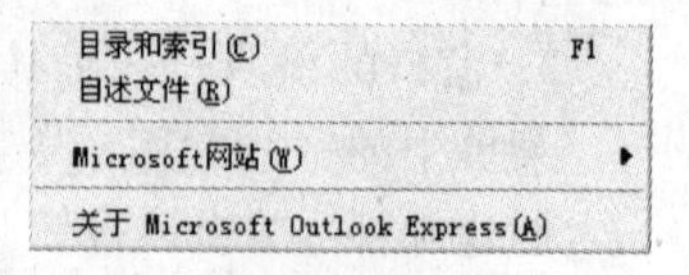

图 3-26 "帮助"菜单

图 3-27 工具按钮

全部答复：收到邮件后，希望马上回复发件人和所有其他收到这封信的人，单击该按钮弹出新邮件窗口，自动填入发件人默认地址，“收件人”栏中自动填入收件人和其他收到这封邮件的人的地址，“主题”栏中自动填入“Re：*** ”。

转发：收到邮件后，希望将该邮件转发给其他人，单击该按钮弹出新邮件窗口，自动填入发件人地址，“主题”栏中自动填入“Fw：*** ”。

打印：将邮件内容在打印机上打印出来。

删除：将邮件移到“已删除邮件”文件夹中。

发送/接收：单击该按钮发送/接收全部账户的邮件，若单击其后的下拉按钮，则弹出一菜单，可选择发送邮件还是接收某一邮件账户的邮件。

地址：单击该按钮，弹出通讯簿窗口。

查找：单击该按钮，弹出查找邮件窗口，可以按照收件人、发件人、主题、收到邮件的时间等条件查找邮件。单击其后的下拉按钮，则弹出一菜单，可选择查找邮件、用户。

编码：单击该按钮，弹出菜单选择编码形式，可选择编码为西欧字符、简体中文、其他字符或自动选择。

4. 窗口的组成——文件夹

文件夹列表中显示 Outlook Express 中的全部文件夹，如图 3-28 所示，其中“同学信箱”文件夹是用户建立的，其他文件夹是 Outlook Express 默认给出的。用户可以根据需要增加、删除文件夹。

5. 添加邮件账户

作为一个 Internet 用户，将从 Internet 服务提供商(ISP)或局域网(LAN)管理员那里得到一个邮件账户，其中包含以下信息：邮件账户名、密码、接收邮件服务器的名称和发送邮件服务器的名称。在第一次使用时，应将这些信息配置到计算机上。

图 3-28　文件夹列表

下面以一个实例进行讲解。

在 TOM 网站申请的电子邮件地址为：fem88@tom. com

账户名为：fem88

密码为：asdf(用户可以修改)

接收邮件服务器 POP3 名称：pop3. tom. com

发送邮件服务器 SMTP 名称：smtp. tom. com

配置邮件账户操作步骤为：在 Outlook Express 窗口中，选择“工具”菜单中的“账户”菜单项，屏幕弹出“Internet 账户”对话框，如图 3-29 所示。

单击“添加”按钮，选择“邮件”，屏幕弹出“Internet 连接向导”对话框，按提示依次输入以下内容。

姓名：创新课程（收件人所看到的名字，可以是真实的名字，也可以不是）

电子邮件地址：fem88@tom. com(也可以是其他已有的邮件地址)

邮件接收服务器类型：POP3(下拉框中还包括 IMAP、HTTP 类型)

邮件接收邮件服务器：pop3. tom. com

邮件发送邮件服务器：smtp. tom. com

账户名：fem88

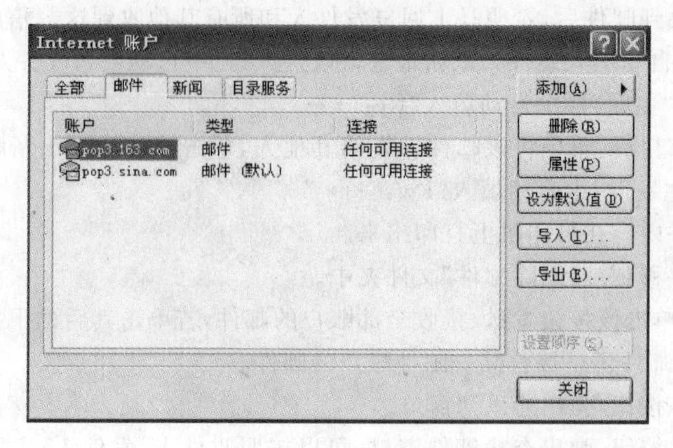

图 3-29 Internet 邮件账户

密码：asdf

对话框显示已成功地输入了设置账户所需的信息，单击“完成”按钮，配置结束。“Internet 账户”对话框中增加了一个 pop3. tom. com 邮件账户。选择该账户，单击“属性”按钮，显示加入账户的属性，如图 3-30 所示。

选中“服务器”标签，可以看到选项卡下部有“邮件发送服务器”，选中“我的服务器要求身份验证”并单击旁边的“设置”。选择“使用与邮件接收服务器相同的设置”，配置完成后用户即可以使用该账户收发电子邮件。

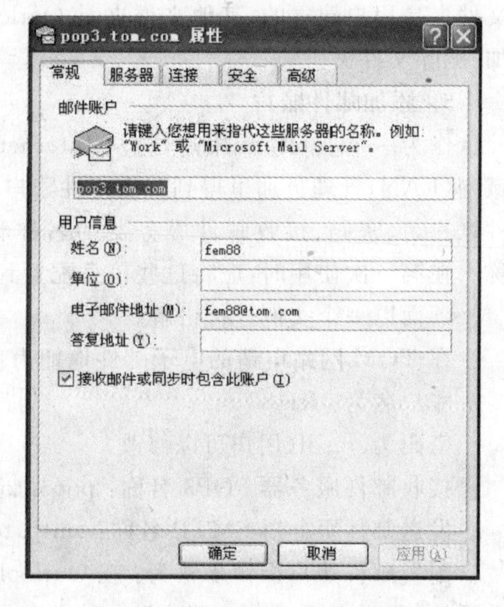

图 3-30 新建账户属性

6. 收发邮件

(1) 创建一个新邮件

在 Outlook Express 窗口中，单击工具栏中的“创建邮件”按钮或者选择“邮件”菜单中的“新邮件”项，将弹出新邮件窗口。

① 在“发件人”一栏中自动填入发件人的默认电子邮件地址，如果希望填写其他的邮件地址，可以直接输入或者单击下拉按钮选择邮件账户中的其他邮件地址。

② 在“收件人”一栏中写入收件人的电子邮件地址，如果这个邮件希望发给多人，则可以输入多人的电子邮件地址，每个地址之间用逗号或者分号隔开。若收件人的邮件地址已经输入到通讯簿中，可以直接单击收件人前的小图标，屏幕显示通讯簿，选择联系人，单击“收件人”按钮，地址填入“邮件收件人”栏中。可以同时选择多个地址，完成后单击“确定”按钮。从通讯簿中选择的联系人在“收件人”栏中只显示姓名，不显示邮件地址的全部。

③ 在“抄送”栏中，输入该邮件希望抄送人的电子邮件地址，也可以抄送多人，每个地址之间用逗号或者分号隔开。若抄送人的地址已经输入到通讯簿中，同上也可以直接单击抄送人前的小图标，屏幕显示通讯簿，选择即可。选择收件人窗口中的“密件抄送”项，同样可

以抄送邮件,但是被抄送人的地址其他收件人看不到。

④ 在"主题"栏中输入该邮件的主题,主题在接收邮件时显示在收件人的收件箱窗口上,使收件人对邮件的内容有一个大概的了解。

⑤ 编辑窗口用于编辑邮件正文。

例如:给两位朋友王冠华、张小平发一封中秋节贺信并且抄送张家祥、魏伟,其中,王冠华、张小平、张家祥的邮件地址在通讯簿中,魏伟的地址是 weiw@sina.com。操作步骤如下。

步骤 1:在 Outlook Express 窗口中单击"创建邮件"按钮,弹出新邮件窗口,并自动填入发件人默认地址 fem88@tom.com。

步骤 2:单击"收件人"图标,弹出"选择收件人"对话框(即通讯簿),如图 3-31 所示。

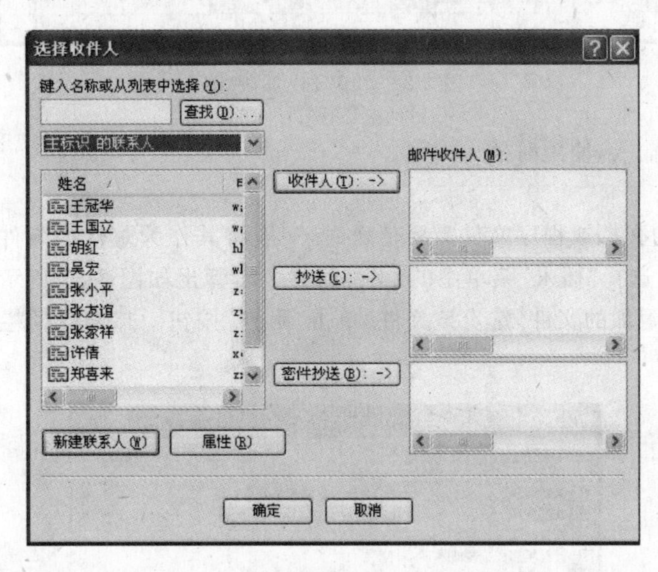

图 3-31 通讯簿"选择收件人"对话框

选择"王冠华",单击"收件人"按钮,"王冠华"加入"邮件收件人"框中,再选择"张小平",单击"收件人"按钮,"张小平"加入"邮件收件人"框中。选择"张家祥",单击"抄送"按钮,"张家祥"加入"邮件收件人"框中,单击"确定"按钮,返回新邮件窗口。在"抄送"栏中输入魏伟的邮件地址"weiw@sina.com"。

步骤 3:在"主题"栏中输入主题"节日快乐"。

步骤 4:在编辑窗口内输入邮件内容,邮件编辑完成,如图 3-32 所示。

(2) 发送邮件

邮件编辑完成后,单击"发送"按钮,关闭邮件编辑窗口,邮件送至发件箱中并发送。编辑邮件时不需要连接 Internet,可以在脱机状态下编辑,一次可以编辑多封邮件。发送/接收邮件时必须连接 Internet,单击"发送/接收"按钮发送发件箱中的全部邮件,同时到指定收件服务器上检查是否有邮件,若有则下载到用户的计算机上。

(3) 在邮件中插入项目

在传送邮件时,经常需要附带一些项目,例如:程序文件、图片或者比较大的文本文件,这些文件以不同形式插在邮件中和邮件一起传送。另外对于签名这样的每封邮件中都出现

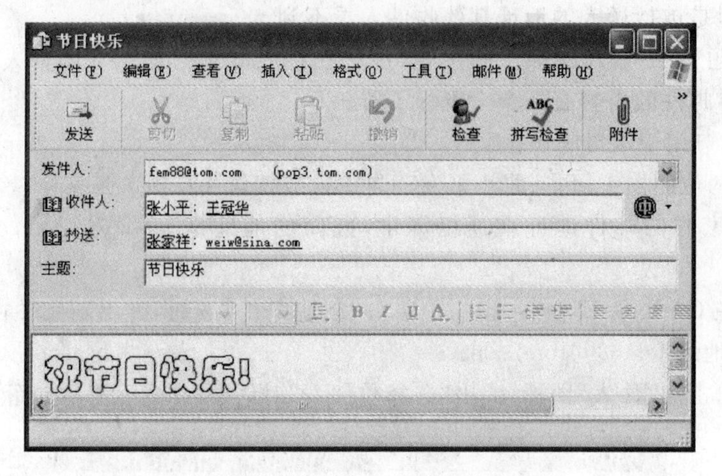

图 3-32 "节日快乐"邮件

的内容,可以事先输入,使用时插入即可。

① 插入文件。

当有比较大的文档或程序文件需要传送时,一般将其作为邮件的附件发送。操作步骤为:在邮件窗口中选择"插入"菜单中的"文件附件"项,弹出如图 3-33 所示的"插入附件"对话框,然后找到要附加的文件,选定该文件,单击"附件"按钮。邮件标题栏的"附件"框中列出此文件名。

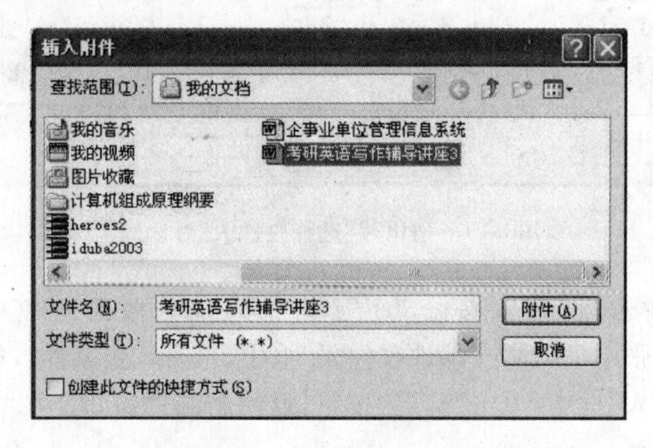

图 3-33 "插入附件"对话框

例如:某教师发送考研辅导材料给他的学生,这位学生的 E-mail 地址为 gengg@163.com,发件人地址为:fem88@tom.com。操作步骤如下。

步骤 1:编辑新邮件。在 Outlook Express 中单击"创建邮件"按钮,在新邮件窗口中选择发件人地址"fem88@tom.com";填入收件人地址:"gengg@163.com";填入主题"考研材料";编辑邮件内容。

步骤 2:插入附件。单击"插入"菜单中的"文件附件"项,弹出如图 3-33 所示的"插入附件"对话框,选择文件"考研英语写作辅导讲座 3",单击"附件"按钮。邮件编辑完成,如图 3-34 所示。

步骤 3:发送邮件。单击"发送"按钮,该窗口关闭,邮件发送到发件箱中并发送出去。

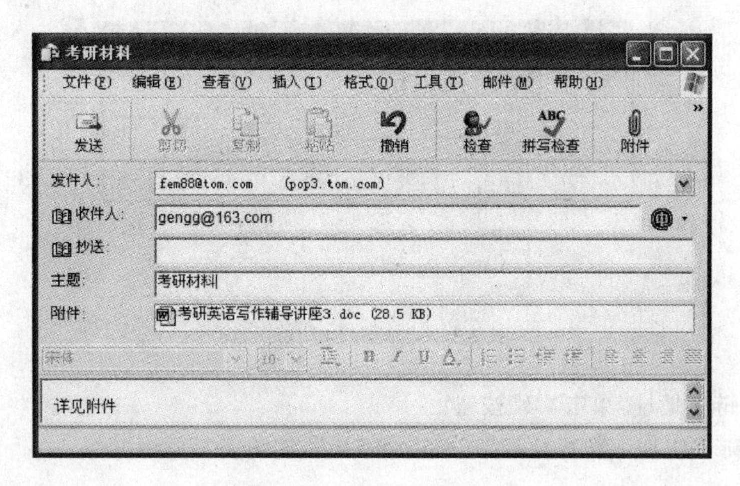

图 3-34 发送考研材料

在 Outlook Express 窗口中单击“发送/接收”按钮,将发送发件箱中的全部邮件,并接收服务器上的邮件。

② 在 HTML 格式邮件中插入图片。

操作步骤:将光标移至要放置图片的位置,选择“插入”菜单中的“图片”项,弹出“图片”对话框,如图 3-35 所示。单击“浏览”按钮找到要插入的图片文件,根据需要输入图片文件的布局和间距信息,单击 OK 按钮。

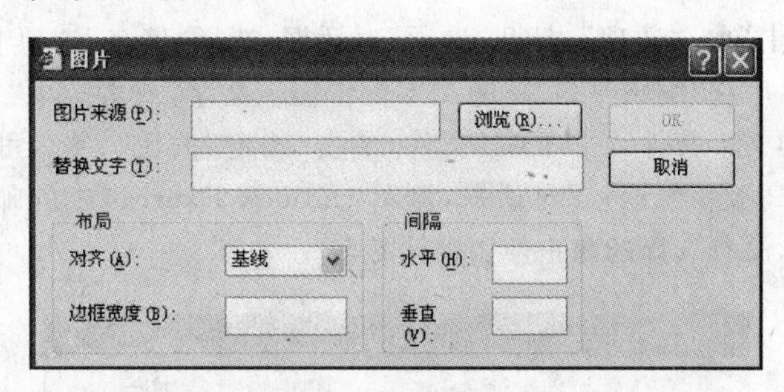

图 3-35 “图片”对话框

③ 插入背景图片。

在邮件窗口中单击“格式”菜单中的“背景”项,在子菜单中单击“图片”,弹出“背景图片”对话框。单击“浏览”按钮找到要作为背景的图片文件,单击 OK 按钮。

对于带有图片的邮件,在发送前应检查“工具”菜单的“选项”项中的 HTML 设置,确定“图片与邮件一同发送”项选中。

④ 插入超级链接。

HTML 格式的邮件可以加入超级链接或 Web 页。操作步骤为:在邮件窗口中将光标移至要添加的位置,选择“插入”菜单中的“超级链接”项,弹出“超级链接”对话框,如图 3-36 所示,选择链接类型,输入链接地址,单击 OK 按钮。

收件人在收到邮件后单击该链接,即可直接链接到指定地址。

若要为邮件中的文字创建超级链接,应先选定该文字,然后选择“插入”菜单中的“超级

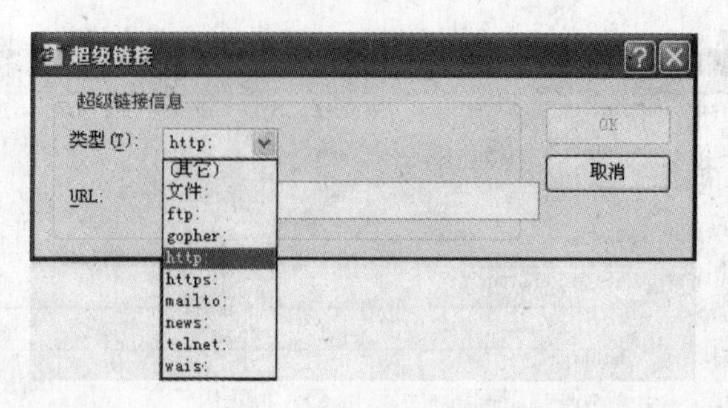

图 3-36 “超级链接”对话框

链接”项，输入链接地址，单击 OK 按钮。

例如：在邮件中加入超级链接“163 电子邮局”，如图 3-37 所示。

图 3-37 插入超级链接

⑤ 为邮件加入签名。

步骤 1：建立签名。

在“工具”菜单中单击“选项”，打开“选项”对话框，选择“签名”选项卡，如图 3-38 所示。单击“新建”按钮，然后在“编辑签名”栏的文本框中输入文字，或者选中“文件”，单击“浏览”按钮，找到要使用的文本文件或 HTML 文件，单击“确定”按钮。签名可以建立多个，单击“高级”按钮，弹出“高级签名设置”对话框，显示 Outlook Express 中的邮件账户，每个账户可以选择一个签名，没有选择的账户使用默认签名。

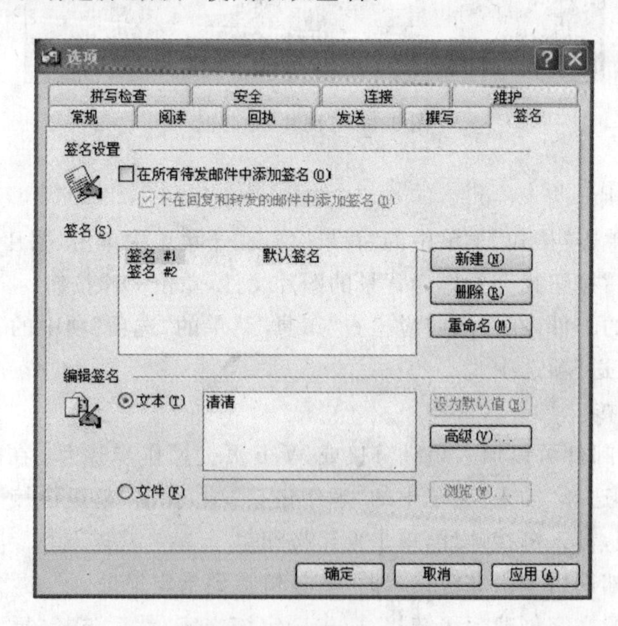

图 3-38 “签名”选项卡

步骤 2：插入签名。

选中“在所有待发邮件中添加签名”，用户撰写邮件时自动加入对应账户的签名。若不选择该选项，在邮件编辑完成后，光标移至要签名处，单击“插入”菜单中的“签名”项，在签名子菜单中选择签名。

7. 管理邮件

用户收到的电子邮件存放在收件箱中，邮件比较多时可以将邮件分类存放在不同的文件夹中。Outlook Express 中可以设置邮件规则，对符合规定条件的邮件，按照规则自动进行分类存放、删除、标记、回复或做不下载等处理。

(1) 创建文件夹

分类存放邮件，首先要建立多个文件夹。创建文件夹可以使用下列两种方法。

方法 1：在 Outlook Express 窗口文件夹栏中，选择欲建立新文件夹的位置，单击鼠标右键，在弹出的快捷菜单中选择“新建”→“文件夹”，将弹出“创建文件夹”对话框，如图 3-39 所示，输入文件夹名，单击“确定”按钮。

方法 2：在 Outlook Express 窗口中，选择“文件”菜单的“文件夹”子菜单中的“新建”，弹出“创建文件夹”对话框，输入文件夹名，选择文件夹所在位置，单击“确定”按钮。

(2) 创建邮件规则

要为邮件创建规则（不能为 IMAP 或 HTTP 邮件账户创建邮件规则），可选择“工具”菜单中的“邮件规则”项，在子菜单中单击“邮件”，如果是第一次创建邮件规则，则会直接弹出“新建邮件规则”对话框；如果已创建规则，则弹出“邮件规则”对话框，选择“邮件规则”选项卡，单击“新建”按钮，弹出“新建邮件规则”对话框，如图 3-40 所示。

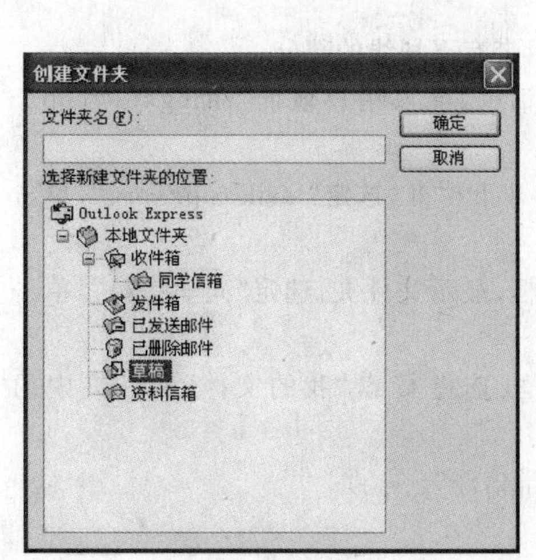

图 3-39 “创建文件夹”对话框

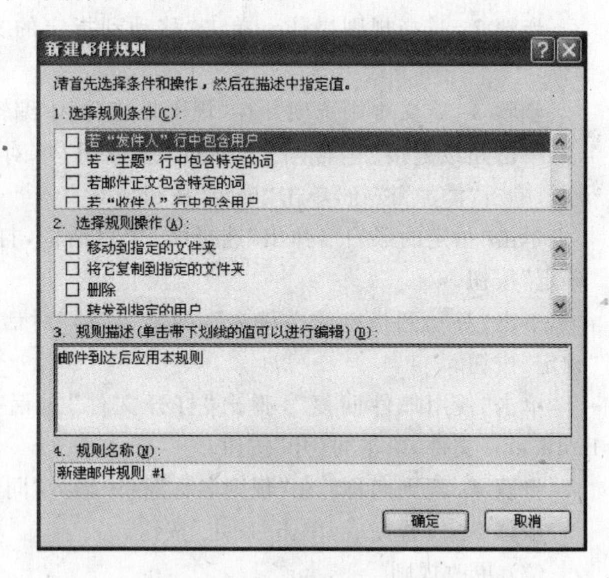

图 3-40 “新建邮件规则”对话框

① 选择规则条件。在“选择规则条件”框中选择条件，单击条件项前的复选框，以确定规则条件（至少选择一个条件），可以为一个规则指定多个条件。

② 选择规则操作。在“选择规则操作”框中，有“移动到指定的文件夹”、“将它复制到指定的文件夹”、“删除”、“转发到指定的用户”、“用指定颜色标记”、“标记为已读”、“使用邮件

回复”、“不要从服务器上下载”、“从服务器上删除”等选项，最少选择一项，可以复选。

③ 规则描述。“规则描述”框中显示上面选定的条件和操作。在规则描述部分中带下划线的超级链接需要用户进一步定义。

指定规则的条件有多项时，需设定它们之间的关系是逻辑或还是逻辑与。单击“和”超级链接，确定在指向指定操作前是必须满足所有条件(和)，还是至少满足一个条件(或)。

④ 规则名称。在“规则名称”框中输入规则名称，规则编辑完毕。单击“确定”按钮。

如果要创建的规则与现有的类似，可以在“邮件规则”选项卡中选择现有规则，然后单击“复制”来创建新规则。

例如：将从中国计算机协会便携机分会发来的邮件存放在“同学信箱”文件夹中，并使用文件“huifu”自动回复。设置邮件规则如下。

① 条件：来自 mail. cppx. org 邮件服务器，收件人或者抄送人地址为 zhangxp@cppx. org。

② 操作：邮件移动到“同学信箱”文件夹并使用“C:\我的文档\huifu. eml”文件自动回复。

③ 规则名称：同学信件。

操作步骤如下。

步骤 1：在 Outlook Express 窗口中，选择“工具”菜单中的“邮件规则”项，在子菜单中单击“邮件”，弹出“邮件规则”对话框，选择“邮件规则”选项卡，单击“新建”按钮，弹出“新建邮件规则”对话框。在“选择规则条件”框中单击“若‘收件人’或‘抄送行’中包含用户”和“若邮件来自指定账户”两项前的复选框。

步骤 2：选择规则操作。单击“移动到指定的文件夹”和“使用邮件回复”两项前的复选框。

步骤 3：定义规则选项。在“规则描述”框中编辑带有下划线的部分。

单击超级链接“包含用户”弹出“选择用户”对话框，输入用户地址“zhangxp@cppx. org”，单击“添加”按钮，单击“确定”按钮。

单击“指定的账户”，弹出“选择账户”对话框，打开下拉框，选定“mail. cppx. org”，单击“确定”按钮。

单击“移动到指定的文件夹”，弹出“移动”对话框，显示文件夹，选定“同学信箱”，单击“确定”按钮。

单击“使用邮件回复”，弹出“打开文件”对话框，选择 C 盘“我的文档”文件夹中的 huifu. eml 文件，单击“打开”按钮。

步骤 4：规则名称：在“规则名称”栏中输入“同学信件”。

步骤 5：设置完成，单击“确定”按钮。

(3) 更改规则

在“邮件规则”选项卡中，选择要更改的规则，单击“修改”按钮，在“编辑邮件规则”对话框中进行修改，可以修改规则条件、操作、名称，并输入相应的选项定义，然后单击“确定”按钮。

(4) 删除规则

在“邮件规则”选项卡中，选中要删除的规则，单击“删除”按钮，然后单击“确定”按钮。

(5) 应用规则

创建的邮件规则将应用于新接收到的邮件。也可以将规则应用到已下载到计算机上的邮件,操作如下。

步骤 1:在 Outlook Express 窗口中,选择"工具"菜单的"邮件规则"子菜单中的"邮件"项,弹出"邮件规则"对话框。

步骤 2:在"邮件规则"对话框中,单击"立即应用"按钮,弹出"开始应用邮件规则"对话框。

步骤 3:在"开始应用邮件规则"对话框中,选择要应用于已下载邮件的规则,或单击"全选"按钮选择所有当前规则;选择应用范围,单击要应用规则的文件夹,单击"立即应用"按钮。

(6) 保存邮件

收到的邮件存放在收件箱或规则指定的文件夹中,如果希望另存邮件,则选择"文件"菜单中的"另存为"项,指定文件夹,输入文件名即可。邮件文件以"EML"为扩展名存盘,必须用邮件程序打开。如果使用一般的编辑软件阅读,则需要在邮件窗口中选择邮件内容,单击鼠标右键,在弹出的菜单中选择"复制",然后用编辑软件(Word、写字板)建立一个文件,将邮件内容"粘贴"上去。

(7) 打印邮件

打开要打印的邮件,单击工具栏中的"打印"按钮,或者选择"文件"菜单中的"打印"项,弹出"打印"对话框,选择相应参数,单击"确认"按钮,邮件打印输出。

8. 通讯簿

通讯簿用来存储联系人的信息,如:电子邮件地址、邮政编码、电话号码、家庭住址等,如同日常生活中的通讯录存储在计算机中,方便用户调用。用户还可以在通讯簿中创建联系人组,发送邮件时只要指定组名,邮件就可以直接发送给指定组的每一个人。

(1) 打开通讯簿

在 Outlook Express 中打开通讯簿,单击工具栏上的"地址"按钮,或者单击"工具"菜单,选择"通讯簿"项,即可打开通讯簿。

在邮件窗口中单击"收件人"、"抄送"图标,也可以打开通讯簿。

(2) 添加联系人

可以使用多种方式将电子邮件地址和联系人的其他信息添加到通讯簿中。

方法 1:输入联系人。

在通讯簿窗口中,单击工具栏上的"新建"按钮,然后单击"新建联系人",弹出新联系人属性对话框,如图 3-41 所示。在"姓名"选项卡上,输入联系人的名字和姓氏,可以在"姓"一栏中填入姓名。每个联系人都有一个显示的名字,输入名字或姓氏,将自动出现在"显示"框中。填入电子邮件地址,然后单击"添加"按钮,填入邮件地址。在其他各个选项卡上,添加想要的信息,单击"确定"按钮。

方法 2:将所有回复收件人添加到通讯簿。

在 Outlook Express 中,单击"工具"菜单中的"选项",在"发送"选项卡中选择"自动将回复对象添加到我的通讯簿中"复选框。

方法 3:导入通讯簿。

可以从其他 Outlook Express 通讯簿文件(WAB),以及 Netscape Communicator、

Microsoft Exchange 个人通讯簿，或者任何文本(CSV)文件导入通讯簿联系人。

导入 Outlook Express 通讯簿文件：在通讯簿中，单击“文件”菜单中的“导入”项，在弹出的子菜单中单击“通讯簿”(WAB)，弹出“选择要从中导入的通讯簿文件”对话框，查找并选择要导入的通讯簿，然后单击“打开”按钮，其他文件中的联系人信息就会添加到当前计算机中。

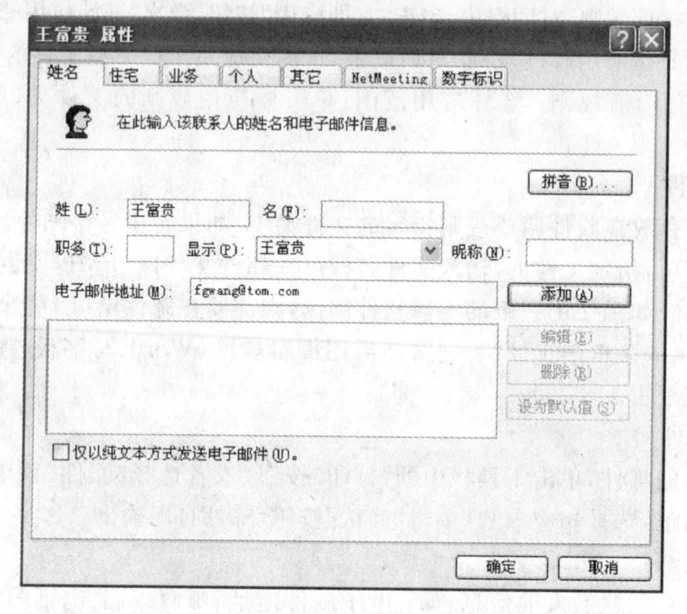

图 3-41　新联系人属性对话框

(3) 管理通讯簿

① 更改联系人。

在通讯簿列表中，找到需要更改的联系人姓名并双击，弹出联系人窗口，根据需要更改信息。

② 删除联系人。

在通讯簿列表中选择该联系人的姓名，然后单击工具栏上的“删除”按钮。如果该联系人是某个组的成员，其姓名将同时从该组中删除。

③ 创建组。

通过创建包含用户名的邮件组(或者“别名”)，可以将邮件发送给一组人。这样，在发送邮件时，只需在“收件人”框中输入组名即可。如“中学同学”、“大学同学”、“老乡”，可以创建多个组，并且同一个联系人可以属于不止一个组。操作步骤为，在通讯簿中，单击工具栏上的“新建”按钮，然后单击“新建组”，弹出组“属性”对话框，如图 3-42 所示，在“组名”框中输入组的名称，单击“选择成员”按钮，然后单击通讯簿列表中选中的姓名，即可从通讯簿列表中添加联系人。

如果不添加姓名到通讯簿而直接将其添加到组中，则在“属性”对话框的“姓名”、“电子邮件”栏中输入此人的姓名和电子邮件地址，然后单击“添加”按钮。

重复添加多个人直至把组定义完毕。如图 3-43 所示是用户定义的“同学”组。

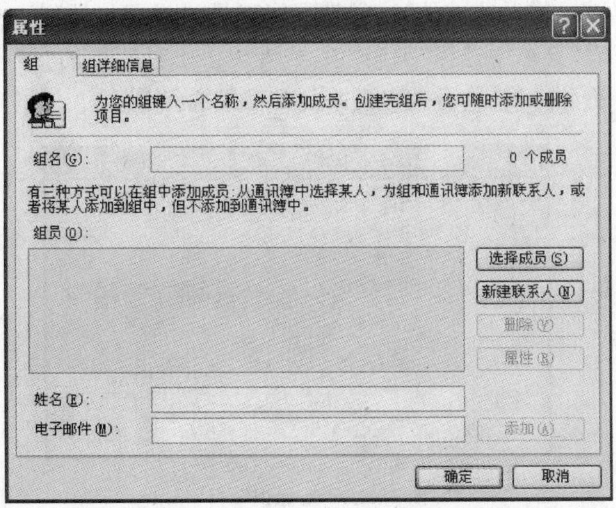

属性

组　组详细信息

为您的组键入一个名称，然后添加成员。创建完组后，您可随时添加或删除项目。

组名(G):　　0 个成员

有三种方式可以在组中添加成员：从通讯簿中选择某人，为组和通讯簿添加新联系人，或者将某人添加到组中，但不添加到通讯簿中。

组员(O):

选择成员(S)
新建联系人(N)
删除(V)
属性(R)

姓名(E):
电子邮件(M):　　添加(A)

确定　取消

图 3-42　新建组

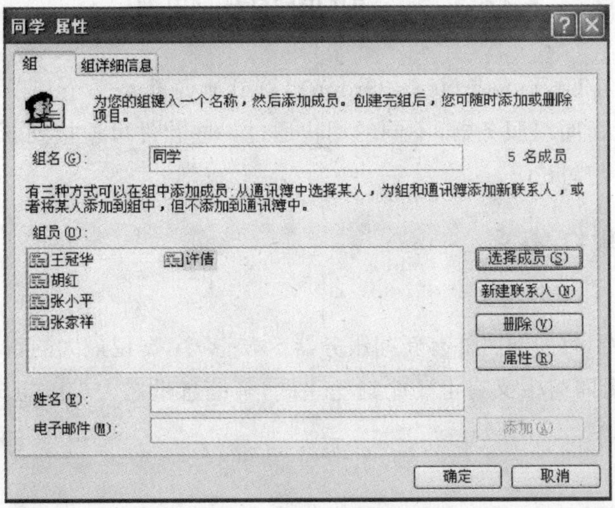

同学 属性

组　组详细信息

为您的组键入一个名称，然后添加成员。创建完组后，您可随时添加或删除项目。

组名(G): 同学　　5 名成员

有三种方式可以在组中添加成员：从通讯簿中选择某人，为组和通讯簿添加新联系人，或者将某人添加到组中，但不添加到通讯簿中。

组员(O):

王冠华　许倩
胡红
张小平
张家祥

选择成员(S)
新建联系人(N)
删除(V)
属性(R)

姓名(E):
电子邮件(M):　　添加(A)

确定　取消

图 3-43　编辑组

9. 设置及其他

(1) 建立用户标识

多个用户使用同一台机器时，在 Outlook Express 中可以设置用户标识，保护通讯簿、邮件等私人信息。操作方法为：在 Outlook Express 窗口中，选择“文件”菜单中的“标识”项，在展开的子菜单中单击“添加标识”，弹出“新标识”对话框，如图 3-44 所示，输入姓名，选择“需要密码”复选框，在弹出的“密码”框中输入密码并确认。

不同的标识对应着各自的 Outlook Express 设置和信息，这样，一台计算机上的多个用户可以互不干扰。使用时用户选择各自的标识，并输入密码，进入相应环境。

(2) 解决乱码

由于传输过程、文字编码等诸多原因，中文邮件中出现乱码是一种常见的现象。比较多的乱码是因为编码方式错误造成的，这种情况可以通过设置编码纠正。解决的方法是：选择乱码邮件，在“查看”菜单中选择“编码”项，或者单击工具栏中的“编码”按钮，选择编码方式为“简体中文”。另外，对于港台地区发来的邮件应选择 BIG5。

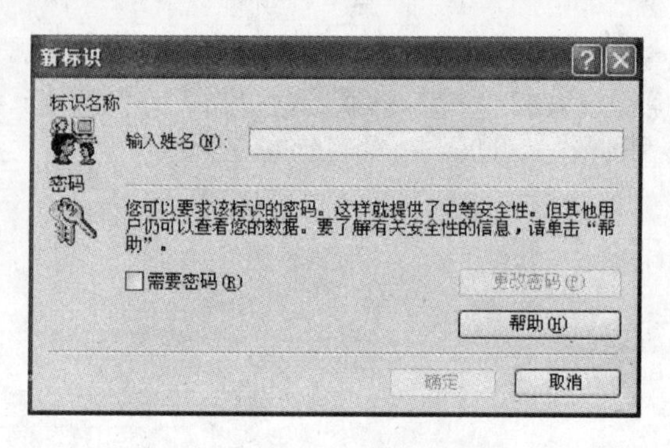

图 3-44 “新标识”对话框

3.3 新闻组的使用

新闻组(英文名 Usenet 或 News Group)，简单地说就是一个基于网络的计算机组合，这些计算机被称为新闻组服务器，不同的用户通过一些软件可连接到新闻服务器上，阅读其他人的消息并可参与讨论。

3.3.1 新闻组的优点

1. 海量信息

据有关资料介绍，目前国内外有新闻服务器 5000 多个，据说最大的新闻服务器包含 39 000 多个新闻组，每个新闻组中又有上千个讨论主题，其信息量之大难以想象，就连 WWW 服务也难以相比。

2. 直接交互性

在新闻组上，每个人都可以自由发布自己的消息，不管是哪类问题，都可直接发布到新闻组上和上千万的人进行讨论。这似乎和 BBS 差不多，但它比 BBS 有两大优势，一是可发表带有附件的帖子，传递各种格式的文件；二是新闻组可以离线浏览。但新闻组不提供 BBS 支持的即时聊天，也许这就是新闻组在国内使用不广的原因之一。

3. 全球互联性

全球绝大多数的新闻服务器都连接在一起，就像互联网本身一样。在某个新闻服务器上发表的消息会被送到与该新闻服务器相连接的其他服务器上，每一篇文章都可能漫游到世界各地。这是新闻组的最大优势，也是网络提供的其他服务项目所无法比拟的。

4. 主题鲜明

每个新闻组只要看它的命名就能清楚它的主题，所以在使用新闻组时主题更加明确，往往能够一步到位，而且新闻组的数据传输速度与网页相比要快得多。

3.3.2 新闻组访问方式

以微软新闻组为例，提供了两种访问方式，一种是基于网页的 Web 方式，另一种是基于客户端软件(例如 OE)的 NNTP 方式。一般情况下推荐使用 NNTP 方式，因为这样才能享受到新闻组提供的种种便利，但是如果因为自己网络的原因或者只是想临时使用一下新闻组，那么 Web 方式也很方便。

Web 方式是最简单的，只需要使用浏览器软件(例如 Internet Explorer)访问新闻组服务器的地址，然后选择自己感兴趣的话题就可以了。这些内容本书不做过多介绍，但是有一点要注意，通过这种方式访问新闻组，无法下载帖子的附件，同时也不能往自己的帖子中添加附件。

如果决定使用 NNTP 方式，首先需要选择一种客户端软件，一般情况下推荐使用所有 Windows 操作系统中都带有的 Outlook Express(注意，是 Outlook Express，而不是 Outlook，这是两个不同的软件)。Outlook Express 的使用和设置很简单，对中文的支持最好，而且免费。如果不想用 Outlook Express，也有很多其他的选择，例如老牌的新闻组客户端软件 Agent，还有安装插件后的 Becky 等。本书以 OE 为例进行说明。

运行 OE 后，在"工具"菜单下单击"账户"，打开"Internet 账户"对话框，然后单击右侧的"添加"按钮，接着单击弹出菜单中的"新闻"，如图 3-45 所示，打开"Internet 连接向导"对话框。在第一个页面输入希望新闻组上其他用户看到你显示的名字，如图 3-46 所示，单击"下一步"，接着输入电子邮件地址，再单击"下一步"。

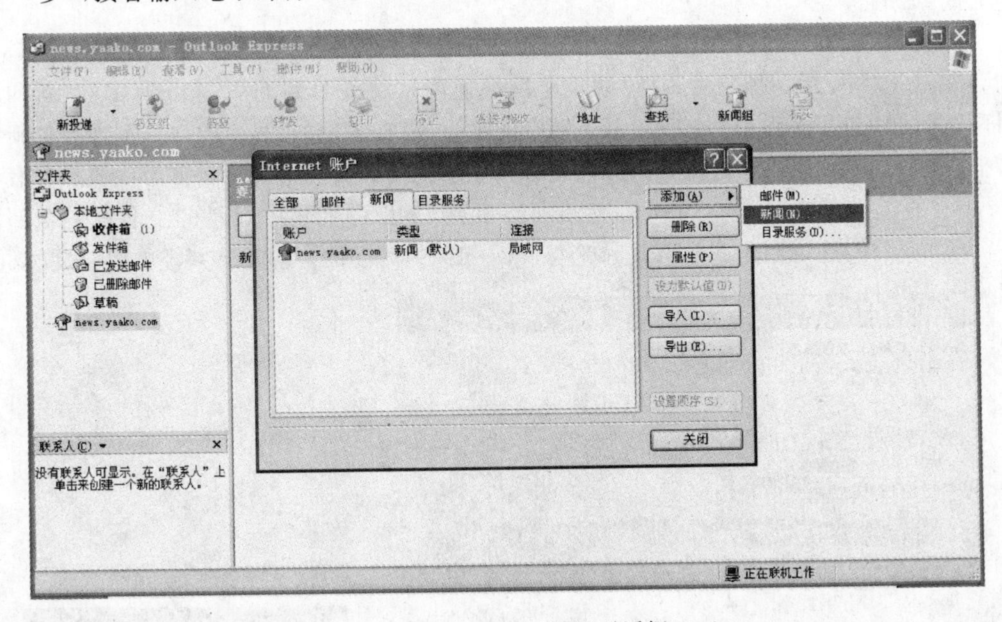

图 3-45 "Internet 账户"对话框

要注意，为了预防垃圾邮件，微软的新闻组采取了一个比较有效的措施，那就是在电子邮件地址后面添加".discuss"的后缀。例如，若电子邮件地址本是 root@cctips.com，那么在添加了后缀后就变成了 root@cctips.com.discuss，这样通过新闻组收集电子邮件地址的程序收集到的就是带有后缀的错误地址，而其他人都知道这个地址带有一个错误的后缀，如

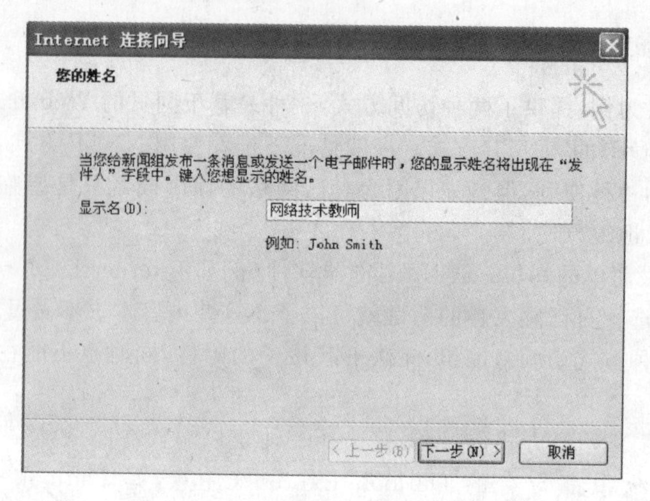

图 3-46 "Internet 连接向导"对话框 1

果他们要给你发信，就会手工删除后缀，而不至于影响到正常的邮件交流。

在第三个页面上需要输入 NNTP 服务器的地址。例如：微软自己的 NNTP 服务器地址是"msnews. microsoft. com"，如果使用的是其他转信服务器，那么也应输入相应的地址。因为微软这个服务器是匿名使用的（互联网上大部分新闻组服务器都可以匿名使用），因此不用选中下面的"我的新闻服务器要求登录"选项，如图 3-47 所示，直接单击"下一步"，并单击"完成"退出。

在关闭了"Internet 账户"对话框后，OE 会询问"是否从添加的新闻服务器下载新闻组？"，如图 3-48 所示。稍等片刻后（取决于网络速度），将能看到如图 3-49 所示的"新闻组预订"对话框，这里显示了这个服务器上所有的组，可以在上面的"显示包含以下内容的新闻组"框中输入一些关键字，这样下面的列表就只显示相关的新闻组了。例如希望显示所有与 java 相关的组，就在上面输入"java"，然后可以看到，下面的列表中显示的组名称中全部带有"java"的字样，这说明这些组都是讨论与 java 相关的内容的。对于感兴趣的组，只要双击

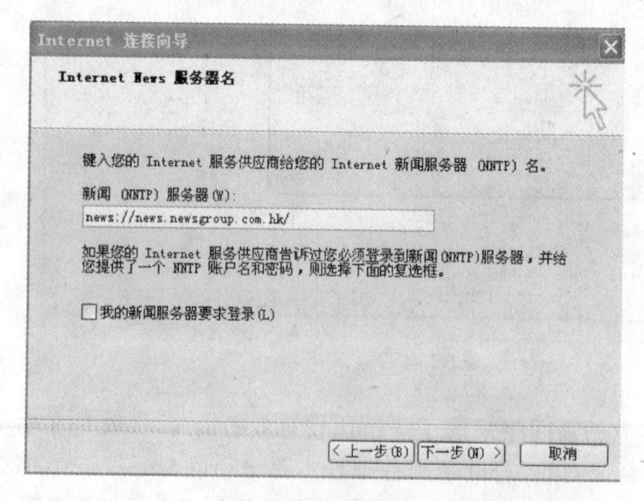

图 3-47 "Internet 连接向导"对话框 2

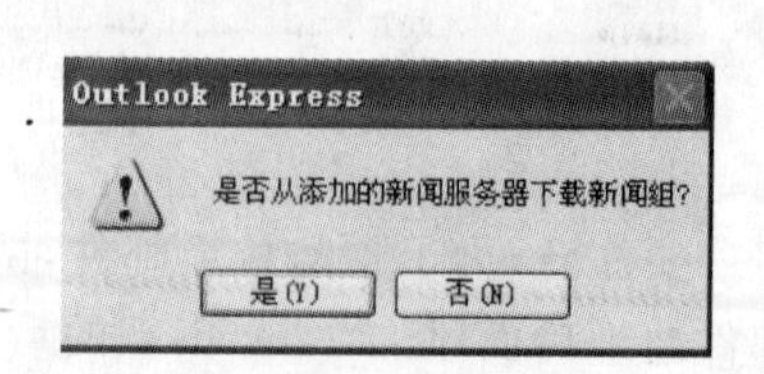

图 3-48 提示对话框

就可以完成订阅，而再次双击已订阅的组则可以取消订阅，如图 3-50 所示。

订阅完成后关闭这个对话框，可以看到，OE 界面左侧的文件夹列表中新添了一个以刚创建的新闻组服务器名称为名的文件夹，而所有订阅的组都显示了一个子文件夹在里面。

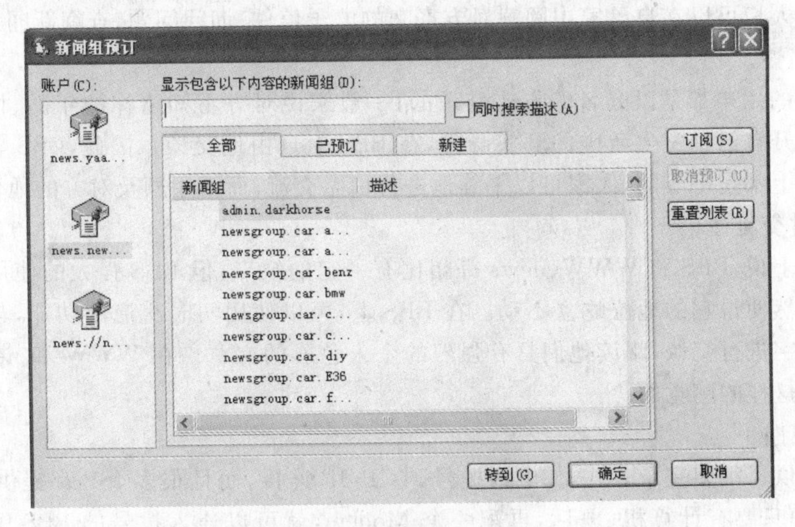

图 3-49 "新闻组预订"对话框 1

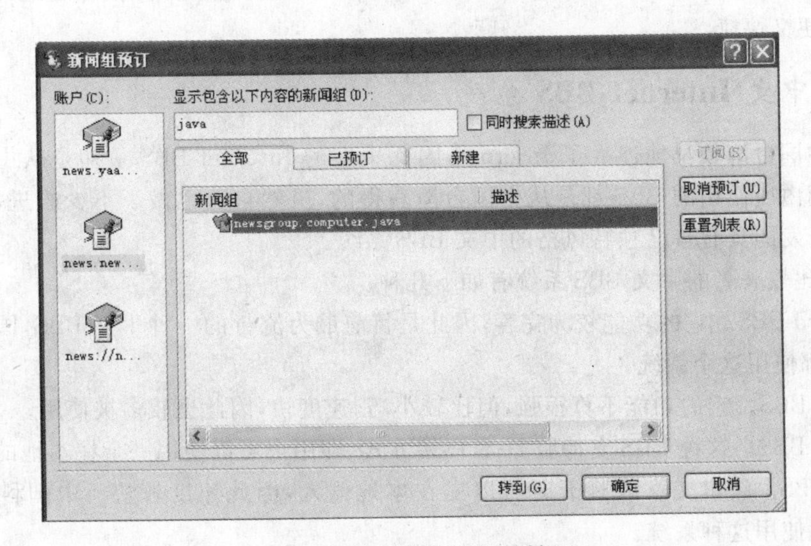

图 3-50 "新闻组预订"对话框 2

3.4 BBS 与网上论坛的使用

3.4.1 BBS 的特点

BBS 是 Internet 上最为主要的一项服务，在 BBS 上人们可以张贴自己的文章，阅读别人的作品，获得网友热心提供的最新消息，寻求问题的解答，是每一个网络人的良师益友。灵活运用 BBS，就可以获取很多有用的信息，丰富自己的知识，为己所用。BBS 具有如下特点。

1. 知识性

通过BBS,人们可以不再顾及时间空间上的差距,方便地和世界各地的任何一个人进行信息交流。人们可以在自己家中阅读对方寄来的电子信件、询问问题、查询新闻等。

2. 匿名性

BBS上的用户都是以匿名的方式登录的,一般来说对方不知道你的年龄、性别、地位,大家可以抛开自己日常生活中的真实身份,在BBS上自由地交谈。因此,BBS上的用户在言论和权限上都是平等的,大家可以平等地进行信息交流,而不用顾及对方的地位身份。

3. 实时交流性

从技术上说,BBS和WWW、news等相比有一定的缺点,但BBS强大的使用者间的实时交流性仍然使得它的地位屹立不动。在BBS上,可以使用实时交流的功能,与另一方的使用者用文字进行交谈,阅读他们具有强烈的个人色彩的文章。在WWW和news中是不容易体会到这样的感觉的。

4. 方便性

BBS提供了很多登录方式,如电话拨号,TCP/IP连接,而且很多ISP都提供了BBS服务,因此用户只要有计算机、电话,再配一个Modem,就可以连入拨号的BBS了。要连入Internet BBS,也只需要向ISP申请一个Internet账号,就可以十分方便地通过此账号连入BBS,既方便又快捷。

3.4.2 中文Internet BBS系统

由于中国台湾较早地连入了Internet,因此中文的Internet BBS最初是从中国发展起来。目前国内所使用的BBS都是从中国台湾获得的,虽然自己也做了不少改进,但还没有完全自己开发的具有自己独特风格的中文BBS系统。

目前,比较著名的中文BBS系统有如下几种。

Firebird BBS。它的功能较为完善,因此是目前最为流行的一种中文BBS,国内绝大多数的BBS都使用这个系统。

Maple BBS。它的功能不算很强,但比较小巧,速度快,因此也较多被使用。

Power BBS。这种BBS支持服务-客户端方式,即用户可以使用一个在本地的客户端软件来访问BBS。编辑文章或聊天时可以先在本地输入,因此速度较快。中国科技大学的BBS目前就使用这种系统。

Palm BBS。是中国台湾大学椰林风情站所使用的中文BBS系统,也是水木清华最早使用的系统。

3.4.3 论坛

论坛与BBS的访问方式不一样。论坛大都是基于Web的访问方式。

目前人气较高的论坛有以下几类。

综合论坛:百度贴吧、天涯虚拟社区、新浪论坛、搜狐论坛、腾讯QQ论坛、21CN社区、西祠胡同、硅谷动力社区 等等。

影视音乐:影视帝国论坛、石狮影视论坛、讯雷电影论坛、VeryCD分享论坛、中国影视论坛、一起 BT 吧、中国驴论坛等。

计算机软件：CSDN 技术社区、PConline 论坛、中关村在线论坛、IT168 硬件论坛、蓝色理想经典论坛、天天下载论坛、中国电脑救援俱乐部、赛迪网、IT 实验室、IT 社区 51CTO-网管论坛等。

其他：考研论坛、育路教育社区、Chinaren 校园论坛、绿野、Qbaobao 亲子乐园、肝胆相照、Baby169 亲子社区、39 健康社区等。

下面以 CSDN 论坛为例，介绍论坛的使用方法。

1. 注册与登录

在浏览器中输入 CSDN 论坛的网址：http://community.csdn.net/，如图 3-51 所示。单击论坛右上方的“注册”进入注册画面，输入相应的注册信息，其中带红色“＊”的是必须填写的信息。注册成功之后，系统会自动跳转到激活页面，可以到自己的注册邮箱取得激活码，按照激活页面的提示进行激活。

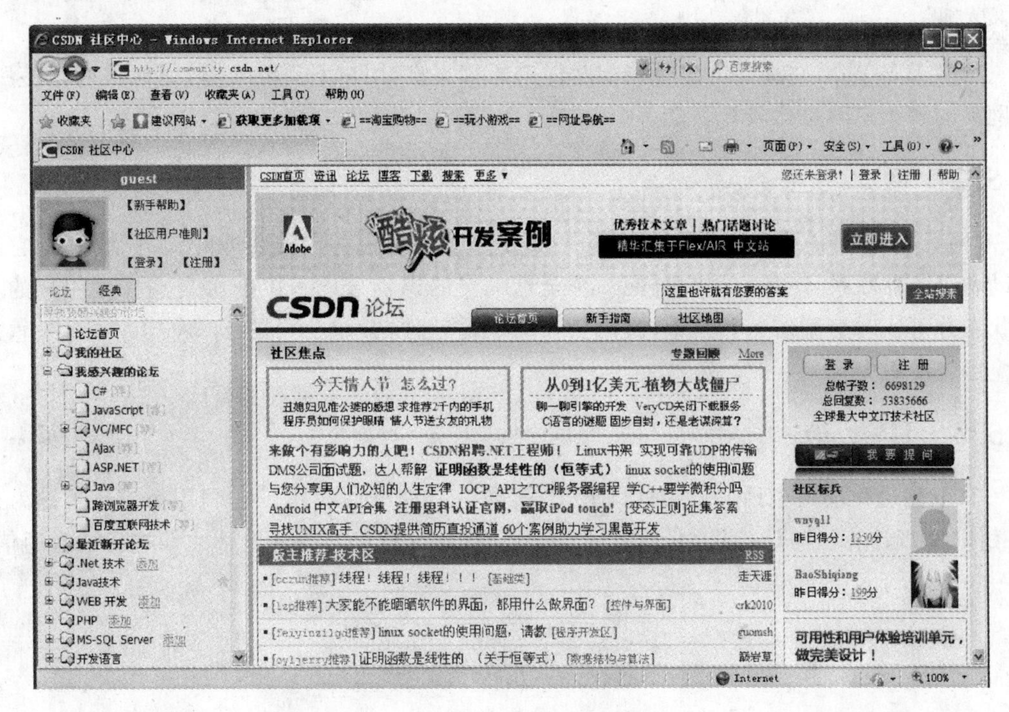

图 3-51 CSDN 论坛首页

当已经注册成为该论坛的会员后只要单击页面右上的“登录”，进入登录界面填写正确的用户名和密码，单击“提交”即可完成登录。

2. 发帖

进入与帖子主题相关的小类版块，单击论坛页面右上方的“我要提问”就可以进行发帖。

注：如果用户在提问的小类版块遭到封杀，则该账号将无权发帖；如果在某个大类社区遭到封杀，则该账号将无权在此大类社区内发帖，如果发帖人可用分为负数，将无权发帖子（0 分可用分，可以发 0 分帖子）。

3.5 即时通信

即时通信(IM)是指能够及时发送和接收互联网消息等的业务。自1998年面世以来，特别是近几年来发展迅速，功能日益丰富，逐渐集成了电子邮件、博客、音乐、电视、游戏和搜索等多种功能。即时通信不再是一个单纯的聊天工具，它已经发展成集交流、资讯、娱乐、搜索、电子商务、办公协作和企业客户服务等为一体的综合化信息平台。

3.5.1 网上聊天

网上聊天(IRC)就是在Internet上专门开设一个场所，为大家提供即时的信息交流。IRC采用客户-服务器模式，一个IRC系统由IRC服务器和参与聊天的用户组成。用户使用IRC客户软件登录到一个IRC服务器上，就可以和其他所有登录在此服务器上的用户相互联络。目前IRC已逐渐被淘汰。

很多WWW网站都提供了一些相对简易的聊天室，用户不需要学习，就能很好地使用。如网易的聊天室就是比较著名的一个。

3.5.2 网上寻呼

“网上寻呼”即ICQ，它同样采用客户-服务器工作模式。在安装即时消息软件时，它会自动和服务器联系，然后给用户分配一个全球唯一的识别号码。ICQ可自动探测用户的上网状态并可实时交流信息。其中，腾讯公司的QQ软件，微软公司的MSN Messenger软件的应用规模最大。

3.5.3 IP电话

IP电话也称网络电话，是通过TCP/IP实现的一种电话应用。它利用Internet作为传输载体，实现计算机与计算机、普通电话与普通电话、计算机与普通电话之间进行语音通信，如图3-52所示。

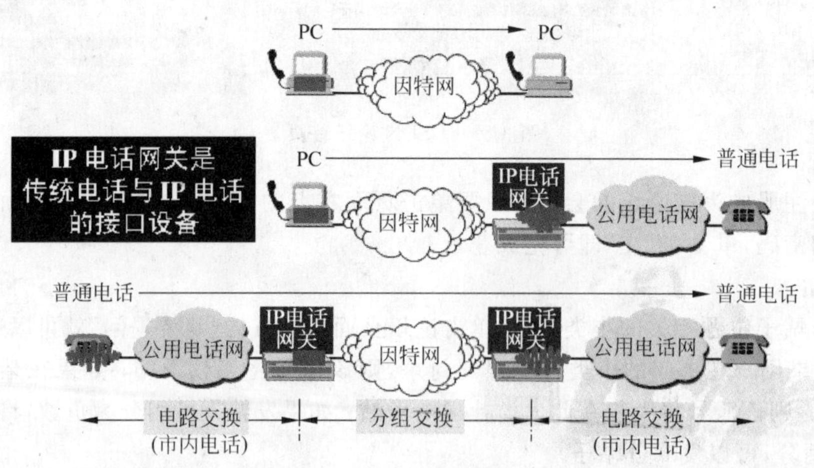

图3-52 IP电话的三种连接方式

3.6 博客、播客、微博的使用

3.6.1 博客

博客最初的名称是Weblog，由Web和log两个单词组成，按字面意思就为网络日记，后来喜欢新名词的人把这个词的发音故意改了一下，读成weblog，由此，Blog这个词被创造出来。中文意思即网志或网络日志。

Blog是继E-mail、BBS、IM之后出现的第4种网络交流方式，是网络时代的个人"读者文摘"，是以超级链接为武器的网络日记，代表着新的生活方式和新的工作方式，更代表着新的学习方式。简言之，Blog就是以网络作为载体，简易迅速便捷地发布自己的心得，及时有效轻松地与他人进行交流，再集丰富多彩的个性化展示于一体的综合性平台。

Blog是一种简易的个人信息发布方式，任何人都可以注册、完成网页的创建、发布和更新。一个Blog其实就是一个网页，它通常是由简短且经常更新的帖子所构成，这些张贴的文章一般都是按照年份和日期倒序排列。Blog的内容和目的有很大的不同，从对其他网站的超级链接和评论，有关公司、个人构想到日记、照片、诗歌、散文，甚至科幻小说的发表或张贴都有。许多Blog是个人心中所想的事情的发表，个别Blog则是一群人基于某个特定主题或共同利益领域的集体创作。而博客(Blogger)就是写Blog的人。从理解上讲，博客是"一种表达个人思想、网络链接、内容，按照时间顺序排列，并且不断更新的出版方式"。简单地说，博客是一类人，这类人习惯于在网上写日记。

随着Blog快速扩张，它的目的与最初的浏览网页心得已相去甚远。目前网络上数以千计的Bloggers发表和张贴Blog的目的有很大的差异。不过，由于沟通方式比电子邮件、讨论群组以及BBS和论坛更简单和容易，Blog已成为家庭、公司、部门和团队之间越来越盛行的沟通工具。

下面以网易博客为例介绍博客的使用方法。

步骤1：创建网易个人博客前需先注册一个网易通行证账号，如图3-53所示。若没有通行证需先单击"注册网易博客新账号"注册一个网络博客账号。注册成功后，设置博客个性地址并激活博客，如图3-54所示。

步骤2：登录博客。在网易的博客首页右方，输入之前注册的用户名和密码，单击"登录"按钮，即可登录自己博客，如图3-55所示。

步骤3：设置博客的标题和注释。单击博客标题或注释，可直接修改博客的标题和注释，修改之后单击"确定"即可。

步骤4：发表日志。登录如图3-56所示的个人博客首页后，单击"写日志"，进入写日志页面。进而可书写日志，并设置日志的类型和查看权限。设置好之后单击"发表日志"可将刚写好的日志发表，单击"保存草稿"可将刚写的日志保存，但暂不发表，如图3-57所示。

步骤5：添加音乐。登录个人博客首页后，单击"音乐"，进入添加音乐页面。单击"找音乐"可以在网易音乐盒中搜索喜欢的音乐，单击"上传原创"可从本地硬盘中上传音乐，如图3-58所示。

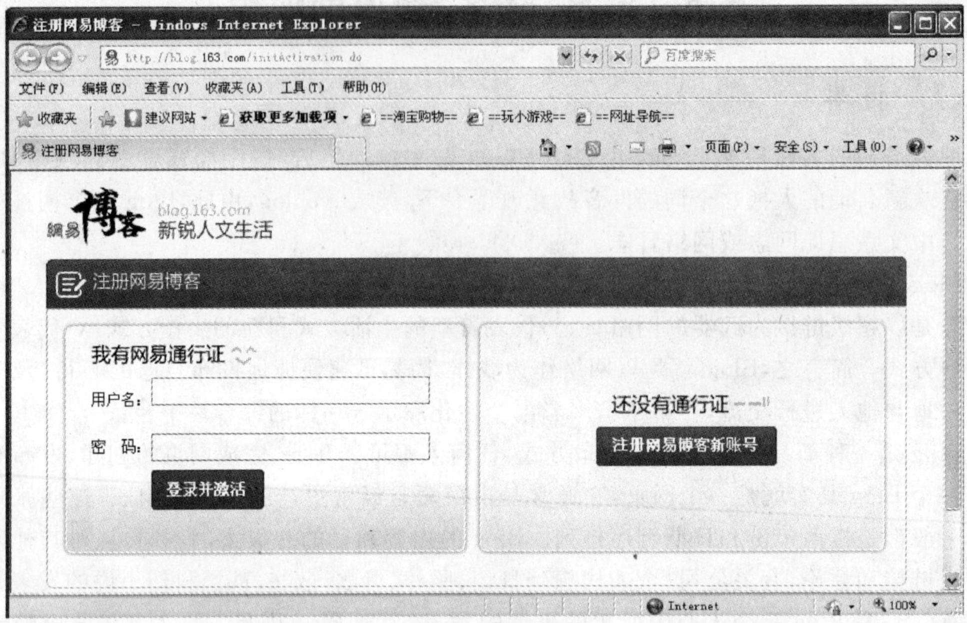

注册网易博客 - Windows Internet Explorer
http://blog.163.com/initActivation.do
文件(F) 编辑(E) 查看(V) 收藏夹(A) 工具(T) 帮助(H)
收藏夹 建议网站 获取更多加载项 ==淘宝购物== ==玩小游戏== ==网址导航==
注册网易博客
页面(P) 安全(S) 工具(O)
网易博客 blog.163.com 新锐人文生活
注册网易博客
我有网易通行证
用户名：
密 码：
登录并激活
还没有通行证
注册网易博客新账号
Internet
100%

图 3-53　注册页面

激活博客帐号 - Windows Internet Explorer
文件(F) 编辑(E) 查看(V) 收藏夹(A) 工具(T) 帮助(H)
收藏夹 建议网站 获取更多加载项 ==淘宝购物== ==玩小游戏== ==网址导航==
激活博客帐号
页面(P) 安全(S) 工具(O)
激活博客账号
芊芊 您好，欢迎使用网易博客！填写以下信息立即激活博客
昵称： 芊芊
博客名称： 芊芊的博客
居住地： 山东 济南市 -区县-
设置你的博客个性地址： 设置后不可修改，由字母(a-z)、数字(0-9)和下划线(_)组成
blog.163.com/teacher_tomg
blog.163.com/
验证码： 4ywb 换一个
立即激活
完成
Internet
100%

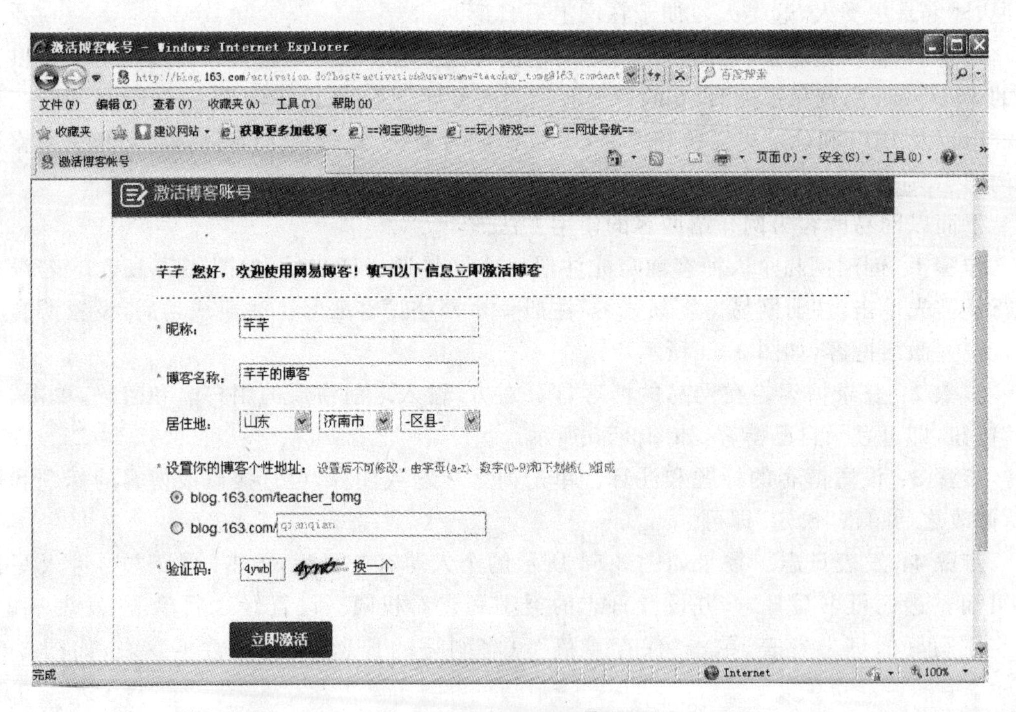

图 3-54　激活博客账号页面

图 3-55 网易博客首页

图 3-56 网易个人博客页面

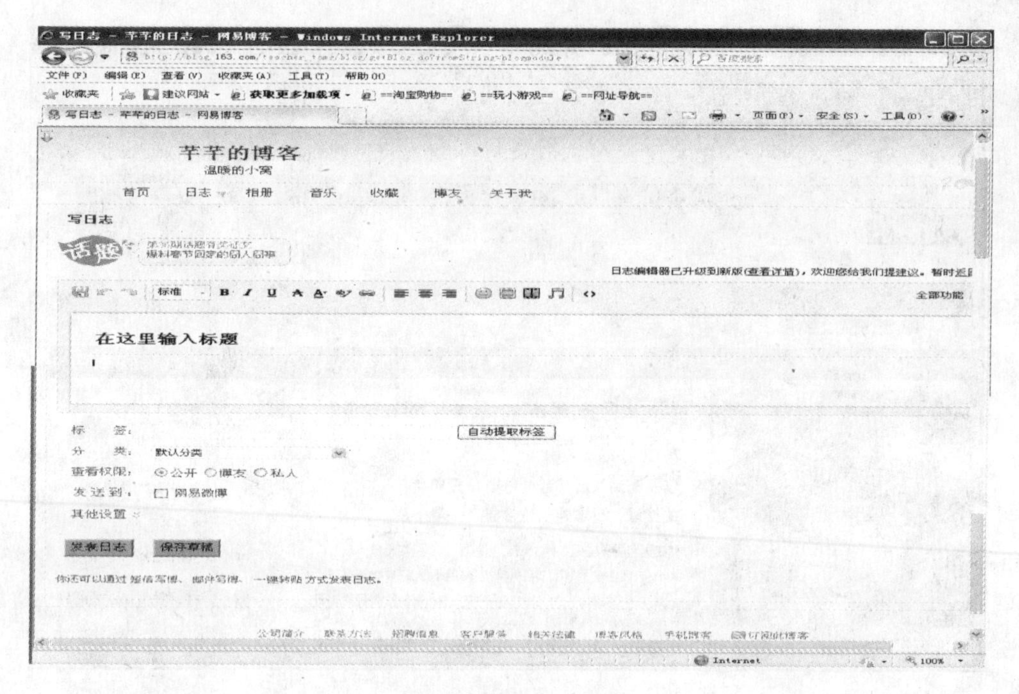

图 3-57 写日志页面

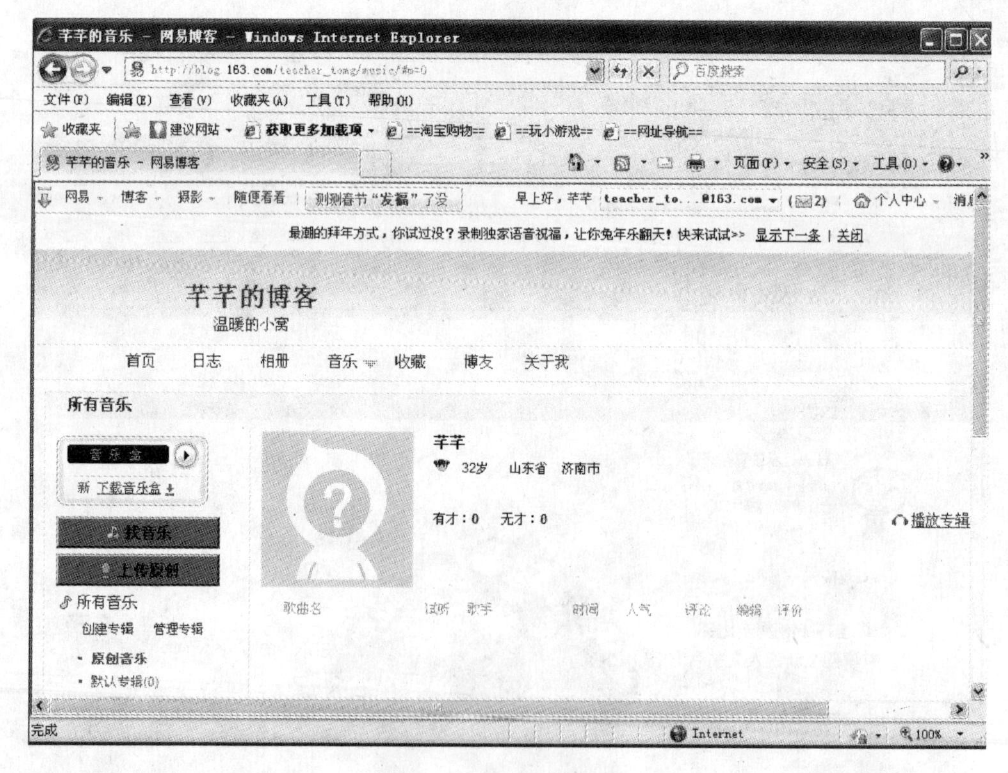

图 3-58 添加音乐页面

步骤 6：上传照片。登录个人博客首页后，单击“相册”，进入上传相册页面。单击“上传相片”可以从本地硬盘中上传相片，单击“创建相册”可分类建立不同类型的相册，如图 3-59 所示。

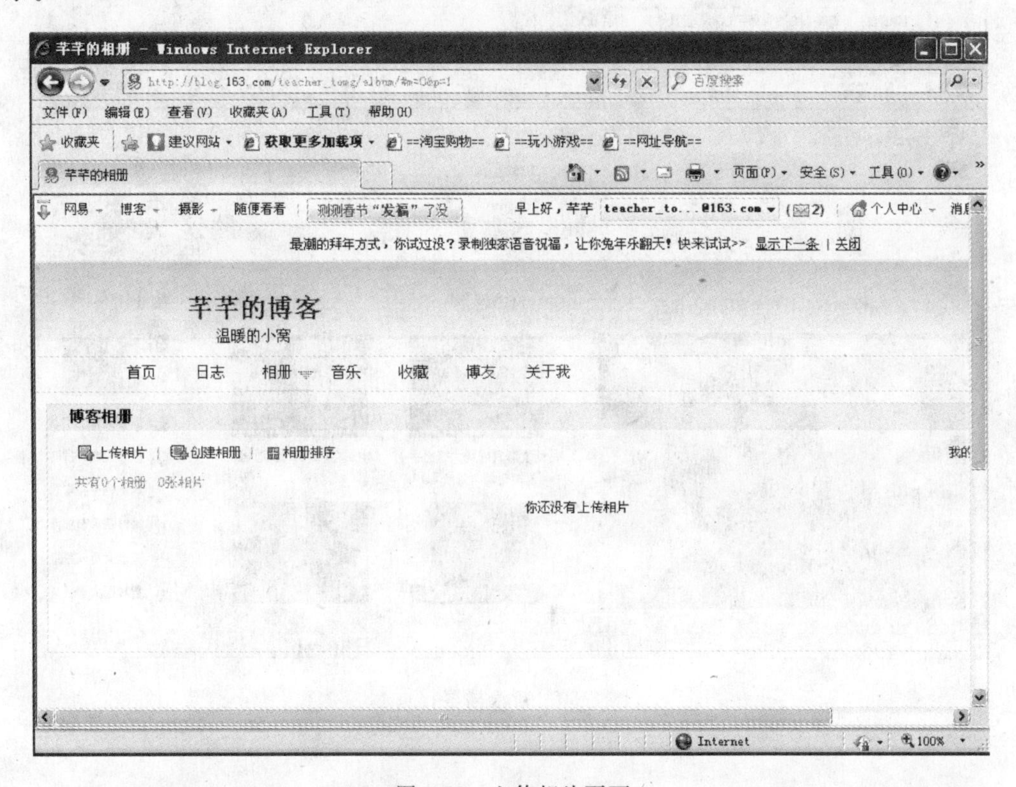

图 3-59　上传相片页面

3.6.2　播客

“播客”又被称做“有声博客”，是 Podcast 的中文直译。用户可以利用“播客”将自己制作的“广播节目”上传到网上与广大网友分享。播客与其他音频内容传送的区别在于其订阅模式，允许个人进行创建与发布，这种新的传播方式使得人人可以说出自己想说的话。

就像博客颠覆了被动接受文字信息的方式一样，播客颠覆了被动收听广播的方式，使听众成为主动参与者。有人说，播客会像博客(Blog)一样，带来大众传媒的又一场革命。

下面以新浪播客为例介绍新浪播客的使用方法。

步骤 1：在浏览器地址栏中输入“http://v. sina. com. cn/”，进入新浪互联网星空播客首页，如图 3-60 所示。可直接单击喜欢的视频进行观看，也可以开通自己的播客。

步骤 2：开通自己的播客。如果拥有新浪 UC 号或者新浪邮箱，可用该账号直接登录。如果没有，可打开播客首页，单击页面上方的“注册”，进入注册页面，逐项填写，然后单击“完成”按钮，如图 3-61 所示。

步骤 3：上传视频。可以通过两种方式上传视频。

方法 1：从网页上传视频文件。登录后，进入自己的播客，单击页面右上方的“上传”按钮，如图 3-62 所示。单击“浏览”按钮，从本地选择要上传的视频文件，如图 3-63 所示。单击“下一步”按钮，上传视频，并进入视频信息填写页面，如图 3-64 所示。

图 3-60 新浪播客首页

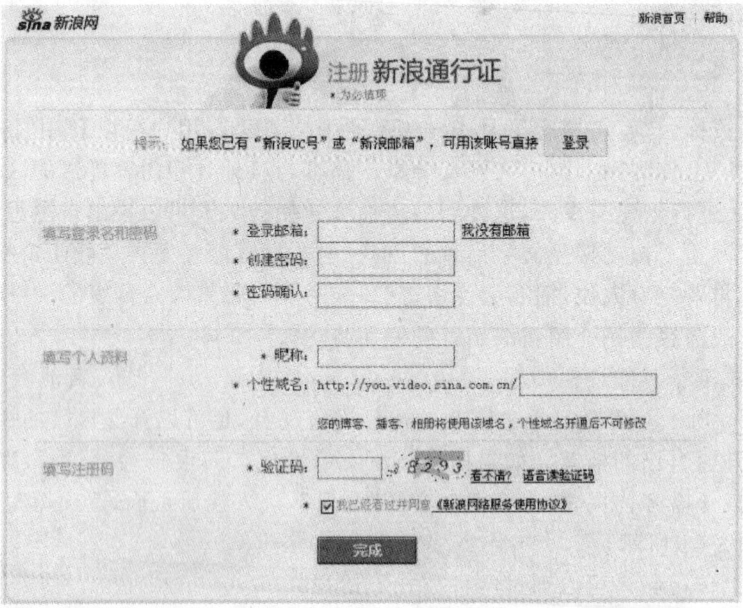

sina新浪网 新浪首页 | 帮助

注册 新浪通行证

* 为必填项

提示：如果您已有"新浪UC号"或"新浪邮箱"，可用该账号直接 登录

填写登录名和密码 * 登录邮箱： 我没有邮箱

* 创建密码：

* 密码确认：

填写个人资料 * 昵称：

* 个性域名：http://you.video.sina.com.cn/

您的博客、播客、相册将使用该域名，个性域名开通后不可修改

填写注册码 * 验证码： 看不清? 语音读验证码

* 我已经看过并同意《新浪网络服务使用协议》

完成

图 3-61 账号注册页面

图 3-62 “个人播客”部分首页

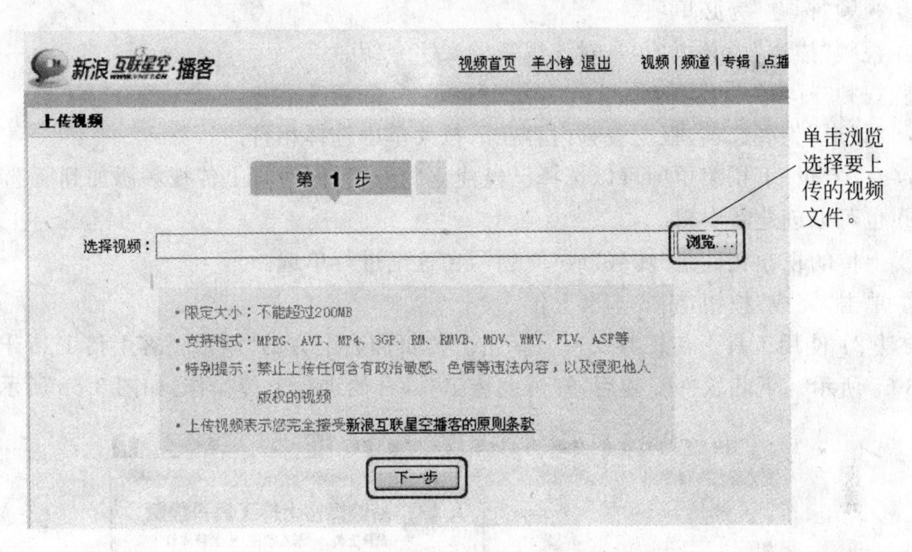

图 3-63 上传视频页面

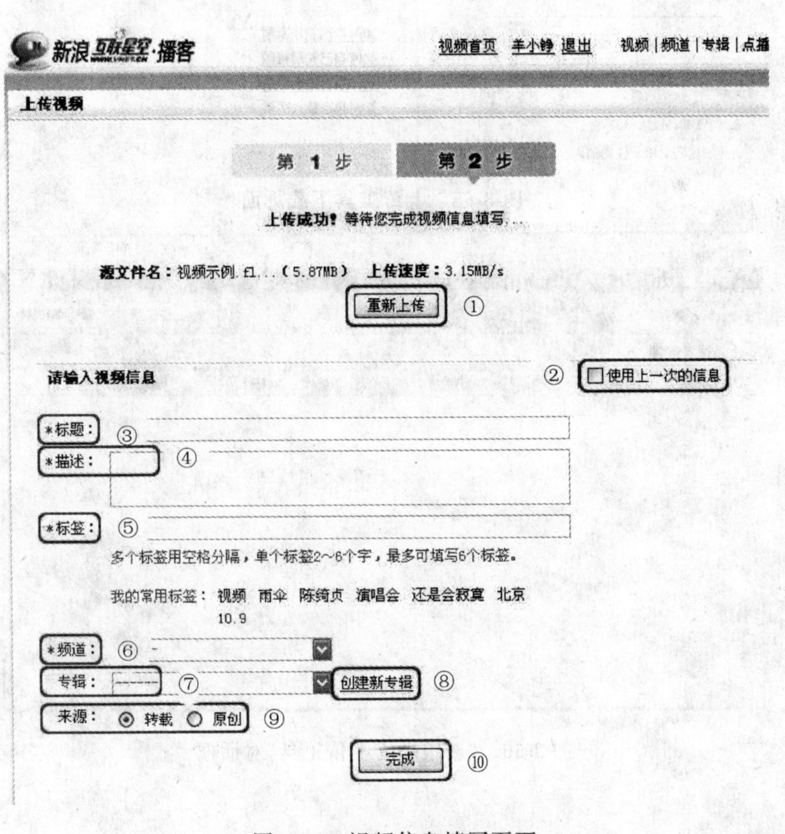

图 3-64 视频信息填写页面

在视频信息填写页面中各项的含义如下。

① 单击"重新上传"按钮,可在本地文件夹中重新上传视频。

② 勾选"使用上一次的信息",标题、描述、标签、频道、专辑、来源等所有信息都会自动读取上次填写的内容。

③ 视频"标题"为必填项。

④ 视频"描述"为必填项,是对该视频的文字介绍。

⑤ 视频"标签"为必填项。

⑥ "频道"为必选项,根据视频内容在下拉菜单中选择相符的。

⑦ 在"专辑"下拉菜单中可以选择已经建立的专辑,同时将上传视频添加到所选专辑。

⑧ 也可以创建新专辑。

⑨ 上传的视频文件是"转载"或"原创",在这里进行单选。

⑩ 单击"完成"按钮,完成本次上传。

方法 2:使用工具上传视频文件。单击上传页面右上方的"新浪播客上传工具升级版",如图 3-65 所示。下载软件安装后,打开上传工具,开始进行上传操作,如图 3-66 所示。

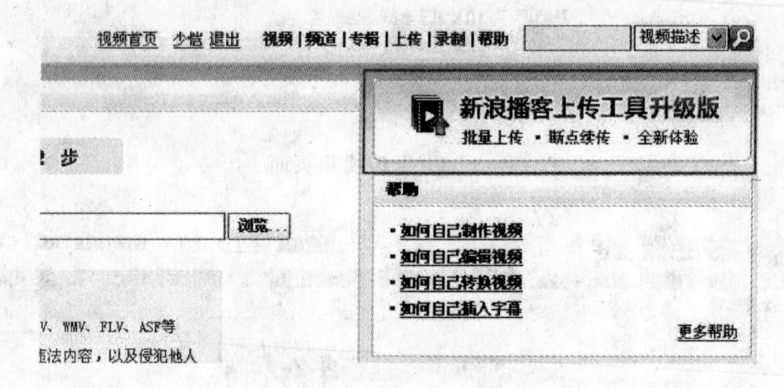

图 3-65　上传工具下载页面

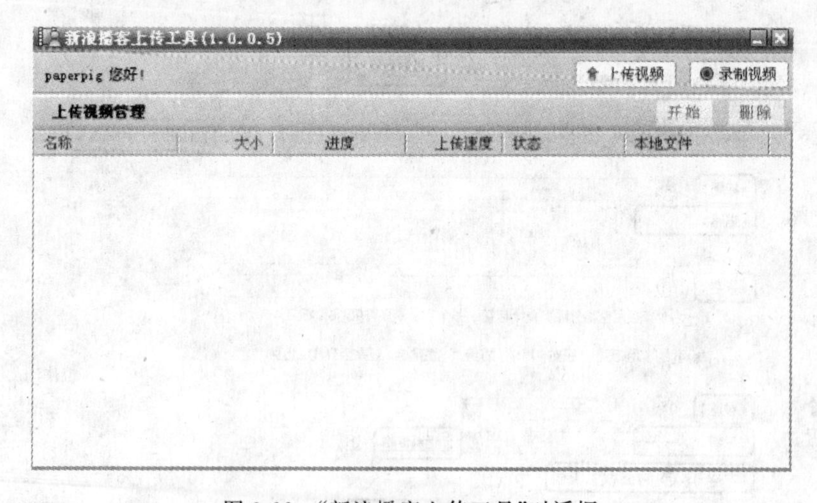

图 3-66　"新浪播客上传工具"对话框

3.6.3 微博

微博即“微型博客”或者“一句话博客”，例如新浪微博每篇单条只能输入 140 字，内容可以为现场记录、独家爆料、心情随感等。人们可以将看到的、听到的、想到的事情写成一句话，或发一张图片，通过计算机或者手机随时随地分享给朋友。你的朋友可以第一时间看到你发表的信息，随时和你一起分享、讨论。你还可以关注你的朋友，及时看到朋友们发布的信息。

下面以新浪微博为例介绍新浪微博的使用方法。

步骤 1：在浏览器地址栏中输入“http://t.sina.com.cn/”，进入新浪微博首页，如图 3-67 所示。如果已经拥有新浪账户，直接登录微博即可使用，无须单独开通。如果还没有新浪账户，则需进入新浪微博注册页面进行微博账户的注册，如图 3-68 所示。逐项填写，然后单击“立即注册”按钮，到所填写的邮箱中，进行注册确认。

图 3-67 新浪微博首页

步骤 2：对微博评论进行权限设置，可以设置成为“只允许您关注的人给您评论”；也可以设置成为“允许所有人给您评论”。设置方法如下：登录微博后，单击页面上方的“设置”，如图 3-69 所示。

进入设置页面之后，单击“防打扰”，在“评论”项中对评论的权限进行选择。设置完成后，请单击“保存”按钮，设置即可生效，如图 3-70 所示。

步骤 3：在微博上发布微博、图片。登录微博后，单击“我的首页”，在空白位置即可输入自己的微博(140 字)。

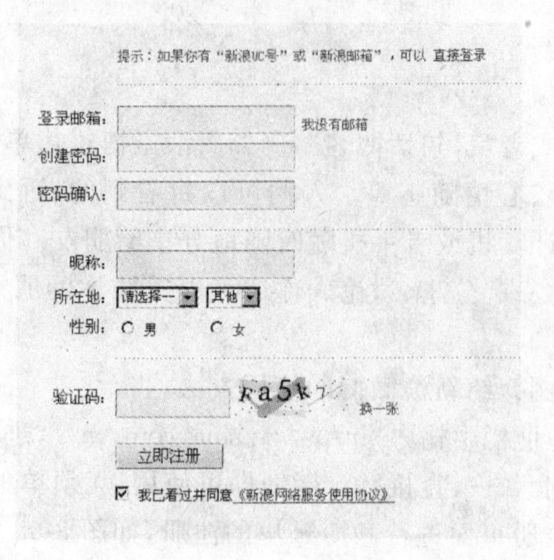

图 3-68　微博注册页面

设置

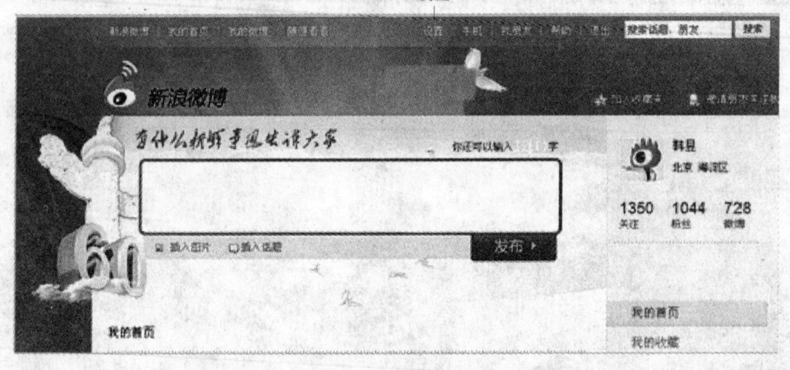

图 3-69　个人微博首页

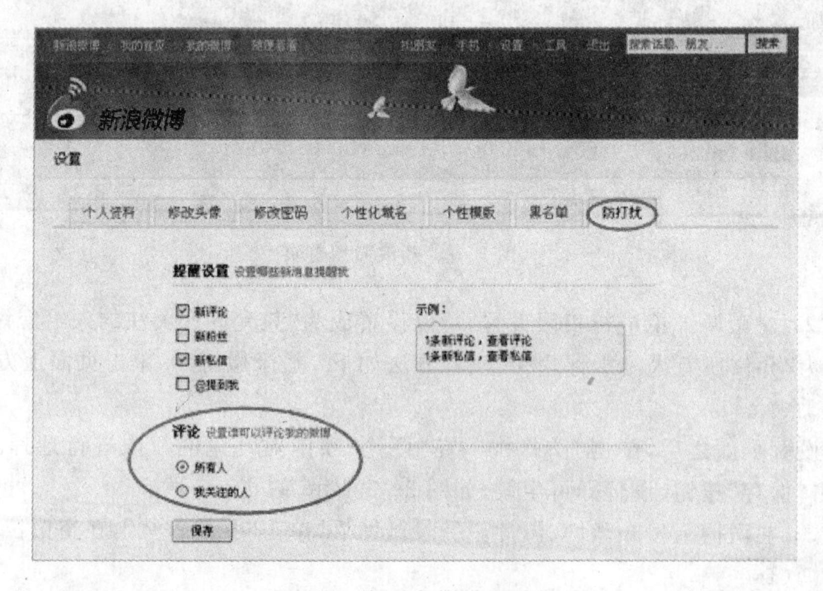

图 3-70　评论权限设置页面

思 考 题

1. 网页信息可以保存为哪几种文件类型?
2. 在邮件中可以插入哪些项目?
3. 新闻组的访问方式有哪几种?

第2部分

互联网信息利用

第4章 网络搜索引擎

互联网搜索引擎是万维网中的特殊站点，专门用来帮助人们查找存储在其他站点上的信息。搜索引擎有能力告诉人们文件或文档存储在何处。本章主要介绍计算机检索的基本方法，搜索引擎的定义、分类、工作原理、组成和使用，OA资源等。通过本章的学习，读者将对网络搜索引擎有进一步的了解，以便更好地使用搜索引擎帮助人们在浩如烟海的信息海洋中搜寻到自己所需要的信息。

4.1 计算机检索基本方法

计算机检索系统采用的检索词和信息标识词对比运算的主要方法有：布尔逻辑检索、截词检索、限制检索、加权检索、词位置检索和全文检索等。

1. 布尔逻辑检索

布尔逻辑检索，就是用布尔逻辑运算符表达提问式中各个检索词之间的逻辑组配来确定文献的命中条件和组配次序的检索方法。常用的布尔逻辑运算符有以下三种。

(1) 逻辑与

用AND或者 * 表示。当要在某个数据库中检索与两个指定的检索词A、B相关的文献，并且要求A和B在记录中同时出现才算命中时，即表示为：A AND B，如图4-1所示。

例如：计算机文献检索

检索词：计算机 文献检索

检索式：计算机 * 文献检索

(2) 逻辑或

用OR或＋表示。当需要查找与检索词A、B相关的文献，而且只要记录中出现其中任意一个词就算命中，即表示为A OR B。此算符适于连接具有并列关系或同义关系的词，如图4-2所示。

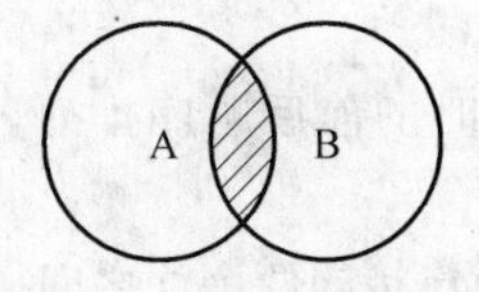

图4-1 逻辑与运算

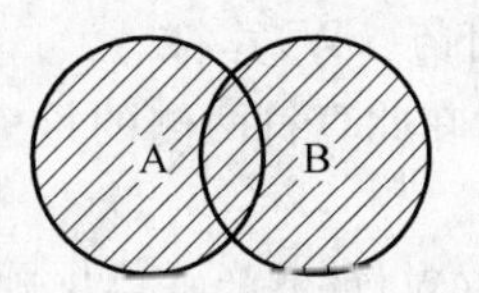

图4-2 逻辑或运算

例如：查询有关股票和期货方面的文献

检索词：股票 期货

检索式：股票＋期货

(3) 逻辑非

用 NOT 或－表示。用来排除含有某些指定检索词的文献。例如：A NOT B 表示含有检索词 A 时不含有检索词 B 的文献为命中的文献，如图 4-3 所示。

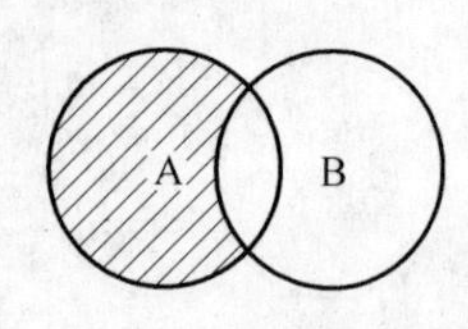

图 4-3　逻辑非运算

例如：非镍催化剂

检索词：催化剂 镍

检索式：催化剂－镍

2. 截词检索

指用给定的词干作为检索词，检索与含有该词干的全部检索词相关的文献。它可以起到扩大检索范围、提高查全率、节省检索时间等作用，对西文文献尤为重要。例如，名词的单复数形式、词的不同拼写法、词尾的不同变化等。

截词检索按截断部位划分有：右截断、左截断、中截断、复合截断等。

按截断长度划分有：有限截断和无限截断。

(1) 右截断(后截断)

Comput? 可检出：Computer，Computers，Computing 等检索词的文献。

(2) 左截断(前截断)

?history 可检出：Prehistory，Posthistory，history 等检索词的文献。

(3) 中间截断

Sul?ur，可检出含有 sulphur，sulfur 等检索词的文献。

M?n，可检出含 man，men 等检索词的文献。

(4) 复合截断

? cognit? 可检出含有 cognition，congnitive，recogition 等检索词的文献。

(5) 有限截断

允许截去有限个字符，截几个字符就加几个"?"，空一格后加一个"?"表示截词符。如：stud??? ? 可检出：study，studies，studied。其词尾可有 0～3 个字母的变化。

(6) 无限截断

允许截去无限个字符，又称开放式截断。如：computer? 可检出：computers，computering，comutered，computerization 等检索词的文献。

3. 位置检索

位置算符是表示所连接的各个单元词词间位置关系的符号，用位置符可以限制两个检索词在文献中出现的先后顺序、相隔的距离等。位置检索是实现全文检索的查找方法。

常用的位置算符如下。

(1) (W)算符与(nW)算符

A(W)B 表示在此算符两侧的检索词必须按输入时的前后顺序排列，并且两词之间不得有其他的单词。

(nW)算符与(W)算符的唯一区别是：允许在(W)连接的两个词之间插入 n 个单词。

例如：potential (W) energy 可检出：potential energy。

glass (1w) glass 可检出：glass and glass，glass for glass，glass to glass。

根据检索要求，可以在一个检索式中连续使用(W)和(nW)算符，如：large (W) scale

(W) integrated (W) circuits。

(2) (N)算符和(nN)算符

A(N)B 表示在此算符的两侧的检索词必须紧密相连，词间不能插入任何单词，但词序可以颠倒。

(nN)算符表示在两个检索词之间可以插入 n 个单词，并且这两个词的词序可以颠倒。

例如：money (N) supply 可检出：money supply，supply money。

Econom?? ? (2N) recovery 可检出：economic recovery，recovery of the economy，recovery form economic。

4. 字段检索

字段检索，就是把检索词或检索式限定在某一个(些)字段中，如果某一记录的指定字段中含有用户输入的检索词，即为命中，否则，就将该记录排除。检索时，既可以对检索词进行字段限定，也可以对检索式或检索生成的文献集合进行字段限定。限定的方法一般是把指定字段的标识符(代码)作为后缀，加到检索词或检索式之后。例如：

```
Super conducing magnets/DE, TI, AB
DE(descriptors)叙词
TI(title)篇名
AB(abstract)文摘
```

4.2 搜索引擎的定义和分类

4.2.1 搜索引擎的定义

搜索引擎(Search Engine)是万维网环境中的信息检索系统(包括目录服务和关键字检索两种服务方式)，它根据一定的策略、运用特定的计算机程序从互联网上搜集信息，在对信息进行组织和处理后，为用户提供检索服务，将与用户检索相关的信息展示给用户的系统。

4.2.2 搜索引擎的分类

1. 全文索引

全文索引引擎是名副其实的搜索引擎，代表有国外的 Google，国内知名的百度搜索。它们从互联网中提取各个网站的信息(以网页文字为主)，建立起数据库，并能检索与用户查询条件相匹配的记录，按一定的排列顺序返回结果。

根据搜索结果来源的不同，全文搜索引擎可分为两类：一类拥有自己的网页抓取、索引、检索系统(Indexer)，有独立的“蜘蛛”(Spider)程序、或爬虫(Crawler)、或“机器人”(Robot)程序(这三种称法意义相同)，能自建网页数据库，搜索结果直接从自身的数据库中调用，上面提到的 Google 和百度就属于此类；另一类则是租用其他搜索引擎的数据库，并按自定的格式排列搜索结果，如 Lycos 搜索引擎。

2. 目录索引

目录索引虽然有搜索功能，但严格意义上不能称为真正的搜索引擎，只是按目录分类的网站链接列表而已。用户完全可以按照分类目录找到所需要的信息，不依靠关键词

(Keywords)进行查询。目录索引中最具代表性的莫过于大名鼎鼎的Yahoo!、新浪分类目录搜索。

3. 元搜索引擎

元搜索引擎(META Search Engine)接受用户查询请求后,同时在多个搜索引擎上搜索,并将结果返回给用户。著名的元搜索引擎有InfoSpace、Dogpile、Vivisimo等,中文元搜索引擎中具有代表性的是搜星搜索引擎。在搜索结果排列方面,有的直接按来源排列搜索结果,如Dogpile;有的则按自定的规则将结果重新排列组合,如Vivisimo。

4. 垂直搜索引擎

垂直搜索引擎为2006年以后逐步兴起的一类搜索引擎。不同于通用的网页搜索引擎,垂直搜索专注于特定的搜索领域和搜索需求(例如:机票搜索、旅游搜索、生活搜索、小说搜索、视频搜索等),在其特定的搜索领域有更好的用户体验。相比通用搜索动辄数千台检索服务器,垂直搜索需要的硬件成本低、用户需求特定、查询的方式多样。

5. 其他非主流搜索引擎形式

(1) 集合式搜索引擎。该搜索引擎类似元搜索引擎,区别在于它并非同时调用多个搜索引擎进行搜索,而是由用户从提供的若干搜索引擎中选择,如HotBot在2002年年底推出的搜索引擎。

(2) 门户搜索引擎。AOL Search、MSN Search等虽然提供搜索服务,但自身既没有分类目录也没有网页数据库,其搜索结果完全来自其他搜索引擎。

(3) 免费链接列表(Free For All Links,FFA)。一般只简单地滚动链接条目,少部分有简单的分类目录,不过规模要比Yahoo! 等目录索引小很多。

4.3 工作原理

4.3.1 基本原理

第一步,搜集信息。

搜索引擎的信息搜集基本都是自动的。搜索引擎利用称为网络蜘蛛的自动搜索机器人程序来连上每一个网页上的超链接。机器人程序根据网页链到其中的超链接,就像日常生活中所说的“一传十,十传百”一样,从少数几个网页开始,连到数据库上所有到其他网页的链接。理论上,若网页上有适当的超链接,机器人便可以遍历绝大部分网页。

第二步,整理信息。

搜索引擎整理信息的过程称为“创建索引”。搜索引擎不仅要保存搜集起来的信息,还要将它们按照一定的规则进行编排。这样,搜索引擎根本不用重新翻查它所有保存的信息而迅速找到所要的资料。想象一下,如果信息是不按任何规则地随意堆放在搜索引擎的数据库中,那么它每次找资料都得把整个资料库完全翻查一遍,如此一来再快的计算机系统也没有用。

第三步,提供检索服务。

用户向搜索引擎发出查询,搜索引擎接受查询并向用户返回资料。搜索引擎每时每刻都要接到来自大量用户的几乎是同时发出的查询,它按照每个用户的要求检查自己的索引,在极短时间内找到用户需要的资料，并返回给用户。目前，搜索引擎返回主要是以网页链接的形式提供的，这样通过这些链接，用户便能到达含有自己所需资料的网页。通常搜索引擎会在这些链接下提供一小段来自这些网页的摘要信息以帮助用户判断此网页是否含有自己需要的内容。

4.3.2 全文搜索引擎工作原理

全文搜索引擎从网站提取信息建立网页数据库的概念。搜索引擎的自动信息搜集功能分为两种。一种是定期搜索，即每隔一段时间(比如 Google 一般是 28 天)，搜索引擎主动派出"蜘蛛"程序，对一定 IP 地址范围内的互联网站进行检索，一旦发现新的网站，它会自动提取网站的信息和网址加入自己的数据库。

另一种是提交网站搜索，即网站拥有者主动向搜索引擎提交网址，它在一定时间内(两天到数月不等)定向向各个网站派出"蜘蛛"程序，扫描各个网站并将有关信息存入数据库，以备用户查询，如图 4-4 所示。

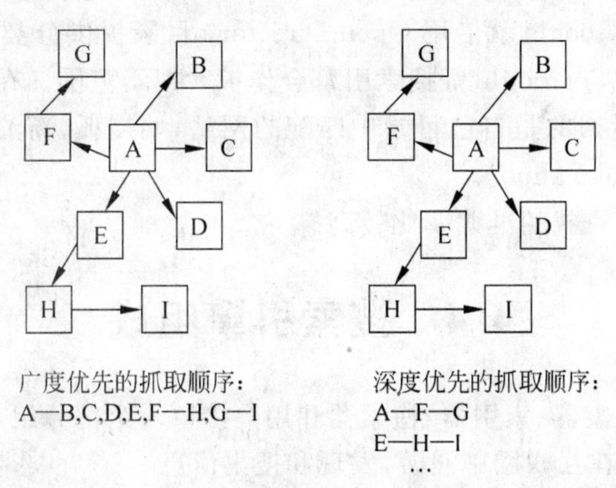

图 4-4 蜘蛛搜索引擎

由于近年来搜索引擎索引规则发生了很大变化，主动提交网址并不保证所有网站能进入搜索引擎数据库，因此目前最好的办法是多获得一些外部链接，让搜索引擎有更多机会找到网站并自动将其收录。

当用户以关键词查找信息时，搜索引擎会在数据库中进行搜寻，如果找到与用户要求内容相符的网站，便采用特殊的算法——通常根据网页中关键词的匹配程度，出现的位置/频次，链接质量等——计算出各网页的相关度及排名等级，然后根据关联度高低，按顺序将这些网页链接返回给用户。

这种引擎的特点是搜全率比较高。

4.3.3 目录索引工作原理

与全文搜索引擎相比，目录索引有许多不同之处。

首先，搜索引擎属于自动网站检索，而目录索引则完全依赖手工操作。用户提交网站后，目录编辑人员会亲自浏览你的网站，然后根据一套自定的评判标准甚至编辑人员的主观印象，决定是否接纳你的网站。

其次，搜索引擎收录网站时，只要网站本身没有违反有关的规则，一般都能登录成功。

而目录索引对网站的要求则高得多,有时即使登录多次也不一定成功。尤其像 Yahoo!这样的超级索引,登录更是困难。

此外,在登录搜索引擎时,一般不用考虑网站的分类问题,而登录目录索引时则必须将网站放在一个最合适的目录(Directory)。

最后,搜索引擎中各网站的有关信息都是从用户网页中自动提取的,所以从用户的角度看拥有更多的自主权;而目录索引则要求必须手工另外填写网站信息,而且还有各种各样的限制。更有甚者,如果工作人员认为你提交网站的目录、网站信息不合适,工作人员可以随时对其进行调整,当然事先是不会和你商量的。

目录索引,顾名思义就是将网站分门别类地存放在相应的目录中,因此用户在查询信息时,可选择关键词搜索,也可按分类目录逐层查找。如以关键词搜索,返回的结果跟搜索引擎一样,也是根据信息关联程度排列网站,只不过其中人为因素要多一些。如果按分层目录查找,某一目录中网站的排名则是由标题字母的先后顺序决定的(也有例外)。

目前,搜索引擎与目录索引有相互融合渗透的趋势。原来一些纯粹的全文搜索引擎现在也提供目录搜索,如 Google 就借用 Open Directory 目录提供分类查询。而像 Yahoo!这些老牌目录索引则通过与 Google 等搜索引擎合作扩大搜索范围。在默认搜索模式下,一些目录类搜索引擎首先返回的是自己目录中匹配的网站,如搜狐、新浪、网易等;而另外一些则默认的是网页搜索,如 Yahoo!。

这种引擎的特点是查找的准确率比较高。

4.4 搜索引擎组成

搜索引擎一般由搜索器、索引器、检索器和用户接口 4 个部分组成。

搜索器:其功能是在互联网中漫游,发现和搜集信息。

索引器:其功能是理解搜索器所搜索到的信息,从中抽取出索引项,用于表示文档以及生成文档库的索引表。

检索器:其功能是根据用户的查询在索引库中快速检索文档,进行相关度评价,对将要输出的结果排序,并能按用户的查询需求合理反馈信息;

用户接口:其作用是接纳用户查询、显示查询结果、提供个性化查询项。

4.5 搜索引擎使用

4.5.1 主要中文搜索引擎

1. 百度 http://www.baidu.com

百度是中国互联网用户最常用的搜索引擎,每天完成上亿次搜索;也是全球最大的中文搜索引擎,可查询数 10 亿中文网页。

2. Google(谷歌) http://www.google.com.hk/

Google 的使命是整合全球范围的信息,使人人皆可访问并从中受益。

3. 搜狗 http://www.sogou.com/

搜狗是搜狐公司于 2004 年 8 月 3 日推出的全球首个第三代互动式中文搜索引擎。搜狗以搜索技术为核心，致力于中文互联网信息的深度挖掘，帮助中国上亿网民加快信息获取速度，为用户创造价值。

4. Bing(必应)http://bing.com.cn/

2009年6月1日，微软新搜索引擎Bing(必应)中文版上线。测试版Bing提供了6个功能：页面搜索、图片搜索、资讯搜索、视频搜索、地图搜索以及排行榜。

5. 雅虎全能搜索 http://www.yahoo.cn/

Yahoo!全球性搜索技术(Yahoo! Search Technology，YST)是一个涵盖全球120多亿网页(其中雅虎中国为12亿)的强大数据库，拥有数十项技术专利、精准运算能力，支持38种语言，近10 000台服务器，服务全球50%以上互联网用户的搜索需求。

6. SOSO(搜搜) http://www.soso.com/

QQ推出的独立搜索网站，提供综合、网页、图片、论坛、音乐、搜吧等搜索服务。

7. 有道 http://www.yodao.com/

网易自主研发的搜索引擎。目前有道搜索已推出的产品包括网页搜索、博客搜索、图片搜索、新闻搜索、海量词典、桌面词典、工具栏和有道阅读。

8. 人民搜索 http://www.goso.cn/

人民搜索股份公司由人民日报社和人民网共同出资组建。人民搜索依托人民网强大的产品服务平台和丰富的资源优势，吸纳了众多优秀的创新人才，同时公司与中国科学院计算所等建立了密切的战略合作关系，并计划与国内具有相关技术专长的科研机构，组建产学研一体的运作模式。目前人民搜索已推出的产品包括新闻搜索、网页搜索、图片搜索、博客搜索、论坛搜索等服务。人民搜索旨在面向华人网民，建立具有权威性的综合中文搜索引擎，提供具有公信力的搜索结果，进而成为全球华人工作与生活的实用信息平台。

9. 盘古搜索 http://www.panguso.com/

由新华通讯社和中国移动通信集团公司联手打造的搜索引擎——盘古搜索于2011年2月22日正式上线开通，覆盖了新闻搜索、网页搜索、图片搜索、视频搜索、音乐搜索、时评搜索以及一系列实用的生活资讯搜索。其中“网页搜索”采用了将桌面搜索结果“直达”手机短信的服务方式。

10. 爱问搜索引擎 http://iask.com/

“爱问”搜索引擎产品由全球最大的中文网络门户新浪汇集技术精英、耗时一年多完全自主研发完成，采用了目前最为领先的智慧型互动搜索技术，充分体现了人性化应用理念，给网络搜索市场带来了前所未有的挑战。

11. 中国搜索 http://www.zhongsou.com/

中搜在2002年进入中文搜索引擎市场，为全球最大的中文搜索引擎技术供应和服务商之一，曾为新浪、TOM、网易等国内主流门户网站以及各地区、各行业上千家中国搜索联盟网站提供搜索引擎技术服务。

12. 中国网络电视台搜索 http://search.cntv.cn/

中国网络电视分类目录(网址导航)。

13. 搜网网址大全 http://hao.sowang.com/

方便网友们快速找到自己需要的网站，而不用去记太多复杂的网址；同时也提供了搜索引擎入口，可搜索各种资料及网站。

14. Hao123 网址之家 http://www.hao123.com/

15. 百度网址大全 http://site.baidu.com/

4.5.2 百度搜索引擎使用

1. 搜索引擎界面

百度搜索引擎界面如图 4-5 所示。

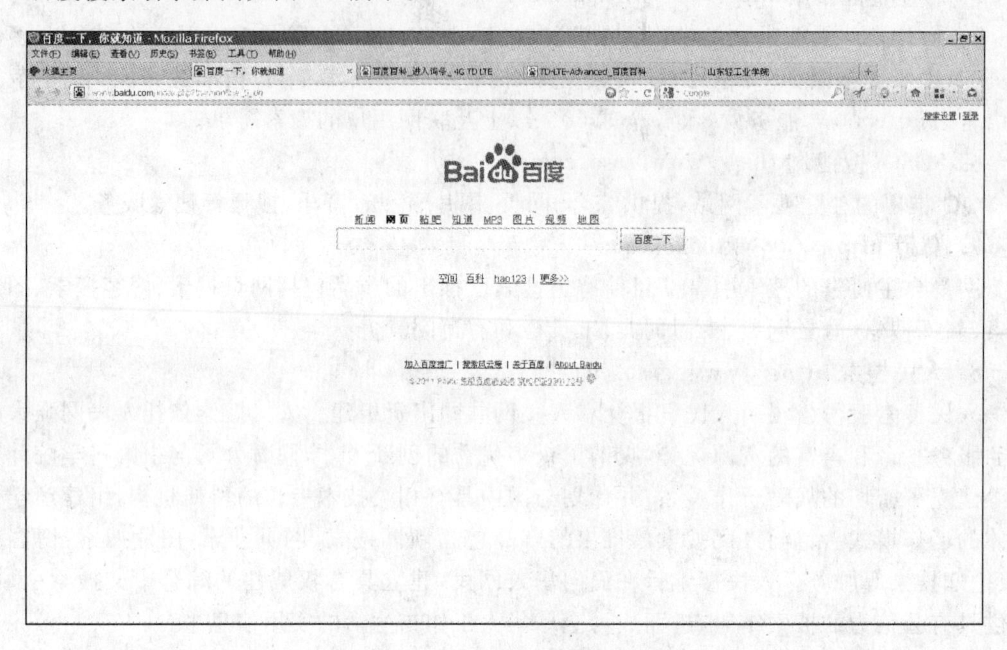

图 4-5 百度搜索引擎界面

Baidu 搜索引擎界面非常简洁,易于操作。主体部分包括一个长长的搜索框,外加一个搜索按钮、LOGO 及搜索分类标签。

2. 基本搜索功能

百度是中国互联网用户最常用的搜索引擎之一,每天完成上亿次搜索;也是全球最大的中文搜索引擎,可查询数十亿中文网页。

(1) 网页搜索

使用百度搜索,只需要在搜索框内输入需要查询的内容,按 Enter 键;或者单击搜索框右侧的"百度一下"按钮,就可以得到最符合查询需求的网页内容。

(2) 新闻搜索

百度新闻是一种 24 小时的自动新闻服务,与其他新闻服务不同,不含任何人工编辑成分,没有新闻偏见。它从上千个新闻源中收集并筛选新闻报道,将最新最及时的新闻提供给用户,突出新闻的客观性和完整性,真实地反映每时每刻的新闻热点。

新闻搜索:单击首页正上方"新闻"标签,再输入要查询的关键词即可查看想要的新闻。

(3) 图片搜索

图片搜索:单击首页正上方"图片"标签,再输入要查询的关键词即可进行图片内容的搜索,并且百度还提供了多种图片分类供用户来准确搜索。

(4) 音频搜索

音频文件的搜索可以说是百度最有特色的搜索服务,也是它借以成名的法宝,甚至可以毫不夸张地说没有音频文件搜索的成功,就没有百度的辉煌。

音频搜索:单击首页正上方 MP3 标签,再输入要查询的关键字即可进行音频信息的搜索,并且百度还提供了多种音频分类供用户选择搜索。

(5) 视频搜索

视频搜索:单击首页正上方"视频"标签,再输入要查询的关键字即可进行视频信息的搜索,并且还提供了多种视频分类供用户来选择搜索。

(6) 专利搜索

百度专利搜索服务于 2008 年 1 月 1 日上线。尽管百度在搜索市场占据着超过 80%的市场份额,但来自竞争对手新兴搜索业务的市场蚕食,对百度来讲是不可小视的。加强搜索市场在垂直和细分行业的服务是百度必须做的,今天,百度宣布推出的专利搜索服务就是百度完善搜索服务的举措之一。

3. 特色搜索功能

对于 Baidu 而言,还开发了很多极具特色的搜索功能,可以说是"只有想不到,没有搜不到"。

(1) 地图搜索

百度地图搜索是百度联合国内知名的电子地图服务提供商 MAPBAR.COM 推出的本地化地图搜索服务。通过百度地图搜索,可以找到指定的城市、城区、街道、建筑物等所在的地理位置,也可以找到离用户最近的所有餐馆、学校、银行、公园等。百度地图搜索还为人们提供了路线查询功能,如果要去某个地点,百度地图搜索会提示用户如何换乘公交车,如果想自己驾车去,百度地图搜索同样推荐最佳路线。

地图搜索:单击首页正下方的"更多"标签,再单击"地图",输入要查询的信息就可查询地址、搜索地区周边及规划路线等。

(2) 百度空间

百度空间是百度家族成员之一是中国最大的在线交友社区,于 2006 年 7 月 13 日正式开放注册。在这里,用户可以拥有独具个性的个人主页,迅速聚集网络人气;还可以结识各路帅哥美女,与同龄好友测试默契,分享趣闻。

(3) 百度知道

百度知道是一个基于搜索的互动式知识问答分享平台,于 2005 年 6 月 21 日发布,并于 2005 年 11 月 8 日转为正式版。"百度知道"是用户自己有针对性地提出问题,通过积分奖励机制发动其他用户,来解决该问题的搜索模式。同时,这些问题的答案又会进一步作为搜索结果,提供给其他有类似疑问的用户,达到分享知识的效果。

百度知道的最大特点,就在于和搜索引擎的完美结合,让用户所拥有的隐性知识转化成显性知识,用户既是百度知道内容的使用者,同时又是百度知道的创造者,在这里累积的知识数据可以反映到搜索结果中。通过用户和搜索引擎的相互作用,实现搜索引擎的社区化。

(4) 百度贴吧

贴吧是百度旗下的独立品牌,是全球最大的中文社区。贴吧自 2003 年 12 月 3 日上线,贴吧的创意来自于百度首席执行官李彦宏:结合搜索引擎建立一个在线的交流平台,让那些对同一个话题感兴趣的人们聚集在一起，方便地展开交流和互相帮助。贴吧是一种基于关键词的主题交流社区，它与搜索紧密结合，准确把握用户需求，通过用户输入的关键词，自动生成讨论区，使用户能立即参与交流，发布自己所拥有的其所感兴趣话题的信息和想法。2009 年 12 月，百度针对“贴吧”的商标所有权正式获得国家工商行政管理总局商标局核准，同时，tieba.com 独立域名也正式启用。

(5) 百度百科

百度百科是一部内容开放、自由的网络百科全书，旨在创造一个涵盖所有领域知识、服务所有互联网用户的中文知识性百科全书。

百度百科本着平等、协作、分享、自由的互联网精神，提倡网络面前人人平等，所有人共同协作编写百科全书，让知识在一定的技术规则和文化脉络下得以不断组合和拓展。为用户提供一个创造性的网络平台，强调用户的参与和奉献精神，充分调动互联网所有用户的力量，汇聚上亿用户的头脑智慧，积极进行交流和分享，同时实现与搜索引擎的完美结合，从不同的层次上满足用户对信息的需求。

(6) 百度词典

百度词典是百度公司推出的一套有着强大的英汉互译功能的在线翻译系统，包含中文成语的智能翻译，非常实用。正确输入一个英语单词，或是输入一个汉字词语，留意一下搜索框上方多出来的词典提示。如，搜索“Moon”，单击结果页上的“词典”链接，就可以得到高质量的翻译结果。百度词典搜索支持强大的英汉汉英词句互译功能，中文成语的智能翻译，还可以进行译后朗读。

(7) 百度文库

百度文库是供网友在线分享文档的开放平台。在这里，用户可以在线阅读和下载涉及课件、习题、考试题库、论文报告、专业资料、各类公文模板、法律文件、文学小说等多个领域的资料，不过需要扣除相应的百度积分。平台所累积的文档，均来自热心用户上传。百度自身不编辑或修改用户上传的文档内容。用户通过上传文档，可以获得平台虚拟的积分奖励，用于下载自己需要的文档。下载文档需要登录，免费文档可以登录后下载，对于上传用户已标价了的文档，则下载时需要付出虚拟积分。当前平台支持主流的.doc(.docx)、.ppt(.pptx)、.xls(.xlsx)、.pdf、.txt 文件格式。

(8) 百度经验

百度经验是百度于 2010 年 10 月推出的一款生活知识系新产品。它主要解决用户“具体怎样做”，重在解决实际问题。在架构上，整合了百度知道的问题和百度百科的格式标准。

(9) 百度身边

百度本地生活类产品已于 2010 年 10 月 26 日在百度员工内部悄然启动内测。该产品最终定名为“百度身边”。根据百度一贯的产品发布原则，内测开始后不久，产品应该将正式上线。2010 年 11 月 8 日，百度身边启动公测。

4. 高级搜索功能

Baidu 还开发了一些高级搜索功能，供有特殊需要的用户进行使用。

(1) 高级搜索

高级搜索相当于一个多条件的组合搜索，它可以根据用户的需要更加灵活地根据用户输入的不同条件组合来进行搜索。

高级搜索：单击首页右侧“高级搜索”标签，再根据需要输入多个要查询的信息即可准确地搜索想要的结果。

(2) 保留字搜索

Baidu 提供了一种特别的功能，通过 Baidu 专门定义的一些保留字来执行一些特殊的搜索或功能。

① 通过保留字“filetype”查找非 HTML 格式的文件。

百度支持 DOC、XLS、PPT、PDF、RTF、ALL 等多种类型的文档搜索。只要与用户的搜索相关，就会自动显示在搜索结果中。例如：如果只想查找 PDF 格式的文件，而不要一般网页，只需搜索关键词“filetype:pdf”就可以了。

② 通过保留字“site”把搜索范围限定在特定站点中。

可以将查找的范围限制在某个网站上。例如，搜索关键词“site:www.newhua.com”就会返回华军软件园站点中所查找的所有相关结果。

③ 通过保留字“intitle”把搜索范围限定在网页标题中。

可以将查找的范围限制在网页标题中。例如，搜索关键词“intitle:股票”就会返回含有关键词标题的所有网页。

④ 通过保留字“inurl”把搜索范围限定在链接中。

网页 url 中的某些信息，常常有某种有价值的含义。可以将查找的范围限制在链接中。例如，搜索关键词“inurl:技巧”就会返回含有关键词链接的所有相关网页。

⑤ 通过“双引号和书名号”符号实现搜索精确匹配。

如果输入的查询词很长，百度会将查询词进行拆分，从而影响到查询效果。但给查询词加上双引号或书名号，查询词就不会被百度拆分。例如，搜索电影《手机》，如果不加书名号，那么很多情况下出来的是通信工具。

⑥ 希望搜索结果中不含特定查询词。

如果发现搜索结果中，有某一类网页是不希望看见的，而且，这些网页都包含特定的关键词，那么用减号语法，就可以去除所有这些含有特定关键词的网页。例如，搜索神雕侠侣，希望是关于武侠小说方面的内容，却发现很多关于电视剧方面的网页，那么就可以这样查询：“神雕侠侣 －电视剧”，但要注意前面一个关键词，和减号之间必须有空格，否则，减号会被当成连字符处理，而失去减号语法功能；减号和后一个关键词之间，有无空格均可。

5. 另类功能

Baidu 还提供了很多另类功能作为搜索引擎的辅助和加强。

(1) 网站导航

百度网站是一个类似于图书馆分类方式的主题目录，百度网站导航也采用主题分类的方法，人工维护、更新，及时为用户推荐最优秀的网络资源，是用户在互联网上查找信息的快速指南。目前百度网站导航总共分为 5 个大类，70 多个子类。

网站导航：单击首页正下方的“更多”标签，再单击“网站”，即可进入百度网站导航页面。

(2) 百度指数

百度指数是以百度网页搜索和百度新闻搜索为基础的免费海量数据分析服务，用以反映不同关键词在过去一段时间里的"用户关注度"和"媒体关注度",直接、客观地反映社会热点、网民的兴趣和需求。让人们可以发现、共享和挖掘互联网上最有价值的信息和资讯。

百度指数:单击首页正下方的"更多"标签,再单击"指数",通过它发现、共享和挖掘互联网上最有价值的信息和资讯。

(3) 常用搜索

百度常用搜索,是百度在2008年推出的一款网络产品,主要针对用户日常使用频率高的搜索功能进行了整合。这项产品极大地便捷了搜索用户。也使百度的搜索更为直观,更具有目标性,在用户体验方面也获得了良好的效果反馈。

(4) 百度游戏

游戏娱乐平台:单击首页正下方的"更多"标签,再单击"游戏娱乐平台",即可在线游戏。

(5) 搜索窍门

Baidu还提供了一些搜索小窍门来更好地方便用户的使用。主要包括邮政编号、计算器、度量衡转换、股票查询、列车时刻表、飞机航班查询、天气查询、货币转换等。

总的来说,Baidu搜索引擎其简洁的界面、简单的操作、快速的查询速度、准确的搜索结果,强大的细分搜索功能让人们不得不叹服,特别是对音频、视频文件及中文搜索的支持可以说是非常强大的,即使是搜索引擎业的老大Google在此细分搜索方面也非其对手。

4.5.3 主要英文搜索引擎

Google http://www.google.com

Yahoo http://www.yahoo.com

Bing http://www.bing.com

Windows Live Search http://search.live.com/

Ask Jeeves http://www.askjeeves.com

AllTheWeb.com http://www.alltheweb.com

AOL Search http://aolsearch.aol.com (internal),http://search.aol.com/(external)

HotBot http://www.hotbot.com

MSN Search http://search.msn.com

Teoma http://www.teoma.com

AltaVista http://www.altavista.com

Gigablast http://www.gigablast.com

LookSmart http://www.looksmart.com

Lycos http://www.lycos.com

Open Directory http://dmoz.org/

Netscape Search http://search.netscape.com

4.5.4 谷歌搜索引擎使用

1. 搜索引擎界面

谷歌搜索引擎界面如图4-6所示。

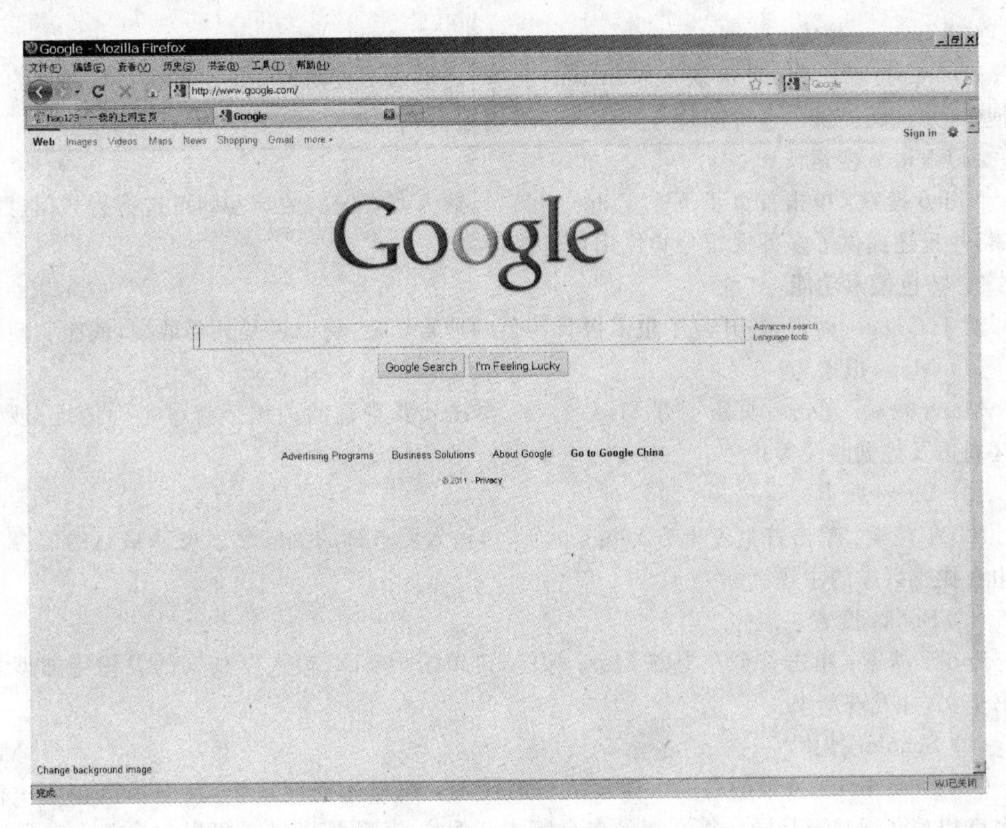

图 4-6　谷歌搜索引擎界面

Google 搜索引擎界面非常简洁，易于操作。主体部分包括一个长长的搜索框，外加两个搜索按钮、LOGO 及搜索分类标签。

2. 基本搜索功能

(1) Web 搜索

目前 Google 目录中收录了上百亿网页资料库，这在同类搜索引擎中是首屈一指的。并且这些网站的内容涉猎广泛，无所不有。而 Google 的默认搜索选项为网页搜索，用户只需要在查询框中输入想要查询的关键字信息，单击"Google 搜索"按钮，瞬间就可以获得想要查询的资料。

(2) News 搜索

Google 提供了三个大的分类来进行新闻资讯的搜索服务。

① Finance：商业信息、财经新闻、实时股价和动态图表。

② News：阅读、搜索新闻资讯。

③ Realtime：定制实时新闻，直接发至邮箱。

Finance 搜索：单击首页正下方 Finance 标签，再输入要查询的关键字即可进行股票证券类相关财经信息的搜索。

News 搜索：单击首页左上方 News 标签，再输入要查询的关键字即可进行与资讯相关的信息内容搜索。

Alert 订阅：单击首页左上方 More 标签，再选择 Alerts 即可通过邮箱定制实时新闻。

(3) Images 搜索

Images 搜索：单击首页正下方 Images 标签，再输入要查询的关键字即可进行图片内容的搜索，并且还提供了多种图片分类供用户准确搜索。

(4) Video 搜索

Video 搜索：单击首页正下方 Video 标签，再输入要查询的关键字即可进行视频信息的搜索，并且还提供了多种视频分类供用户选择搜索。

3. 特色搜索功能

对于 Google 而言，还开发了很多极具特色的搜索功能，可以说是只要敢搜，就能实现。

(1) Maps 搜索

Maps 搜索：单击首页正下方 Maps 标签，再输入要查询的关键字就可查询地址、搜索地区周边及规划路线等；

(2) Blogs 搜索

Blogs 搜索：单击首页左上方 Blogs 标签，再输入要查询的关键字就可从最新的博客文章中查找感兴趣的主题。

(3) Books 搜索

Books 搜索：单击首页左上方 More 标签，再单击 Books，输入要查询的关键字即搜索图书全文，并发现新书。

(4) Scholar 搜索

Google Scholar 搜索的每一个搜索结果都代表一组学术研究成果，其中可能包含一篇或多篇相关文章甚至是同一篇文章的多个版本。例如，某项搜索结果可以包含与一项研究成果相关的一组文章，其中有文章的预印版本、学术会议上宣读的版本、期刊上发表的版本以及编入选集的版本等。将这些文章组合在一起，可以更为准确地衡量研究工作的影响力，并且更好地展现某一领域内的各项研究成果。

同时 Google 还为每一搜索结果都提供了文章标题、作者以及出版信息等编目信息。一组编目数据，都与整组文章相关联，但 Google 会推举最具代表性的一篇。这些编目数据来自于该组文章中的信息以及其他学术著作对这些文章的引用情况。

Scholar 搜索：单击首页左上方 More 标签，再单击 Scholar，输入要查询的关键字即可搜索所需要的专业学术文章。

4. Advance Search 功能

Google 还开发了一些 Advance Search 功能，供有特殊需要的用户使用。

(1) Advance Search

Advance Search 相当于一个多条件的组合搜索，它可以根据用户的需要更加灵活地根据用户输入的不同条件组合来进行搜索。

Advance Search：单击首页右侧 Advance Search 标签，再根据需要输入多个要查询的信息即可准确地搜索想要的结果。

(2) 保留字搜索

Google 提供了一种特别的功能，通过 Google 专门定义的一些保留字来执行一些特殊的搜索或功能。

① 通过保留字“filetype”查找非 HTML 格式的文件。

Google 已经可以支持 13 种非 HTML 文件的搜索。除了 PDF 文档，Google 现在还可以搜索 Microsoft Office(doc, ppt, xls, rtf)、Shockwave Flash (swf)、PostScript (ps)和其他类型文档。新的文档类型只要与用户的搜索相关，就会自动显示在搜索结果中。例如：如果只想查找 PDF 格式的文件，而不要一般网页，只需搜索关键词"filetype:pdf"就可以了。

② 通过保留字"site"判断网站是否被 Google 索引。

要判断网站目前是否包含在 Google 索引中，只需添加关键字搜索网站网址即可。例如，搜索"site:www.newhua.com"就会返回 Google 收录的关于华军软件园的所有相关结果。

③ 通过保留字"link"了解有多少链接指向网站。

要知道网站有多少链接指向它，只需添加关键字搜索网站网址即可。例如，搜索"link:www.newhua.com"就会返回所有指向华军网站的链接。

④ 通过保留字"define"查看字词或词组的定义。

要查看字词或词组的定义，只需输入"define"，接着输入一个空格，然后输入需要其定义的词。如果 Google 在网络上找到了该字词或词组的定义，则会检索该信息并在搜索结果的顶部显示它们。例如，搜索"define:HTML"将显示从各种在线来源收集到的"HTML"定义的列表。

5. 另类功能

Google 还提供了很多另类功能作为搜索引擎的辅助和加强。

(1) Directory

Directory：通过它可以按分类主题浏览互联网，单击首页左上方的 More 标签，再单击 Directory，即可进入 Google Directory 页面。

(2) Translate

Translate：单击首页正下方的 Translate 标签，即可在线翻译外文段落、网页及搜索结果等。

(3) Webmaster central

Google 提供了包括 Webmaster central 在内的多种功能对网站进行抓取和索引编制的统计、诊断和管理，还包括 Sitemap 提交和报告。Google 的免费 Webmaster central 可以轻松地让用户的网站更便于 Google 处理。这些工具可让用户知道 Google 对用户网站的看法，帮助用户诊断问题，并让用户与 Google 共享信息以提高用户的网站在搜索结果中的展示率。

网站管理：单击首页正下方的 About Google 标签，再单击 Webmaster central 即可。

4.6 免费学术搜索引擎的使用

1. http://scholar.google.com/

Google 学术搜索：提供可广泛搜索学术文献的简便方法。可以从 个位置搜索众多学科和资料来源：来自学术著作出版商、专业性社团、预印本、各大学及其他学术组织的经同行评论的文章、论文、图书、摘要和文章。Google 学术搜索可帮助用户在整个学术领域中确定相关性最强的研究。

2. http://qns.cc/

全能搜：后起之秀，科研人员的良好助手，登录此网站的90%是从事科研的学生与老师。其词典搜索集成了目前市面上最好的在线英汉写作及科研词典，用此搜索引擎写作英文论文相当方便；其文献搜索集成了目前最优秀的数据库。

3. http://www.scirus.com

Elsevier的科学索引：Scirus是目前互联网上最全面、综合性最强的科技文献搜索引擎之一，由Elsevier科学出版社开发，用于搜索期刊和专利，效果很不错。Scirus覆盖的学科范围包括：农业与生物学，天文学，生物科学，化学与化工，计算机科学，地球与行星科学，经济、金融与管理科学，工程、能源与技术，环境科学，语言学，法学，生命科学，材料科学，数学，医学，神经系统科学，药理学，物理学，心理学，社会与行为科学，社会学等。在2001年和2002年，被*Search Engine Watch Awards*推选为"最佳科学类搜索引擎"，2004年由*Web Marketing Association*评选为"最佳目录或搜索引擎网站"。在2005年中再次当选。

4. http://www.base-search.net/

比勒费尔德学术搜索引擎(BASE)：BASE是德国比勒费尔德(Bielefeld)大学图书馆开发的一个多学科的学术搜索引擎，提供对全球异构学术资源的集成检索服务。它整合了德国比勒费尔德大学图书馆的图书馆目录和大约160个开放资源(超过200万个文档)的数据。

5. http://www.vascoda.de/

德国免费学术信息检索入口：Vascoda是一个交叉学科门户网站的原型，它注重特定主题的聚合，集成了图书馆的收藏、文献数据库和附加的学术内容。

6. http://www.goole.com/

与Google一样是一个搜索网站，能搜索到一些Google搜索不到的东西。它界面简洁，功能强大，速度快，Yahoo、网易都采用了它的搜索技术。

7. http://www.a9.com

与Google在同一水平的搜索引擎。是Amazon.com推出的，Web result部分是基于Google的，所以保证和Google在同一水平，另外增加了Amazon的在书本内搜索的功能和个性化功能：主要是可以记录用户的搜索历史。

8. http://www.ixquick.com

网络学术信息搜索引擎：是世界上最强大的元搜索引擎，严格意义上讲不是搜索引擎，是连接搜索引擎和网络用户的信息立交桥。

9. http://vivisimo.com/

cmu的作品，对搜索的内容进行分类，这样可以有效地做出选择，比较有特色。可实现分类检索，检索速度也很快。

10. http://www.findarticles.com/

一个检索免费paper的好工具。进入网页以后，可以看到它有三个功能，Driectory Web和Article，其中Article对人们很有帮助，用户可以尝试输入要找的文章，会有很多发现的。

11. http://www.chmoogle.com

在此搜索引擎里可以搜索到超过千万种化学品信息或相应的供应商，与Chemblink有点相似，但提供的化学品理化信息没有 Chemblink 详细，与其不同的是，该搜索引擎可提供化学品结构式搜索(主页上有在线绘制化学结构式的搜索框)。

12. http://www.ojose.com/

OJOSE (Online Journal Search Engine，在线期刊搜索引擎)是一个强大的免费科学搜索引擎，通过 OJOSE，用户能查找、下载或购买到近 60 个数据库的资源，但是感觉操作比较复杂。

13. http://citeseer.ist.psu.edu/

一个关于计算机和信息科学的搜索引擎。

14. http://guoxue.baidu.com/

百度国学：目前能提供上起先秦、下至清末历代文化典籍的检索和阅读，内容涉及经、史、子、集各部。

15. http://infomine.ucr.edu/

学术因特网资源收藏：NFOMIN 是由加州大学、维克森林大学、加州国立大学、底特律大学等大学图书管理员建立的学术搜索引擎。它主要为大学职员、学生和研究人员提供在线学术资源。

4.7 OA 资 源

4.7.1 Open Access 资源简介

OA(Open Access，开放获取)，是指“可以在公共因特网上免费地获取文献，允许任何的用户阅读、下载、复制、发布、打印和查找，或者提供对这些论文文本的链接、对它们进行索引、将它们作为素材纳入软件，以及其他任何法律许可的应用。以上这些使用没有任何财务、法律或者技术方面的障碍，除非是因特网自身造成数据获取的障碍”。“有关复制和分发方面的唯一约束以及版权所起的唯一作用，就是应该确保作者本人拥有保护其作品完整性的权利，如果他人引用此作品应该表达适当的致谢并注明出处”。(摘自 2002 年《布达佩斯开放存取计划》)

OA 起源于 1963 年，自从 20 世纪 90 年代以来，商业出版者日益垄断期刊市场，大幅度地提高期刊价格，从而导致了所谓的“学术交流危机”。同时，版权产业集团为了自身利益在版权法的修订过程中使数字版权日益扩张，学术交流受到越来越多的限制，科研成果交流受到严重阻碍。国际科技界、学术界、出版界、图书馆界为打破商业出版者对科学研究信息的垄断和暴力经营而采用的推动科研成果通过 Internet 免费、自由地利用的运动，开放存取去除了价格与使用的限制，以促使科学成果无障碍地传播，使全球科研人员不受地域和经济状况的影响平等地获取科技信息。开放存取运动大大促进了学术成果的交流。

随着开放存取运动的兴起，美英等一些发达国家的政府和科研机构积极倡导由公共资金支持的科研项目的成果应该为全社会共享和免费利用，并日制订了一些相应的政策来加以保障。如美国国立卫生研究院(NIH)发布的公共存取政策、英国研究委员会公布的“开放存取”的新规定等。开放存取运动的发展，也需要相应政策的支持和引导。这些政策对开放存取运动起到了很好的推动作用。

随着网络技术的发展,OA 资源得到了空前的发展。OA 期刊和 OA 仓储为研究人员获取学术资源提供了一条崭新的途径。但是,许多 OA 资源是分散存放在世界各地不同的服务器和网站上的,因此用户很难直接全面地检索到这些资源。目前在 OA 资源揭示方面,主要有 DOAJ 和 OpenDOAR 两个项目,分别在进行 OA 期刊和 OA 仓储的整理工作。除此之外,国际国内一些高等院校、机构和个人也对 OA 期刊和 OA 仓储在不同层面上做了类似的整理和揭示工作。

能够开放获取的文献应该是学者提供给世界的文献,他们不指望取得任何报酬。一般来说,开放获取文献大多是经过同行评审的期刊论文,但也包括没有经过同行评价的预印本。这些文献的作者希望通过因特网广泛征求意见,或者提醒同行注意自己的研究成果。

"开放获取"必备的几个要素如下。

(1) 文章以电子方式保存、通过互联网传播。

(2) 作者不以获取稿费为目的。

(3) 使用者可以免费获取。

(4) 使用者在保护其作品完整性、表达适当的致谢并注明出处后,可不受限制地自由使用。

4.7.2 中国 OA 资源

1. 世界最大的 Open Access 学术资源一站式专业服务平台 http://www.socolar.com

基于国内学术界、中小型高等院校的对国际上学术文献的强烈需求和 OA 资源的发展现状,CEPIEC(中国教育图书进出口公司)作为一个中国重要的文献引进单位,从 2003 年开始对全球的 OA 资源进行整合。于 2007 年 4 月推出 Socolar 的测试版。

目前,Socolar 已经拥有很高的单击率和较大的用户群。到目前为止,国内协议使用的机构注册用户 117 家,实际访问的国内机构用户超过 500 家,1/3 的访问来自境外。至 2008 年 5 月,Socolar 拥有超过 2000 种 DOAJ 和 Open J-Gate 均未揭示的期刊,期刊数量 6680 种;仓储(知识库)数量 939 种;全文文献数量 13 969 442 篇。具有简单检索、高级检索、用户互动等功能。

2. 中国科技论文在线 http://www.paper.edu.cn

中国科技论文在线具有快速发表、版权保护、形式灵活、投稿快捷、查阅方便、名家精品、优秀期刊、学术监督等特点,给科研人员提供了一个快速发表论文、方便交流创新思想的平台。中国科技论文在线可为在其网站发表论文的作者提供该论文发表时间的证明,并允许作者同时向其他专业学术刊物投稿,以使科研人员新颖的学术观点、创新思想和技术成果能够尽快对外发布,并保护原创作者的知识产权。

3. 中国学术会议在线 http://www.meeting.edu.cn/

"中国学术会议在线"是经教育部批准,由教育部科技发展中心主办,面向广大科技人员的科学研究与学术交流信息服务平台。本着优化科研创新环境、优化创新人才培养环境的宗旨,针对当前我国学术会议资源分散、信息封闭、交流面窄的现状,通过实现学术会议资源的网络共享,为高校广大师生创造良好的学术交流环境,以利于开阔视野,拓宽学术交流渠道,促进跨学科融合,为国家培养创新型、高层次专业学术人才,创建世界一流大学做出积极贡献。利用现代信息技术手段,将分阶段实施学术会议网上预报及在线服务、学术会议交互式直播/多路广播和会议资料点播三大功能。为用户提供学术会议信息预报、会议分类搜索、会议在线报名、会议论文征集、会议资料发布、会议视频点播、会议同步直播等服务。还将组织高校定期开办“名家大师学术系列讲座”,并利用网络及视频等条件,组织高校师生与知名学者进行在线交流。

4. 开放阅读期刊联盟 http://www.oajs.org/

开放阅读期刊联盟是由中国高校自然科学学报研究会发起的,加入该联盟的中国高校自然科学学报会员承诺,期刊出版后,在网站上提供全文免费供读者阅读,或者应读者要求,在三个工作日之内免费提供各自期刊发表过的论文全文(一般为 PDF 格式)。读者可以登录各会员期刊的网站,免费阅读或索取论文全文。现共有 14 种理工科类期刊、三种综合师范类期刊、两种医学类期刊和一种农林类期刊。

5. 香港科技大学科研成果全文仓储 http://repository.ust.hk/dspace

“香港科技大学科研成果全文仓储”(HKUST Institutional Repository)是由香港科技大学图书馆用 Dspace 软件开发的一个数字化学术成果存储与交流知识库,收有由该校教学科研人员和博士生提交的论文(包括已发表和待发表)、会议论文、预印本、博士学位论文、研究与技术报告、工作论文和演示稿全文共 1754 条。浏览方式有按院、系、机构(Communities & Collections)、按题名(Titles)、按作者(Authors)和按提交时间(By Date)。检索途径有任意字段、作者、题名、关键词、文摘、标识符等。

6. 中国预印本服务系统 http://prep.istic.ac.cn/eprint

预印本(Preprint)是指科研人员的研究成果还未在正式出版物上发表,出于和同行交流的目的,而自愿先在学术会议上或通过互联网发布的科研论文、科技报告等文章。中国预印本服务系统是一个提供预印本文献资源服务的实时学术交流系统,是国家科学技术部科技条件基础平台面上项目的研究成果。该系统由国内预印本服务子系统和国外预印本门户子系统构成。

国内预印本服务子系统主要收藏的是国内科技工作者自由提交的预印本文章,可以实现二次文献检索、浏览全文、发表评论等功能。国外预印本门户子系统是由中国科学技术信息研究所与丹麦技术知识中心合作开发完成的,它实现了全球预印本文献资源的一站式检索。通过 SINDAP 子系统,用户只需输入检索式一次即可对全球知名的 16 个预印本系统进行检索,并可获得相应系统提供的预印本全文。目前,国外预印本子系统含有预印本二次文献记录约 80 万条。

思考题

1. 什么是搜索引擎?列举常用的中文和英文搜索引擎,并叙述其特点。
2. 列举关于和自己学科相关的免费学术搜索引擎。
3. 什么是 OA 资源?

第5章 互联网特殊资源的使用

本章主要介绍 Web 2.0 的概念和主要应用,P2P 资源及其利用,学科信息门户,开放课程计划。通过本章的学习,读者将了解更多的当前信息通信领域的前卫技术,更好地利用网上大量网站或文献的链接服务,智能化地进行资源选择。

5.1 Web 2.0 的概念

1. Web 2.0 的概念

Web 2.0 是一种新的互联网方式,通过网络应用(Web Applications)促进网络上人与人间的信息交换和协同合作,其模式更加以用户为中心。由 Web 1.0 单纯通过网络浏览器浏览 HTML 网页模式向内容更丰富、联系性更强、工具性更强的 Web 2.0 互联网模式的发展已经成为互联网新的发展趋势。Web 1.0 的主要特点在于用户通过浏览器获取信息,Web 2.0 则更注重用户的交互作用,用户既是网站内容的消费者(浏览者),也是网站内容的制造者。Web 1.0 到 Web 2.0 的转变,具体地说,从模式上是单纯的“读”向“写”、“共同建设”发展。

到目前为止,对于 Web 2.0 概念的说明,通常采用 Web 2.0 典型应用案例介绍,加上对部分 Web 2.0 相关技术的解释。这些 Web 2.0 技术主要包括:博客(Blog)、RSS、百科全书(Wiki)、威客、网摘、社会网络(SNS)、P2P、即时信息(IM)等。

2. Web 2.0 的特点

(1) 用户参与网站内容制造。与 Web 1.0 网站单项信息发布的模式不同,Web 2.0 网站的内容通常是用户发布的,使得用户既是网站内容的浏览者也是网站内容的制造者,这也就意味着 Web 2.0 网站为用户提供了更多参与的机会,例如博客网站和 Wiki 就是典型的用户创造内容的指导思想,而 tag 技术(用户设置标签)将传统网站中的信息分类工作直接交给用户来完成。

(2) Web 2.0 更加注重交互性。不仅用户在发布内容过程中实现与网络服务器之间交互,而且,也实现了同一网站不同用户之间的交互,以及不同网站之间信息的交互。

(3) 符合 Web 标准的网站设计。Web 标准是目前国际上正在推广的网站标准,通常所说的 Web 标准一般是指网站建设采用基于 XHTML 的网站设计语言,实际上,Web 标准并不是某一标准,而是一系列标准的集合。Web 标准中典型的应用模式是 CSS+DIV,摒弃了 HTML 4.0 中的表格定位方式,其优点之一是网站设计代码规范,并且减少了大量代码,减少网络带宽资源浪费,加快了网站访问速度。更重要的一点是,符合 Web 标准的网站对于用户和搜索引擎更加友好。

(4) Web 2.0 网站与 Web 1.0 没有绝对的界限。Web 2.0 技术可以成为 Web 1.0 网

站的工具，一些在 Web 2.0 概念之前诞生的网站本身也具有 Web 2.0 特性，例如 B2B 电子商务网站的免费信息发布和网络社区类网站的内容也来源于用户。

(5) Web 2.0 的核心不是技术而在于指导思想。Web 2.0 有一些典型的技术，但技术是为了达到某种目的所采取的手段。Web 2.0 技术本身不是 Web 2.0 网站的核心，重要的在于典型的 Web 2.0 技术体现了具有 Web 2.0 特征的应用模式。因此，与其说 Web 2.0 是互联网技术的创新，不如说是互联网应用指导思想的革命。

5.2 Web 2.0 的主要应用

5.2.1 博客

博客(Blog)是继 E-mail、BBS、IM 之后出现的第 4 种网络交流方式，是网络时代的个人“读者文摘”，是以超级链接为武器的网络日记，代表着新的生活方式和新的工作方式，更代表着新的学习方式。简言之，Blog 就是以网络作为载体，简易迅速便捷地发布自己的心得，及时有效轻松地与他人进行交流，再集丰富多彩的个性化展示于一体的综合性平台。

不同的博客可能使用不同的编码，所以相互之间也不一定兼容。而且，目前很多博客都提供丰富多彩的模板等功能，这使得不同的博客各具特色。

1. 博客的分类

博客主要可以分为以下几大类。

(1) 按功能分

基本博客。Blog 中最简单的形式。单个的作者对于特定的话题提供相关的资源，发表简短的评论。这些话题几乎可以涉及人类的所有领域。

微型博客。即微博，目前是全球最受欢迎的博客形式，博客作者不需要撰写很复杂的文章，而只需要书写 140 字内的心情文字即可(如随心微博、Follow5、网易微博、腾讯微博、叽歪、Twitter)。

(2) 按个人和企业分

按照博客主人的知名度、博客文章受欢迎的程度，可以将博客分为名人博客、一般博客、热门博客等。按照博客内容的来源、知识版权还可以将博客分为原创博客、非商业用途的转载性质的博客以及二者兼而有之的博客。

个人博客主要有以下几种类型。

① 亲朋之间的博客(家庭博客)。这种类型博客的成员主要由亲属或朋友构成，他们是一种生活圈、一个家庭或一群项目小组的成员。

② 协作式的博客。与小组博客相似，其主要目的是通过共同讨论使得参与者在某些方法或问题上达成一致，通常把协作式的博客定义为允许任何人参与、发表言论、讨论问题的博客日志。

③ 公共社区博客。公共出版在几年以前曾经流行过一段时间，但是因为没有持久有效的商业模型而销声匿迹了。廉价的博客与这种公共出版系统有着同样的目标，但是使用更方便，所花费的代价更小，所以也更容易生存。

企业博客主要有以下几种类型。

① 商业、企业、广告型的博客。对于这种类型博客的管理类似于通常网站的 Web 广告管理。商业博客分为：CEO 博客、企业博客、产品博客、“领袖”博客等。以公关和营销传播为核心的博客应用已经被证明将是商业博客应用的主流。

② CEO 博客。“新公关维基百科”已经统计出了近 200 位 CEO 博客，或者处在公司领导地位者撰写的博客。美国最多，有近 120 位；其次是法国，近 30 位；英德等欧洲国家也都各有先例。中国目前没有 CEO 博客列入其中。这些博客所涉及的公司虽然以新技术为主，但也不乏传统行业的国际巨头，如波音公司等。

③ 企业高管博客。即以企业的身份而非企业高管或者 CEO 个人名义进行博客写作。“新公关维基百科”已统计到 85 家严格意义上的企业博客。不单有惠普、IBM、思科、迪斯尼这样的世界百强企业，也有 Stonyfield Farm 乳品公司这样的增长强劲的传统产业，这家公司建立了 4 个不同的博客，都很受欢迎。服务业、非盈利性组织、大学等，如咖啡巨头星巴克、普华永道事务所、Tivo、康奈尔大学等也都建立了自己的博客。NOVELL 公司还专门建立了一个公关博客，专门用于与媒介的沟通。

④ 企业产品博客。即专门为了某个品牌的产品进行公关宣传或者以为客户服务为目的所推出的“博客”。据相关统计，目前有 30 余个国际品牌有自己的博客。例如在汽车行业，除了去年的日产汽车 Tiida 博客和 Cube 博客，去年底今年初又看到了通用汽车的两个博客，不久前福特汽车的野马系列也推出了“野马博客”，马自达在日本也为其 Atenza 品牌专门推出了博客。通用汽车还利用自身博客的宣传攻势协助成功地处理了《洛杉矶时报》公关危机。

⑤“领袖”博客。除了企业自身建立博客进行公关传播，一些企业也注意到了博客群体作为意见领袖的特点，尝试通过博客进行品牌渗透和再传播。

⑥ 知识库博客，或者叫 K-LOG。基于博客的知识管理将越来越广泛，使得企业可以有效地控制和管理那些原来只是由部分工作人员拥有的、保存在文件档案或者个人计算机中的信息资料。知识库博客提供给了新闻机构、教育单位、商业企业和个人一种重要的内部管理工具。

(3) 按存在方式分

① 托管博客。无须自己注册域名、租用空间和编制网页，只要去免费注册申请即可拥有自己的 Blog 空间，是最“多快好省”的方式。

② 自建独立网站的 Blogger。有自己的域名、空间和页面风格，需要一定的条件(例如自己需要会网页制作，需要懂得网络知识，当然，自己域名的博客更自由，有最大限度的管理权限)。

③ 附属 Blogger。将自己的 Blog 作为某一个网站的一部分(如一个栏目、一个频道或者一个地址)。这三类之间可以演变，甚至可以兼得，一人拥有多种博客网站。

2. 博客的作用

(1) 博客的三大作用

① 个人自由表达和出版。

② 知识过滤与积累。

③ 深度交流沟通的网络新方式。

但是，要真正了解什么是博客，最佳的方式就是自己马上去实践一下，实践出真知；如果你现在对博客还很陌生,建议直接去找一个博客托管网站,先开通一个自己的博客账号,比注册邮箱还简单,也不用花费一分钱,觉得没劲也可随手扔掉。

博客之所以公开在网络上,就是因为它不等同于私人日记,博客的概念肯定要比日记大很多,它不仅仅要记录关于自己的点点滴滴,还注重它提供的内容能帮助到别人。

博客永远是共享与分享精神的体现。

(2) 其他作用

① 作为网络个人日记。

② 个人展示自己某个方面的空间。

③ 网络交友的地方。

④ 学习交流的地方。

⑤ 通过博客展示自己的企业形象或企业商务活动信息。

⑥ 话语权。

5.2.2 RSS

RSS(Really Simple Syndication,聚合内容)是在线共享内容的一种简易方式。它是一种描述和同步网站内容的格式,是目前使用最广泛的资源共享应用,可以被称为资源共享模式的延伸。RSS 技术诞生于 1999 年的网景公司(Netspace),是一种基于 XML 标准,在互联网上被广泛采用的内容包装和投递协议。"聚合真的很简单"就是 RSS 的英文原意。把新闻标题、摘要、内容按照用户的要求,"送"到用户的桌面就是 RSS 的目的。网络用户可以在客户端借助于支持 RSS 的聚合工具软件,在不打开网站内容页面的情况下阅读支持 RSS 输出的网站内容。因此,通过 RSS 获取信息,信息源的选择和信息内容的过滤完全由用户配置,保证信息的"无垃圾"和"个化",信息传递快、效率高,在很大程度上满足了信息用户的个性化需求。RSS 订阅,一般使用 图片提供 RSS 链接订阅地址,也采用 XML RSS 2.0 、RSS 、XML 等。

1. RSS 的用途

(1) 订阅 Blog。

可以订阅工作中所需的技术文章,也可以订阅与你有共同爱好的作者的 Blog,总之,对什么感兴趣就可以订什么。

(2) 订阅新闻。

无论是奇闻怪事、明星消息、体坛风云,只要你想知道的,都可以订阅。再也不用一个网站一个网站、一个网页一个网页去逛了。只要这将需要的内容订阅在一个 RSS 阅读器中,这些内容就会自动出现阅读器里。也不必为了一个急切想知道的消息而不断地刷新网页,因为一旦有了更新,RSS 阅读器就会自己发送通知。

新华网是国内首家提供 RSS 聚合新闻服务的网站,早在 2004 年便推出了该项服务。目前新浪、搜狐、网易等门户站点也都提供 RSS 信息推送服务。RSS 是目前在国内外的图书馆应用非常广泛。图书馆可以根据自动化系统中的统计结果,整理出适合所有读者或者只适合某些专业的经典资源和热门资源,定期制作 RSS Feeds 提供给读者订阅。由于各方面的原因,一些质量比较高的图书等资源被读者所忽视,造成利用率较低。图书馆可以借助于自动化系统,定期整理出来个列表推荐给相关专业读者,以便引起重视,提高馆藏利用率。

另外，新书通报也是RSS推送的一项重要任务。相当数量的211高校的图书馆都提供RSS订阅服务。

2. 定制RSS的方法(以同济大学图书馆为例)

目前有通过本地安装RSS阅读器浏览和网络在线浏览最新资讯等两种方式。后者可参看"看天下网络版"或"周博通在线版资讯"阅读器，推荐使用前者。具体方法如下。

(1) 首次使用前，先下载和安装一个RSS阅读器。

(2) 从网站提供的RSS服务中选择感兴趣的频道，复制频道的链接地址(URL)。

(3) 运行RSS阅读器，从文件菜单中选择"添加新频道"，将链接地址(URL)粘贴到输入框中，再按照提示操作，即完成了一个频道的定制。

(4) 单击频道名即查阅随时更新的信息。

5.2.3 Wiki百科全书

Wiki一词来源于夏威夷语的"wee kee wee kee"，发音wiki，原本是"快点快点"的意思，被译为"维基"或"维客"，是一种多人协作的写作工具。Wiki站点可以由多人(甚至任何访问者)维护，每个人都可以发表自己的意见，或者对共同的主题进行扩展或者探讨。Wiki也指一种超文本系统。这种超文本系统支持面向社群的协作式写作，同时也包括一组支持这种写作的辅助工具。Wiki的发明者是一位Smalltalk程序员沃德·坎宁安(Ward Cunningham)。

有人认为，Wiki系统属于一种人类知识网格系统，人们可以在Web的基础上对Wiki文本进行浏览、创建、更改，而且创建、更改、发布的代价远比HTML文本小；同时Wiki系统还支持面向社群的协作式写作，为协作式写作提供必要帮助；最后，Wiki的写作者自然构成了一个社群，Wiki系统为这个社群提供简单的交流工具。与其他超文本系统相比，Wiki有使用方便及开放的特点，所以Wiki系统可以帮助人们在一个社群内共享某领域的知识。

Wiki可以调动最广大的网民的群体智慧参与网络创造和互动，它是Web 2.0的一种典型应用，是知识社会条件下创新的一种典型形式。

1. Wiki的技术和规范

Wiki是任何人都可以编辑的网页。在每个正常显示的页面下面都有一个编辑按钮，单击这个按钮就可以编辑页面了。有些人要问：任何人都可以编辑？那不是乱套了么？其实不然，Wiki体现了一种哲学思想："人之初，性本善"。Wiki认为不会有人故意破坏Wiki网站，大家来编辑网页是为了共同参与。虽然如此，还是不免有很多好奇者无意中更改了Wiki网站的内容，那么为了维持网站的正确性，Wiki在技术上和运行规则上做了一些规范，做到既坚持面向大众公开参与的原则又尽量降低众多参与者带来的风险。这些技术和规范包括以下几方面。

(1) 保留网页每一次更动的版本。即使参与者将整个页面删掉，管理者也会很方便地从记录中恢复最正确的页面版本。

(2) 页面锁定。一些主要页面可以用锁定技术将内容锁定，外人就不可再编辑了。

(3) 版本对比。Wiki站点的每个页面都有更新记录，任意两个版本之间都可以进行对比，Wiki会自动找出它们的差别。

(4) 更新描述。用户在更新一个页面的时候可以在描述栏中写上几句话,如更新内容的依据或是跟管理员的对话等。这样,管理员就知道更新页面的情况。

(5) IP 禁止。尽管 Wiki 倡导"人之初,性本善",人人都可参与,但破坏者、恶作剧者总是存在的,Wiki 有记录和封存 IP 的功能,将破坏者的 IP 记录下来他就不能再胡作非为了。

(6) Sand Box(沙箱)测试。一般的 Wiki 都建有一个 Sand Box 的页面,这个页面就是让初次参与的人先到 Sand Box 页面做测试,Sand Box 与普通页面是一样的,但这里可以任意涂鸦、随意测试。

(7) 编辑规则。任何一个开放的 Wiki 都有一个编辑规则,上面写明大家建设维护 Wiki 站点的规则。没有规矩不成方圆的道理任何地方都是适用的。

2. 常见的 Wiki 站点

(1) 维基百科(Wikipedia)是一个基于 Wiki 技术的全球性多语言百科全书协作计划,同时也是一部用不同语言写成的网络百科全书,其目标及宗旨是为全人类提供自由的百科全书——用他们所选择的语言来书写而成的,是一个动态的、可自由访问和编辑的全球知识体。

(2) 百度百科:涵盖所有领域知识、服务所有互联网用户。

(3) 互动百科:跟百度百科定位一样,涵盖所有领域知识。

(4) 搜搜百科:跟百度百科定位一样,涵盖所有领域知识。

(5) 和讯百科:以财经知识为主,股票、基金、期货、外汇等。

(6)中华维客:旨在弘扬中华文化,诗词、成语、文学、历史。

(7) MBA 智库百科:专注于经管领域,管理、经济、金融、法律。

(8) 软件百科:360 推出的关于各类软件介绍、评分的百科。

5.2.4 网摘

第一个网摘站点 del. icio. us 的创始人 Joshua 发明了网摘,其英文原名是 Social Bookmark,直译是"社会化书签"。通俗地说,网摘就是一个放在网络上的海量收藏夹。网摘将网络上零散的信息资源有目的地进行汇聚、整理然后再展现出来。网摘可以提供很多本地收藏夹所不具有的功能,它的核心价值已经从保存浏览的网页,发展成为新的信息共享中心,能够真正做到"共享中收藏,收藏中分享"。如果每日使用网摘的用户数量较大,用户每日提供的链接收藏数量足够,网摘站就成了汇集各种新闻链接的门户网站。

1. 网摘的作用

长久以来,互联网用户在上网的时候都习惯使用收藏夹来记录感兴趣的网址。但收藏夹缺乏有效的索引机制,随着用户收录网址的不断增多,想要从中锁定特定收录网址成为一件越来越困难的事;此外,缺乏足够的收录附属信息和评价系统也使得收藏夹的功能仅仅停留在"收藏"而已,需要对信息进行注解的网址用户不得不借助记事本等外部工具;而在面对重装系统、多操作系统、异地上机等情况时,用户不得不将收藏夹数据一次又一次地手工进行转存。当人们需要分享信息和资源时,收藏夹的非共享存储机制的弊端更是暴露无遗。用户不得不求助于网址大全、论坛等信息发布系统。但这些信息发布系统的分布散乱,权力、更新机制更是不适宜方便有效地管理个人信息库和组织整体信息库;另外,用户也希望能够在网上结识有相同志趣的人彼此分享信息和资源。传统上,很多用户借助论坛的板块和即时通信软件的通信群组来解决这个问题,但由于它们并非从信息管理的角度为个人用户和群体用户进行设计,用户常常需要面对难于对信息进行索引和管理的困境,大大地影响了用户体验。总而言之,随着互联网上信息的逐渐增多,用户迫切地需要对个人知识库进行管理。有了问题就有人尝试给出答案,于是,网摘这个概念就应运而生了。由于网摘是基于知识管理、分享、发掘的角度进行设计,所以它很好地解决了上面提出的各个问题。从个体角度看,网摘为用户提供了真正的知识管理机制,新概念的融入使网摘可以按用户意愿将用户信息打理成个人知识体系。从分享角度看,网摘使依照同一标准建立的彼此连接的个人知识库可以方便地进行信息共享。从信息挖掘的角度看,网摘将所包含的全部个人知识库整理成大知识库,使互联网用户在其中方便地以各种方式进行索引挖掘信息。从社会元素看,个体知识库可以自由组建自己的知识获取、交流网络,网摘提供了一种基于知识分类的社交场所。

2. 网摘的意义和应用价值

(1) 自由积累。保存用户在互联网上阅读到的有收藏价值的信息,并进行必要的描述和注解,积累形成个人知识体系。

(2) 分享信息。用户间彼此分享收藏信息。每一个人的视野和视角是有限的,再加上空间和时间分割,一个人所能接触到的东西是有限的、片面的、代价较高的。而知识分享则可以大大降低所有参与的用户得到信息的成本,可以使用户更加轻松地得到更多数量、更多角度的信息。

(3) 加深沟通。人通过知识分类,可以更快结交到具有相同兴趣和特定技能的人,形成交流群体,通过交流和分享互相增强知识,满足沟通、表达等社会性需要。

(4) 满足需求。可以满足人收藏、展示的性格需求。

3. 网摘产品

Del.icio.us(http://del.icio.us)是互联网上最早的网摘站点,其后有 Furl(http://www.furl.net)等跟进者。国内最早的专业网摘站点是 2004 年 10 月开始上线运行的 365key(http://www.365key.com),它通过与内容提供商进行合作的模式向国内提供网摘服务。在 365key 取得广泛关注后,"网摘"这个名词在 365key 站长曾登高、著名 Blogger 洪波等一批专业人士的推广下迅速传播开。几家网站也纷纷推出自己的网摘服务平台。一些专业人士和网友也开始积极使用各种各样的网摘。随后推出的网摘服务有博采中心、新浪 ViVi、和讯网摘等。

5.2.5 社交网络服务

社交网络服务(Social Networking Service,SNS)的主要作用是为一群拥有相同兴趣与活动的人创建在线社区。这类服务往往是基于互联网,为用户提供各种联系、交流的交互通路,如电子邮件、实时消息服务等。它们通常通过朋友,一传十十传百地把网络展延开去,极其类似树叶的脉络,所以中国内地称类似的网站为脉络(人面)网站。

多数社交网络会提供多种让用户交互起来的方式,可以为聊天、寄信、影音、文件分享、博客、讨论组群等。社交网络为信息的交流与分享提供了新的途径。作为社交网络的网站一般会拥有数以百万的登记用户,使用该服务已成为用户们每天的生活。社交网络服务网站当前在世界上有许多,知名的包括 Facebook、Myspace、Orkut、Twitter 等。人人网、开心网等则在中国内地较有名气。

5.3 P2P 资源及其利用

P2P 是 peer-to-peer 的缩写,peer 在英语里有“(地位、能力等)同等者”、“同事”和“伙伴”等意义。这样一来,P2P 也就可以理解为“伙伴对伙伴”、“点对点”的意思,或称为对等联网。目前,人们认为其在加强网络上人的交流、文件交换、分布计算等方面大有前途。

eMule 是一个完全免费且开放源代码的 P2P 软件。最新版的 eMule 集成了 Kad 连接,进一步跨越了服务器的界限,与全世界超过两百万的 eMule 用户共同分享资源。eMule VeryCD 版,是在原版基础上开发的开源软件,该版本专为国内用户设计。最新的 VeryCD 版内置了 VNN 支持(可以让内网用户互相传输)、根据 IP 显示旗帜、UPnP 自动端口映射等功能,针对实际使用优化了多个传输参数,并采用了最公正的计分系统,让上传者得到最大的下载机会。

说到 P2P,就不能不提 BT,这个被人戏称为“变态”的词几乎在大多数人感觉中与 P2P 成了对等的一组概念,而它也将 P2P 技术发展到了近乎完美的地步。实际上 BitTorrent(中文全称比特流,简称 BT)原先是指一个多点下载的 P2P 软件。它不像 FTP 那样只有一个发送源,BT 有多个发送点,当用户在下载时,同时也在上传,使大家都处在同步传送的状态。应该说,BT 是当今 P2P 最为成功的一个应用。有一句话可以作为 BT 最为形象的解释,就是“我为人人,人人为我”。

BT 首先在上传者端把一个文件分成了多个部分,客户端甲在服务器随机下载了第 N 部分,客户端乙在服务器随机下载了第 M 部分。这样甲的 BT 就会根据情况到乙的计算机上去拿乙已经下载好的第 M 部分,乙的 BT 就会根据情况去到甲的计算机上去拿甲已经下载好的第 N 部分。

5.4 FTP 搜索引擎

FTP 搜索引擎的功能是搜集匿名 FTP 服务器提供的目录列表以及向用户提供文件信息的查询服务。由于 FTP 搜索引擎专门针对各种文件,因而相对 WWW 搜索引擎,在寻找软件、图像、电影和音乐等文件时,使用 FTP 搜索引擎更加便捷。

5.4.1 国外著名的 FTP 搜索引擎

http://www. philes. com:号称全球最大的 FTP 搜索引擎。

http://www. alltheweb. com:fastsearch. com 的产品。

http://www. filesearching. com:Chertovy Kulichki Inc. 的产品。

http://www. souborak. com:internauci. pl 的产品。

http://www. ftpfind. com:www. echo. fr 的产品。

http://parker. vslib. cz:作者是 Technical University of Liberec Czech Republic 的 Jiri A. Randus,是国内大多数小型 FTP 搜索引擎系统的原型。

5.4.2 国内部分高校 FTP 站点

北大天网：http://bingle.pku.edu.cn
清华大学：ftp://www.lib.tsinghua.edu.cn/
ftp://ftp.net.edu.cn/
北京大学：http://bingle.pku.edu.cn
ftp://www.lib.pku.edu.cn/
ftp://ftp.pku.edu.cn/
北京邮电大学：ftp://ftp.bupt.edu.cn/
ftp://ftp.buptnet.edu.cn/
华中理工大学：ftp://ftp.whnet.edu.cn/
四川电子科技大学：http://www2.cs.uestc.edu.cn/
暨南大学：ftp://202.116.9.61/
ftp://202.116.9.59/
大连理工大学：ftp://ftp.dlut.edu.cn/
上海交通大学：ftp://ftp.shnet.edu.cn/
ftp://mssite.sjtu.edu.cn/
同济大学：ftp://ftp.tongji.edu.cn/
南京大学：ftp://ftp.nju.edu.cn/
南京邮电学院：ftp://ftp.njupt.edu.cn/
南京理工大学：ftp://ftp.njnet.edu.cn/
浙江大学：ftp://ftp.zju.edu.cn/
中国科学技术大学：ftp://ftp.ustc.edu.cn/
厦门大学：ftp://ftp.xmu.edu.cn/
山东大学：ftp://ftp.sdu.edu.cn/
哈尔滨工业大学：ftp://ftp.hit.edu.cn/
哈尔滨建筑大学：ftp://hrbucea.edu.cn/
武汉测绘科技大学：ftp://ftp.wtusm.edu.cn/
武汉水利电力大学：ftp://ftp.wuhee.edu.cn/
中南财经大学：ftp://ftp.znufe.edu.cn/
中南工业大学：ftp://ftp.csut.edu.cn/
长沙铁道学院：ftp://ftp.csru.edu.cn/
国防科学技术大学：ftp://ftp.nudt.edu.cn/
华南理工大学：ftp://ftp.scut.edu.cn/
ftp://ftp.gznet.edu.cn/
深圳大学：ftp://ftp.szu.edu.cn/
中山大学：ftp://ftp.zsu.edu.cn/
西安交通大学：ftp://ftp.xjtu.edu.cn/
ftp://ftp.xanet.edu.cn/

ftp://ftp.pevirc.xjtu.edu.cn/

香港中文大学：ftp://ftp.cuhk.hk/

ftp://ftp.cuhk.edu.hk/

ftp://ftp.arts.cuhk.edu.hk/

ftp://ftp.erg.cuhk.edu.hk/

ftp://ftp.cs.cuhk.edu.hk/

ftp://ftp.math.cuhk.edu.hk/

5.5 学科信息门户

学科信息门户(Subject Information Gateway，SIG)，又称学科门户、主题网关，是针对特定学科或主题领域，按照一定的资源选择和评价标准、规范的资源描述和组织体系，对具有一定学术价值的网络资源进行搜集、选择、描述和组织，并提供浏览、检索、导航等增值服务的专门性信息网站。学科信息门户借鉴传统的文献信息处理技术和经验，对网络信息资源进行深度加工和更为系统的组织，克服了搜索引擎检索效率低的缺点，成为解决网络信息过载问题的有效途径和手段之一。学科信息门户近几年在国外发展较为迅速，90%左右分布在欧洲、北美、大洋洲等发达国家和地区，语种以英语为主，涉及的学科(主题)广泛全面，几乎覆盖社会科学和自然科学的各个领域。相比之下，我国对学科信息门户的研究和建设都起步较晚，始于2001年，左少凝、柳晓春在《国际大型图书分类法在因特网上的应用》一文中首次提出了"主题网关"的概念，拉开了国内学科信息门户研究的序幕。

5.5.1 一些国内外学科信息门户

1. 国内学科信息门户列表

(1) 物理数学学科信息门户 http://phymath.csdl.ac.cn/

建设单位：中国科学院国家科学数字图书馆。

(2) 化学学科信息门户 http://chemport.ipe.ac.cn/

建设单位：中国科学院过程工程研究所、中国科学院化学研究所、中国化学会。

(3) 微生物特色学科信息门户 http://spt.im.ac.cn/index.php

建设单位：中国科学院微生物研究所。

(4) 材料复合新技术信息门户 http://atmsp.whut.edu.cn/

建设单位：武汉理工大学图书馆、材料复合新技术国家重点实验室。

(5) 信息技术信息门户 http://202.114.89.42/

建设单位：武汉理工大学图书馆。

(6) 中国社会科学信息门户 http://www.cssig.org/

建设单位：武汉大学信息资源研究中心。

(7) 生命科学学科信息门户 http://www.lifesciences.cn/

建设单位：中国科学院上海生命科学研究院、上海图书馆上海科技情报研究所。

2. 国外学科信息门户列表

(1) Biz/ed 商业经济 http://www.bized.co.uk/

(2) VBIC 商业与经济 http://vbic. umd. edu

(3) Signpost 英国手势语言与英语 http://www. signpostbsl. com/

(4) Intute 综合学科 http://www. intute. ac. uk/artsandhumanities/

(5) INFOMINE 网络学术资源门户 http://infomine. ucr. edu

(6) BUBL LINK 综合学科 http://link. bubl. ac. uk/

(7) DutchESS 综合学科 http://www. kb. nl/hrd/netwerk/dutchess-en. html

(8) 综合学科 http://www. thegateway. org/

(9) edna 澳大利亚教育网 http://www. edna. edu. au/

(10) IPL 综合学科 http://www. ipl. org/

5.5.2 若干学科网站资源

1. 计算机类网站资源

(1) 站名：计算机科学技术百科全书

网址：http://computer-book. db66. com/。

简介：介绍计算机科学理论、计算机组织与体系结构、软件、硬件、人工智能和分类索引。

(2) 站名：国家智能计算机研究开发中心

网址：http://www. ncic. ac. cn/。

简介：研究和开发高性能计算机系统，介绍中心概况、学术论文、在研项目、动态信息。

(3) 站名：中国仿真互动

网址：http://www. simwe. com/。

简介：提供有限元仿真计算等计算机辅助设计、相关技巧介绍及交流。

(4) 站名：嵌入开发网

网址：http://www. embed. com. cn/。

简介：介绍关于嵌入式实时操作系统和开发工具信息。

(5) 站名：中国网络信息安全

网址：http://www. china-infosec. org. cn/。

简介：介绍中国网络安全政策法规、标准规范、病毒报告、安全新闻和论坛交流。

(6) 站名：中国机器人网

网址：http://www. robotschina. com/。

简介：包括机器人技术与应用、机器人信息、机器人工程等资料。

(7) 站名：中国计算机图形学研究会

网址：http://www. cad. zju. edu. cn/chinagraph/。

简介：提供学术动态、热点报告、研究方向、同行简介、软件产品、教学心得等内容。

(8) 站名：中国学术交流园地

网址：http://www. matwav. com/。

简介：含电子科学、人工神经网络、电子仿真和小波理论探讨。

(9) 站名：全息拓扑学和人工智能理论研究室

网址：http://www. holotopology. org/。

简介：从事人工智能和大脑思维的数学模型的研究，介绍研究室概况、论文及合作信息。

(10) 站名：清华大学计算机科学与技术系智能技术与系统国家重点实验室

网址：http://www.lits.tsinghua.edu.cn/。

简介：实验室主要从事人工智能基本原理、方法及应用基础研究等，主页包括实验室概况、科学研究、学术交流、人才培养、信息发布及相关资源链接等。

(11) 站名：南京大学人工智能实验室

网址：http://ai.nju.edu.cn/。

简介：包括人工智能与知识工程、神经计算、机器学习、模式识别、进化计算、专家系统等研究内容。

(12) 站名：数据库

网址：http://www.21tx.com/school/database/index.htm。

简介：含数据库基础、数据库文摘、数据库问题解答以及 SQL 技术。

(13) 站名：仿真天地

网址：http://simulation.vip.sina.com/。

简介：含虚拟仪表、视景仿真、虚拟现实、图形图表、HLA、固定翼仿真、直升机仿真、数据可视化。

(14) 站名：国家信息化测评中心

网址：http://www.niec.org.cn/。

简介：从事国家信息化指标研究、国家信息化分指标体系研究、信息化水平测评和咨询服务。

(15) 站名：中国科学院计算与科学工程计算研究所

网址：http://www.cc.ac.cn/。

简介：含研究所概况、研究领域、设施机构、学术交流、资源导航等。

(16) 站名：计算机世界网

网址：http://www.ccw.com.cn/。

简介：计算机综合信息网站。

(17) 站名：程序设计导航

网址：http://mail.ustc.edu.cn/～bshang/cxsj.htm。

简介：程序设计站点资源大集锦。

(18) 站名：中国软件

网址：http://www.csdn.net/。

简介：大型程序开发者网站，为开发人员和企业提供全面的信息和技术服务。

(19) 站名：天极网

网址：http://www.yesky.com/。

简介：号称全球中文 IT 第一门户，是 IT 领域的大型综合件网站。

2. 数学类网站资源

(1) 站名：中国数学文献数据库

网址：http://www.las.ac.cn/math/。

简介：包括出版物、引用文献、分类体系、数学网站等。

(2) 站名：数学与系统科学研究院

网址：http://www.amss.ac.cn/。

简介：中国科学院数学与系统科学研究院的综合性网站

(3) 站名：中国数学会

网址：http://www.cms.org.cn/。

简介：中国数学会的综合性网站

(4) 站名：American Mathematical Society

网址：http://e-math.ams.org。

简介：American Mathematical Society 即美国数学学会。其主页中的内容主要是不同类型数学话题的信息资源，包括各类数学刊物、会议信息以及数学领域内的其他信息。

(5) 站名：中国数学建模

网址：http://www.shumo.org/。

简介：国内论文、国际论文、新手入门、数学资源、研究生数学建模、数模论坛等。

(6) 站名：COMPULOG Americas

网址：http://www.cs.nmsu.edu/～complog/body.html。

简介：美国逻辑规划组织 Computability Theory(可计算性理论)主页，提供数理逻辑协会主页的链接，主要内容包括可计算性理论领域的各类活跃人员及其研究领域等。

(7) 站名：21 世纪数学建模频道

网址：http://mm.21maths.com/。

简介：主页内容包括建模竞赛、建模实例、建模论文、生活与数学等。

(8) 站名：Math_Space

网址：http://www.math.ac.cn/Chinese/H/Math_space.htm。

简介：在这里可以找到希望了解的世界著名的大学及其数学系，还有许多著名的数学 WWW 站点。

(9) 站名：微积分与微分方程及其应用的互动学习

网址：http://www.ma.iup.edu/projects/CalcDEMma/Summary.html。

简介：微积分与微分方程及其应用的互动学习网站。

(10) 站名：复旦数学

网址：http://math.fudan.edu.cn/。

简介：复旦大学数学系综合性、专业化数学资源网。

(11) 站名：高等数学网络课程

网址：http://www.fosu.edu.cn/li/math/mathplay/。

简介：含高等数学网络课程演示、作业解答、目标测试题等。

3. 物理学网站资源

(1) 站名：物理科学探疑

网址：http://forrootbasic.51.net/。

简介：探讨物理科学问题，包含机械运动、物理化学、空间时间、空间物质等论题。

(2) 站名：中国物理学文献数据库

网址：http://www.las.ac.cn/physics/。

简介：物理专业文献数据库。

(3) 站名：当代物理世界

网址：http://www.physicswd.com/。

简介：物理论文集——发表在物理学中有新思想、观念和实验的文章，并有争议性的物理论文和研究方向介绍。

(4) 站名：物理资源网

网址：http://physweb.51.net/。

简介：提供物理研究、教学、期刊网站的链接及各大学和物理系的链接。

(5) 站名：中国物理教育网

网址：http://www.cpenet.org.cn/。

简介：中国物理学会主办的物理教育资源网，包括高等物理教育、中等物理教育、网上期刊及相关链接等。

(6) 站名：五维时空坐标

网址：http://www.wendk.com/。

简介：探讨时间、光的相对速度、相对论以及物理天文学的缺陷。

(7) 站名：中国科学院高能物理研究所

网址：http://www.ihep.ac.cn/。

简介：中国科学院高能物理研究所的综合性网站。

(8) 站名：德国物理网

网址：http://physnet.uni-oldenburg.de/PhysNet/physnet.html。

简介：提供全球大学物理系和物理资源信息。

(9) 站名：American Institute of Physics

网址：http://www.aip.org/。

简介：American Institute of Physics 是美国物理学会。其主要内容包括：有关美国物理学会概况、新闻简报和最新研究成果等方面的信息，以及该学会各种出版物的全部内容。另外，用户还可以通过链接进入其他有关物理资源的 Gopher 数据库系统和 FTP 服务器进行更广泛、深入的浏览和检索。

(10) 站名：High Energy Physics Information Center

网址：http://www.hep.net/。

简介：High Energy Physics Information Center 是美国高能物理信息中心。其主要内容包括：有关美国高能物理信息中心概况，该中心馆藏数据库系统中的所有文档资料，以及该中心各种出版物的全部内容，有关 HEPIC 实验的信息和许多高能物理软件。另外，用户还可以通过链接进入其他包含高能物理资源的 Web 页、Gopher 数据库和 FTP 服务器进行浏览、查询和检索。

4. 英语类网站资源

(1) 站名：英语直通车

网址：http://www.englishfree.com.cn/。

简介：真情实景学英语。

(2) 站名：英语麦当劳

网址：http://www.englishcn.com/。

简介：包括英文贺卡用语、VIP 英语资源、体育英语、实用英语、休闲英语、词汇天地、口语表达、翻译世界、文化杂谈、在线阅读、视听中心、即时新闻及相关链接。

(3) 站名：英语中国网

网址：http://www.englishchina.com/。

简介：综合性英语门户网站。

(4) 站名：旺旺英语

网址：http://www.wwenglish.com/。

简介：网上英语学习乐园。

(5) 站名：上外网

网址：http://www.yeworld.net/。

简介：外语综合性教育服务网站。

(6) 站名：图忆快速英语

网址：http://www.tooe.org/。

简介：图忆英语快速学习方法和快速记忆方法。

(7) 站名：普特英语听力

网址：http://www.putclub.com/。

简介：英语听力的天空。

(8) 站名：雅信达英语互动网

网址：http://www.englishvod.net/。

简介：英语互动学习。

(9) 站名：网络英语

网址：http://www.englishlover.net/。

简介：优秀的网上英语学习基地。

(10) 站名：英语写作网

网址：http://www.4ewriting.com/。

简介：专攻英语写作的网站。

(11) 站名：时尚英语

网址：http://www.oh100.com/huayuan/english/。

简介：时尚英语学习网站。

(12) 站名：沪江英语

网址：http://www.hjenglish.com/。

简介：英语原创作品网。

5. 电子类网站资源

(1) 站名：电子 DIY

网址：http://allgames.gamesh.com/emu/host/ediy/index.htm。

简介：提供家用电子产品、电子音乐、hi-low 音响和机器人等物件制作知识。

(2) 站名：电子工程专辑

网址：http://www.eetchina.com/。

简介：提供工程师产业要闻、技术趋势以及技术文章和应用指南。

(3) 站名：中国科技网

网址：http://www.china-science.net/。

简介：科技前沿、科研新闻、科技园区、高新技术、科技频道、权威论坛、科技博览、成果转化等。

(4) 站名：电子信息网

网址：http://www.electron.cetin.net.cn/。

简介：包括产业资讯、CCW 出版物、市场商务、行业管理、科技文献、研究咨询等内容。

(5) 站名：电工之家

网址：http://hipc.vip.myrice.com/。

简介：提供行业动态、电工知识、电器商情、电工文摘、电气事故和窃电行为的防治知识。

(6) 站名：信洪电子

网址：http://cxh.3322.net/。

简介：提供电子和计算机类杂志目录、显示器维修和音频集成电路典型应用电路图等资料。

(7) 站名：电信博物馆

网址：http://www.kepu.org.cn/gb/technology/telecom/。

简介：含多媒体、计算机通信、移动通信、智能网、卫星通信、光通信、微波通信、交换网、接入网。

(8) 站名：电子设计技术

网址：http://www.ednchina.com/Cstmf/BCsy/index.asp。

简介：全球最大电子业信息网 Cahners 与国内业界权威的中国电子报共建，包括微处理器与 DSP、消费电子设计、嵌入式系统、无线设计与开发、电源技术、测试与测量、设计工具与服务、高速 PCB 设计专栏、显示技术、存储器、可编程器件、计算机与外设、通信与网络、光电技术、模拟与混合信号、元器件等资源及相关链接。

6. 化学类网站资源

(1) 站名：化学学科信息门户

网址：http://www.chinweb.com/index.shtml。

简介：提供国家科学数字图书馆主办的化学信息、知识、资源及动态等。

(2) 站名：化学在线

网址：http://www.chemonline.net/。

简介：提供化学搜索目录、化学论坛、化学软件、化学网络辅助教育等。

(3) 站名：化学领域

网址：http://csite.myrice.com/。

简介：提供无机化学文章、生活化学常识、软件及图片资料。

(4) 站名：化学之门

网址：http://www.chemonline.net/chemdoor/。

简介：提供化学领域的网站分类目录、综合参考信息和网站推荐。

(5) 站名：化学软件

网址：http://www.chemonline.net/truechemsoft/。

简介：提供化学化工领域的研究和教学软件信息和试用下载。

(6) 站名：美国化学会

网址：http://pubs.acs.org/。

简介：可以查询期刊、杂志，各类出版物，化学、化工产品等。也可以查到近期发表的热门文章。

(7) 站名：中国化学会

网址：http://www.ccs.ac.cn/。

简介：中国化学会简介、学术活动、科研项目与成果、科研发展动态等。

(8) 站名：中国科学院化学研究所

网址：http://www.iccas.ac.cn/。

简介：提供所况介绍、创新工程、科研系统等。

7. 环境科学网站资源

(1) 站名：中国环保网

网址：http://www.ep.net.cn/。

简介：环保综合性网站及相关资源链接。

(2) 站名：Willi Hennig 协会(美国)

网址：http://www.cladistics.org/。

简介：美国 Willi Hennig 协会(WHS)的成立是为了促进生物种系发生领域的综合交流。此站点提供该协会的简要介绍、当前活动、科学会议等相关信息。此外，还提供了一个有关生物系统发生学的文献数据库，以及支序分类学相关软件(可下载)等信息。

(3) 站名：保护两栖类动物(DAPTF)

网址：http://www.open.ac.uk/OU/Academic/Biology/J_Baker/JBtxt.htm。

简介：DAPTF 是 1991 年由世界保护联合会物种生存委员会建立的。该委员会由关注两栖类动物数量减少的生物学家和保护主义者组成。DAPTF 站点主要提供关于他们的各种研究活动的信息资料。

(4) 站名：德国全球变化咨询委员会

网址：http://www.wbgu.de/wbgu_home_engl.html。

简介：德国全球变化咨询委员会是由联邦政府于 1992 年建立的独立的咨询机构。主要任务是整理有关全球变化各个学科的研究成果，总结出政策建议，以实现世界的可持续发展。本网站提供了委员会任务目标、成员、出版物、报告、相关链接等信息。

(5) 站名：地理信息系统研究大学联合会(美国)

网址：http://www.ucgis.org/。

简介：地理信息系统研究大学联合会(UCGIS)是由大学和其他研究机构组成的非盈利性的研究协会。该网站提供了 UCGIS 的一些基本信息，包括研究项目、新闻事件、教育培训等。

(6) 站名：地球动力学

网址：http://www.geodynamics.cn/。

简介：网站的宗旨是推动中国从事地壳运动、板块构造运动、大陆动力学及地球动力学研究的同行及对此类科学问题有兴趣的广大人员进行工作情况、学术意见的交流和讨论，是公益服务性的平台。此外网站也将逐步增加国外有关研究进展及活动情况的报导。

(7) 站名：APEC 环境技术交流虚拟中心中华人民共和国站点

网址：http://www.apec-vc.org.cn/。

简介：APEC 环境无害化技术交流虚拟中心中国网站于 1999 年 10 月正式投入运行。中国网站是在科学技术部的支持下成立的，由中国 21 世纪议程管理中心负责管理，由环境无害化技术转移中心承担日常运行和维护。旨在促进 APEC 成员国家和地区、城市、企业和环保机构通过因特网共享有关环境无害化技术的信息，其作用相当于实际的环境技术展览。

(8) 站名：国际病虫害信息协会

网址：http://www.pestinfo.org/。

简介：网站提供了协会介绍、文献数据库和专家数据库、在线期刊、相关链接等信息。

(9) 站名：国际环境保护协会

网址：http://www.isep.at/。

简介：网站介绍了协会的组织机构、研究项目、专题讨论会、出版物等。另外，它还提供了 2002 年在维也纳举行的国际环境信息会议的信息，以及中欧环境数据查询入口的链接等。

(10) 站名：国际环境哲学协会

网址：http://www.environmentalphilosophy.org/。

简介：国际环境哲学协会(IAEP)的目标是：提供一个广泛开展有关自然界、人类与自然环境相互关系的哲学讨论的论坛。此站点提供该协会的成员信息、新闻消息、年度计划等相关信息，还提供了一些相关网络资源的链接入口。

(11) 站名：国际景观生态学协会

网址：http://www.landscape-ecology.org/。

简介：网站提供了协会介绍、新闻、出版物、事件、成员等相关信息。

(12) 站名：国际人与环境研究学会

网址：http://www.iaps-association.org/。

简介：网站提供了学会介绍、出版物、学生、成员、期刊等相关信息。

(13) 站名：环境问题科学委员会

网址：http://www.icsu-scope.org/。

简介：环境问题科学委员会(由国际科学委员会创建)是一个自然与社会科学跨学科研究机构，主要关注全球环境问题。这个网站提供了该委员会及其研究计划、最新环境问题、会议和活动等的信息，以及出版物的列表。

(14) 站名：联合国可持续发展主页

网址：http://www.un.org/esa/sustdev/。

简介：该网站是联合国有关可持续发展问题的专门网站，由联合国经济与社会事务部可持续发展分部维护。提供该机构的详细信息，包括组织机构、相关活动、相关出版物等。此外，还提供联合国可持续发展委员会、21 世纪议程、可持续发展世界首脑会议执行计划、联合国千年发展目标、可持续发展有关专题等方面的信息以及一些相关链接。

(15) 站名：全球环境科学技术网络

网址：http://www.gnest.org/。

简介：全球环境科学技术网络(Global NEST)是一个由科学家、技术专家、工程师和其他感兴趣团体组成的国际性协会。本网站提供了机构介绍、规章制度、成员、全球问题论坛、新闻事件、期刊、会议等相关信息。

(16) 站名：全球可持续发展系统

网址：http://gssd.mit.edu/。

简介：全球可持续发展系统是一种专门为可持续发展服务的全球知识系统，适应于分布式的网络开发和互联。

(17) 站名：地球的未来

网址：http://mars3.gps.caltech.edu/whichworld/。

简介：网站提供了大量的有关人口增长、收入差距、环境污染、工业行为以及未来环境问题的日益严重等方面的资料，同时介绍了各大陆和地区环境问题概要、全球和地区发展趋势信息，如人口、经济、环境及社会政治环境等方面的信息介绍。

8. 生物学网站资源

(1) 站名：中国生物信息

网址：http://www.biosino.org/。

简介：上海生命科学研究院生物信息中心，建立生物信息数据库，提供生物研究资源和信息服务。

(2) 站名：生物信息学专业网

网址：http://bioinf.bmi.ac.cn/postnuke/index.php。

简介：介绍生物信息学相关的信息和资源。

(3) 站名：生物谷

网址：http://www.bioon.com/。

简介：含细胞生物学、分子生物学、神经科学、生物信息、生物芯片、生物技术、生物软件等。

(4) 站名：生物科技在线

网址：http://www.biotech-online.com.cn/。

简介：介绍生命科学、国内外生物技术动态、基因安全与法规和基因作物商业化。

(5) 站名：中国生物多样性信息系统青岛海洋研究所数据源

网址：http://nic.qdio.ac.cn/swdyx/。

简介：含黄渤海动物物种及标本数据库、海洋生物门类、物种标本信息等。

(6) 站名：生命科学学科信息门户

网址：http://biomed.csdl.ac.cn/。

简介：生命科学学科的各种资源链接。

(7) 站名：细胞生物学在线

网址：http://www.cella.cn/。

简介：含在线教程、在线测试及在线答疑，属绍兴文理学院生物科学系教学网站。

(8) 站名：微生物研究站

网址：http://changjiang. whlib. ac. cn/pylorus/index. asp。

简介：含研究动态、论文及文献、医学应用、研究论坛等。

(9) 站名：中国科学院微生物研究所

网址：http://changjiang. whlib. ac. cn/pylorus/index. asp。

简介：提供中国微生物信息网络资料，含数据库。

(10) 站名：中国生物多样性信息系统华南植物所数据源点

网址：http://www. scib. ac. cn/brim/。

简介：含研究项目和进展、数据服务。

(11) 站名：中国经济真菌多媒体数据库

网址：http://micronet. im. ac. cn/ecofungi/fungimenu. shtml。

简介：收集各种具经济价值的真菌。

(12) 站名：植物馆

网址：http://www. kepu. org. cn/gb/lives/plant/。

简介：含植物分类进化、植物与环境、趣味植物、植物知识、植物保护、经济植物、园林植物。

9. 医药卫生类网站资源

(1) 站名：医学在线

网址：http://www. m-ol. com/。

简介：医学动态、医药文献、家庭医学、医药法规、医学检索、名医名院、网络医学、医学论坛。

(2) 站名：医学护理网

网址：http://www. huliw. com/

简介：护士的网上家园，包括护理讨论、护理基础、护理文化、专科护理、家庭护理、会议信息及相关链接等。

(3) 站名：世纪医学网

网址：http://www. 21med. com/。

简介：包括医学动态、医学殿堂、专科门诊、健康保健、医药机构、资料文献、药品信息及相关链接等。

(4) 站名：中国医学生物信息网

网址：http://cmbi. bjmu. edu. cn/。

简介：医学生物信息专业化网站。

(5) 站名：东方医学网

网址：http://www. emed. com. cn/。

简介：依托中华医学会背景资源成立的面向全球服务的专业医学网站。

(6) 站名：国外医学

网址：http://www. foreignmed. com/。

简介：国外医学信息网站。

(7) 站名：中华医学专业网

网址：http://www. med618. com. cn/。

简介：中华医学会主办的医学综合网站。
(8) 站名：医学空间
网址：http://www.medcyber.com/。
简介：因特网医学信息咨询和服务网站。
(9) 站名：口腔医学网
网址：http://www.kqyxw.com/。
简介：口腔医学综合性网站。
(10) 站名：当代中医网
网址：http://www.tcmtoday.com/。
简介：中医信息综合网站。
(11) 站名：三九健康网
网址：http://www.39.net/。
简介：健康信息综合性网站。
(12) 站名：37℃医学网
网址：http://www.37c.net.cn/。
简介：服务于医药人士的专业网站。
(13) 站名：大众医药网
网址：http://www.windrug.com/。
简介：医药知识综合网站。
(14) 站名：中文医网
网址：http://www.medonline.com.cn/。
简介：医学信息学术网站。

10. 天文学网站资源

(1) 站名：Aries 天文网站
网址：http://www.aries.com.cn/。
简介：包含天文知识、宇宙探索、星座、流星雨表和天文图库。
(2) 站名：中华网科技频道——宇宙天文
网址：http://tech.china.com/zh_cn/science/universe/。
简介：栏目包括太空深处、太阳系、星空大观、航空探索、天文奇观和 UFO。
(3) 站名：日食和月食
网址：http://www.astron.sh.cn/picbase/solar/eclipse.html。
简介：提供日食、日偏食、日环食、日全食、月偏食、月全食照片及文字说明。
(4) 站名：空间天文网
网址：http://ccce.51.net/。
简介：介绍天文知识、太阳系、天体、太空探测，提供下载、特别报道和天文搜索。
(5) 站名：Centaur Alpha
网址：http://mysky.lamost.org/。

简介：含天文入门、天文资料、观测指导、器材介绍、软件下载以及交流论坛等。

(6) 站名：上海网上天文台

网址：http://www.astron.sh.cn/。

简介：提供天文新闻、基础知识、专题讲座和天文图片。

(7) 站名：中国科学院国家天文台

网址：http://www.bao.ac.cn/。

简介：天文综合性网站，含国家天文台及国内各大天文台简介，天文学研究发展动态报道。

(8) 站名：地球和天空-Earth and Sky

网址：http://www.earthsky.com/。

简介：有地球科学、天文学和环境科学各种主题、新闻和发现的文章与讨论。

(9) 站名：SETI 协会[英文]

网址：http://www.seti-inst.edu/。

简介：详细介绍 SETI 学会为寻找外星智慧的活动、思想和实践。

(10) 站名：天狼星

网址：http://www.dogstar.net/。

简介：一个业余天文站点，有丰富的天体图片，还有探索宇宙的视频剪辑。

(11) 站名：天文学导航

网址：http://202.119.47.3/geo/astronomy/subject_area.htm。

简介：天文学学科范畴的知识性站点。

(12) 站名：香港天文学会

网址：www.hkas.org.hk。

简介：香港公开天文团体，包括相片集、天文基本知识、天象资讯等内容。

(13) 站名：天文世界天文眼

网址：chaser.che.ntu.edu.tw。

简介：包括天文资讯、天文学常识、天象观测、外星生命等内容。

11. 专利网站资源

(1) 站名：中国知识产权网

网址：http://www.cnipr.com/。

简介：依托国家知识产权局的网站，提供专利、商标、版权的知识产权信息及相关资源链接。

(2) 站名：著作权大世界

网址：http://www.copyinfo.com/。

简介：介绍国际版权公约、中国著作权法规和著作权社会组织。

(3) 站名：中国知识产权司法保护

网址：http://www.chinaiprlaw.com/。

简介：含法规法律、组织机构介绍、问题解答、案例分析和在线投诉。

(4) 站名：发明与实施

网址：http://www.my250.net/。

简介：介绍申请专利的文章和网站资源的个人网站。

(5) 站名：教你申请专利

网址：http://www.jnsqzl.net/。

简介：介绍发明技巧、专利表格、实例样本和怎样申请专利。

(6) 站名：中国专利科技信息网

网址：http://www.si-po.com/。

简介：包括法律法规、专利动态。

(7) 站名：中国专利网

网址：http://www.cnpatent.com/。

简介：宣传专利知识，传播专利技术信息，推广专利产品。

(8) 站名：中国专利信息网

网址：http://www.patent.com.cn/。

简介：列有各国专利机构及专利信息查询。

(9) 站名：中国专利商标网

网址：http://www.ip.net.cn/。

简介：提供专利商标常识、法律法规及知识产权动态、拍卖、咨询、代理和查询。

(10) 站名：中联知识产权调查中心

网址：http://www.cuippc.com.cn/。

简介：从事假冒商标、专利侵权、盗版及计算机软件保护等知识产权案件的调查服务。

(11) 站名：专利网站导航

网址：http://www.patent.com.cn/docs/world.html。

简介：世界各主要国家、地区和组织的专利网站链接。

12. 新文学网络资源

(1) 站名：新传播资讯

网址：http://www.woxie.com/。

简介：包括媒体动态、传播研究、媒体人、传媒书架、新闻学苑、传播论坛、新闻奖项、期刊目录等。

(2) 站名：中国新闻传播学评论

网址：http://www.cjr.com.cn/。

简介：新闻传播学学术站点，包含焦点话题、学术新闻、媒体新闻、新媒体新闻、网络传播研究和学术刊物要目。

(3) 站名：京华传媒网

网址：http://www.jhcm.com/。

简介：活跃在京城传媒界的一群青年编辑/记者、资深撰稿人合作创办的传媒撰稿(经纪)网站。

(4) 站名：视网联传媒指南

网址：http://www.chinatv-net.com/mediaguide/。

简介：提供传媒学术理论与实践，帮助传媒界从业人员进行传媒业资源有效开发。

(5) 站名：中华传媒网

网址：http://www.mediachina.com.cn/。

简介：大型传媒资讯网站。

(6) 站名：北方传媒

网址：http://www.nmedia.com.cn/。

简介：包括媒介咨询、传媒视野、数据纵横、AD盛典等内容。

(7) 站名：中国新闻研究中心

网址：http://www.cddc.net/。

简介：新闻研究专业网站，包括传媒经济、传媒产业、媒体批评、新闻与法、新闻业务、新闻理论、新闻学习、新闻史学、大众传播、经营管理、舆论影响、媒介人物、新闻教育以及相关链接等。

(8) 站名：耶鲁大学数字媒体研究中心

网址：http://www.yale.edu/dmca。

简介：包括中心介绍、学术研究、学术资源等。

(9) 站名：香港大学新闻传媒中心

网址：http://jmsc.hku.hk。

简介：成立于1999年9月，旨在为香港本地和亚洲地区培养优秀新闻从业人员。

(10) 站名：中国新闻人网

网址：http://www.xinwenren.com/china/。

简介：面向新闻人和准新闻人的中国民间公益性传媒文化专业网站。

(11) 站名：紫金网

网址：http://www.zijin.net/。

简介：主要定位于网络传播与传媒研究的学术性网站。

13. 哲学类网站资源

(1) 站名：哲学研究网

网址：http://www.philosophyol.com/research/。

简介：介绍中西方哲学、学术评论、马哲研究、宗教学以及学人文集等。

(2) 站名：北京大学外国哲学研究所

网址：http://www.ifp.pku.edu.cn/。

简介：权威的外国哲学研究网站。

(3) 站名：哲学人生

网址：http://www.zxrs.net/。

简介：哲学原创网站。

(4) 站名：孔子研究院

网址：http://confucian.ruc.edu.cn/。

简介：专注于孔子研究的网站。

(5) 站名：中国儒学网

网址：http://www.confuchina.com/。

简介：儒学研究专业网站。

(6) 站名：哲学中国

网址：http://zxzg.com/。

简介：网上哲学论坛。

(7) 站名：中国科学哲学

网址：http://www.chinaphs.org/。

简介：中国自然辩证法研究会科学哲学专业委员会的学术网站。

(8) 站名：易学与中国古代哲学研究中心

网址：http://zhouyi.sdu.edu.cn/。

简介：含周易概述、易学哲学、名家论易、简帛易研究、易学书目、易学经传解读等。

(9) 站名：哲学教育网

网址：http://www.philosophyol.com/education/。

简介：包括大众哲学教育、哲学入门、教学资源、技能训练、专业指南等内容。

(10) 站名：哲学时空

网址：http://www.philosophy-times.net/。

简介：探讨牡丹悖论、思行观及哲学科学，含作品历史行进中的文化信念。

14. 心理学网站资源

(1) 站名：中国人民大学社会心理学网

网址：http://www.socialpsy.org/。

简介：包括社会心理、经济心理、心理健康、心理测试、民族性研究、论坛等内容。

(2) 站名：中国医学心理学网

网址：http://cmpsycho.bjmu.edu.cn/。

简介：中国高等教育学会医学心理学教育分会的专业网站。

(3) 站名：中国心理热线

网址：http://cponline.spedia.net/。

简介：含心理咨询、交流、探讨、自我测试。

(4) 站名：华夏心理网

网址：http://www.psychcn.com/。

简介：提供心理学的临床应用、远程教育及信息服务。

(5) 站名：笔迹分析

网址：http://www.bijifenxi.com/。

简介：介绍汉字笔迹心理学、在线分析、专业技术及典型实例。

(6) 站名：心理分析 & 中国文化

网址：http://www.psyheart.org/。

简介：包括心理分析、文化心要、国际交流、专业文库、专业图库、专业服务、学者专栏、心理论坛等内容。

(7) 站名：今日心理

网址：http://www.cptoday.net/。

简介：心理学主题站点，包含基础知识、心理实验、生理健康、心理治疗和培训咨询。

(8) 站名：阳光心理咨询网

网址：http://wwwp.8u8.com/。

简介：含成功导论、成功策略、激励策略、成功研究、学术交流、心理咨询、心理测试。

(9) 站名：中国社会工作——心理咨询

网址：http://www.china-socialwork.org/psychology_index.htm。

简介：介绍心理咨询9大模式、焦点解决短期咨询、青少年心理危机及心理干预等。

(10) 站名：中国心理医生

网址：http://dr.vip.sina.com/。

简介：提供心理在线测试、心理测试软件、心理咨询机构推介。

15. 经济学类网站资源

(1) 站名：中国经济研究中心网

网址：http://www.ccer.edu.cn/cn/。

简介：北京大学中国经济研究中心主办的经济信息网站。

(2) 站名：国研网

网址：http://www.drcnet.com.cn/。

简介：国务院发展研究中心信息网站。

(3) 站名：中国经济50人论坛

网址：http://www.50forum.org.cn/。

简介：中国经济著名专家学者的论坛网站。

(4) 站名：中国经济信息网

网址：http://www.cei.gov.cn/。

简介：中国经济信息综合网站。

(5) 站名：中国科技投资网

网址：http://www.chanceline.com/。

简介：科技与资本结合的网站。

(6) 站名：中评网

网址：http://www.china-review.com/。

简介：经济学术网站。

(7) 站名：中国经济学教育科研网

网址：http://www.cenet.org.cn/cn/。

简介：国内外经济学教育科研领域信息发布的大型专业网站。

(8) 站名：经济学阶梯教室

网址：http://www.gjmy.com/。

简介：含经济要闻、时评、经济论文、案例学习、名著下载以及经济学讲义等。

(9) 站名：中国发展战略网

网址：http://www.dqfz.net/。

简介：提供地区和企业发展战略研究信息的网站。

(10) 站名：地球经济论坛

网址：http://www.dqjj.com/。

简介：经济问题综合论坛网站。

(11) 站名：中国经济门户网

网址：http://www.egate2china.com/。

简介：经济门户网站。

(12) 站名：经济法网

网址：http://www.cel.cn/。

简介：中国法学会经济法学研究会主办的网站。

(13) 站名：新经济网

网址：http://www.nem2000.com/。

简介：依托于北京大学市场经济研究中心以经济研究为目的的经济学网站。

(14) 站名：中国县域经济网

网址：http://www.china-county.org/。

简介：全国县域经济信息网站。

16. 军事教育网站资源

(1) 站名：军事(people)

网址：http://www.people.com.cn/GB/junshi/。

简介：提供中国军情、国际、瞭望、军事论坛及武器知识。

(2) 站名：东方军事

网址：http://mil.eastday.com/。

简介：提供军情、台海局势、军事图片、军事百科、兵器等内容。

(3) 站名：观沧海军事网

网址：http://www.gchjs.com/。

简介：提供中国武器、中国名将、"二战"专题、兵法、外军装备及军事文摘等。

(4) 站名：军旅风景线

网址：http://army.cycnet.com/。

简介：含军旅动态、兵器大观、外军瞭望、军史介绍、军旅文学、专家视点以及军事百科等。

(5) 站名：全民国防教育网

网址：http://www.gf81.com.cn/。

简介：含各国国防、台海局势、兵器大观、热点追踪、国防要闻、国防新论等栏目。

(6) 站名：国防在线

网址：http://www.guofangonline.com/。

简介：含国防新闻、校园国防、军事技术、兵器知识、国防辞典以及国防论坛等。

(7) 站名：西陆军事社区

网址：http://www.999junshi.com/。

简介：含军事速递、论兵热点、台海局势、贴图、军事书城和航空小镇等综合军事内容。

(8) 站名：中国军事

网址：http://chinaha.myrice.com/。

简介：包括军事新闻、评论、书籍、军事装备、军事技术、各国军队以及纪实传记等。

17. 文学艺术类网站资源

(1) 站名：中国文联

网址：http://www.cflac.org.cn/。

简介：中国文学艺术界联合会官方网站，含文联动态等栏目。

(2) 站名：中国作家网

网址：http://www.chinawriter.com.cn/。

简介：中国作家协会主办的网站，主页内容包括作协工作、新闻、专题、作家零距离、佳作赏析、好书过眼、文学史料、各抒己见、作家看社会、文化茶座、大家观念、作家权益、原创文采、文稿信息、会员邮箱、远程教育、征稿信息及相关资源链接等。

(3) 站名：中国文学批评

网址：http://criticism.myrice.com/wxpp.html。

简介：含作家研究、作品研究、文学理论研究。

(4) 站名：中国文学网

网址：http://www.literature.net.cn/。

简介：中国社会科学院文学研究所(简称"文学所"或"文研所")主办，内容主要包括历代作家、专题研究、学术前沿、学术文库、汉学园地、文艺新知、虚拟文学博物馆、名家名篇及资源链接等。

(5) 站名：中文研究网

网址：http://www.zwyjw.net/。

简介：包括文学、语言学、书法艺术、少数民族语言文化等。

(6) 站名：读书——中国网

网址：http://www.china.com.cn/chinese/RS/1723.htm。

简介：书界观察、群书博览、域外文澜、走近作家、百家杂论、文苑撷英、书里书外、在线讲座等。

(7) 站名：中国文学史著版本概览

网址：http://www.guoxue.com/Newbook/book22/zgwxsgl/n2/ml2.htm。

简介：含中国古代文学史、文学思想史、现代文学史等书籍介绍。

(8) 站名：华网文盟

网址：http://www.cnlu.net/。

简介：散文、小说、诗歌、古体、杂谈、其他、文集、听读、动态、投稿、点评、网刊、资源、论坛、聊天、电台等。

(9) 站名：白垩纪文学站

网址：http://letter.baieji.com/。

简介：含文学大观、人物、文学鉴赏、文学知识、名著介绍、文学史等内容。

(10) 站名：古今文化网

网址：http://web.dgmail.cn/kulturo/。

简介：介绍上古文化、语言文化、宗教文化等知识。

(11) 站名：中华人文网站

网址：http://libweb.zju.edu.cn/renwen/。

简介：包括诸子百家文章、琴棋书画、诗词曲赋、中华名人等内容。

(12) 站名：中华文化社区网

网址：http://www.sinoct.com/。

简介：含华夏乡情、社区聚焦、信息快递、文化家园、家乡动态、知识擂台、游戏休闲、联众短信。

(13) 站名：上海市文学艺术著作权协会

网址：http://www.shalca.com/。

简介：开设法律法规、咨询服务、案例分析、信息传递等栏目。

(14) 站名：世界华人文艺家网

网址：http://www.chinese01.com/。

简介：介绍文学艺术家的网站，含文艺资讯、文艺家档案、文艺刊物、作品交流等。

(15) 站名：中华文化信息网海外版

网址：http://www.ccnt.com/。

简介：含文学艺术、影视作品、书法美术、音乐、娱乐、教育资料查询。

(16) 站名：中山文化网

网址：http://www.zhongshan.cn.gs/。

简介：时事文化、新闻片、文学艺术、学术文化论坛及参政议政民革工作等。

(17) 站名：大百科

网址：http://www.cycnet.com.cn/encyclopedia/。

简介：大百科综合网站，包括文学艺术、军事体育、天文地理等百科知识。

(18) 站名：中国文化艺术网

网址：http://www.jetscience.com/culart/。

简介：由中国文学艺术界联合会主办，文化艺术类综合网站。

(19) 站名：世纪在线中国艺术网

网址：http://www.cl2000.com/。

简介：含艺术动态、当代艺术、艺术史论、艺术设计、艺术专题、影像艺术、艺术教育。

(20) 站名：中国音乐网

网址：http://yyjy.com/Index.html。

简介：北京古典创新音乐艺术研究院官方网站，合作伙伴有《中央电视台音乐频道》、《中央电视台少儿频道》、《音乐生活报》和《音乐周刊》等多家机构。

18. 历史类网站资源

(1) 站名：历史在线

网址：http://www.history.com.cn/。

简介：大众化历史知识网站。

(2) 站名：国学网

网址：http://www.guoxue.com/。

简介：中国历史专业网站。

(3) 站名：中国古代史研究中心

网址：http://www.pku.edu.cn/academic/zggds/。

简介：依托北京大学的古代史研究专业网站。

(4) 站名：史学理论与史学研究中心

网址：http://www.sinoss.net/his_center/。

简介：依托北京师范大学的史学研究专业网站。

(5) 站名：中国文物局

网址：http://www.sach.gov.cn/。

简介：包括国家文物局机关信息、文博法规、对口帮扶、文物事业信息及文博新闻。

(6) 站名：东周图说

网址：http://www.kepu.org.cn/gb/civilization/zhou/。

简介：以图片及文物的形式介绍东周时期的农业、矿冶、金银、玉器、漆器、丝织、建筑、货币。

(7) 站名：红旗飘飘

网址：http://cgi.21dnn.com/bjreport/flag/flag.asp。

简介：中国共产党历史上的今天——介绍中国共产党的发展历史及历史事件。

(8) 站名：中国历史

网址：http://www.wenyi.com/history/。

简介：含中国历史研究、历史人物、历史新闻、历史之最、历史悬疑等。

(9) 站名：史海泛舟

网址：http://www.laoluo.net/。

简介：含历史古迹、历史名城、史学研究论文、历史人物、历史博物馆、历史教学、历史课件。

(10) 站名：史家大院

网址：http://historyyard.myrice.com/。

简介：含中外历史、哲学、诗词及军事。

(11) 站名：血铸中华

网址：http://www.china1840-1949.net.cn/。

简介：介绍中国百年大事、不平等条约、侵华战事、图强之路、相关历史资料和文学艺术作品。

(12) 站名：中国世界遗产网

网址：http://www.cnwh.org/。

简介：介绍有关中国和世界遗产的新闻、文化、旅游、分布、监测及法规法律等信息。

(13) 站名：中国文物大典网

网址：http://wenwu-book.db66.com/。

简介：介绍中国古代文物标准形制及相关知识，含图片及文字说明。

(14) 站名：新四军网站

网址：http://www.n4a.info/。

简介：提供新闻、战斗序列、征战实录、口述历史、抗日根据地、人物、图片及文献等。

19. 图书馆网站资源

(1) 站名：国家科学数字图书馆图书情报信息门户网站

网址：http://www.tsg.net.cn/。

简介：介绍国内外图书馆、图书馆组织及协会信息，提供相关资源链接。

(2) 站名：中国国家图书馆

网址：http://www.nlc.gov.cn。

简介：集综合性研究图书馆、国家总书库及书目中心为一体。该机构站点提供以下服务：数据库检索、信息咨询、电子信息、音像资料、简报资料、文献提供、敦煌吐鲁番学资料研究、资料翻译、地方志家网址、谱文献、学位论文。该机构拥有如下资源：中西文书刊目录检索、中国金石拓片影像数据库、中国专利数据库、美国专利数据库、中国厂商名录数据库、地方志人物等。

(3) 站名：北京大学图书馆

网址：http://www.lib.pku.edu.cn/。

简介：提供图书馆概况、书目检索、北大名师、古籍数字特藏、全文电子图书及期刊、学科导航。

(4) 站名：清华大学图书馆

网址：http://www.lib.tsinghua.edu.cn/。

简介：含读者指南、联机公共书目查询、全文电子期刊导航系统、学科网络资源。

(5) 站名：北京师范大学图书馆

网址：http://www.lib.bnu.edu.cn/。

简介：包含简介、检索、读者服务、交流园地。

(6) 站名：上海交通大学图书馆

网址：http://www.lib.sjtu.edu.cn/。

简介：含开发事件、新书刊报道、馆际互借、书目查询数据库检索、电子期刊、硕博论文等。

(7) 站名：南京大学图书馆

网址：http://lib.nju.edu.cn/。

简介：含书目查询、新书通报、读者指南及电子期刊等内容。

(8) 站名：中国医学科学院中国协和医科大学图书馆

网址：http://www.library.imicams.ac.cn/library/default.htm。

简介：包含图书馆简介、服务指南、馆藏资源介绍、各种规划信息。

(9) 站名：首都医科大学图书馆

网址：http://lib.cpums.edu.cn/。

简介：医学类图书馆，含读者指南、电子资源介绍、公共书目和图谱等内容。

(10) 站名：国家科技图书文献中心

网址：http://www.nstl.gov.cn/。

简介：虚拟式的科技信息资源机构，提供各类科技文献。

5.5.3 美国和欧洲大学网址资源

名称：哈佛大学(Harvard University)

网址：http://www.harvard.edu/

名称：斯坦福大学(Stanford University)

网址：http://www.stanford.edu/
名称：耶鲁大学(YALE University)
网址：http://www.yale.edu/
名称：麻省理工学院(Massachusetts Institute of Technology)
网址：http://www.mit.edu/
名称：芝加哥大学(University of Chicago)
网址：http://www.uchicago.edu/
名称：科罗拉多大学(University of Colorado)
网址：http://www.colorado.edu/
名称：哥伦比亚大学(Columbia University)
网址：http://www.columbia.edu/
名称：康奈尔大学(Cornell University)
网址：http://www.cornell.edu/
名称：佛罗里达大学(University of Florida)
网址：http://www.ufl.edu/
名称：伊利诺伊大学(University of Illinois)
网址：http://www.uiuc.edu/
名称：印第安纳大学(Indiana University)
网址：http://www.indiana.edu/
名称：伊阿华州立大学(Iowa State University)
网址：http://www.iastate.edu/
名称：约翰斯·霍普金斯大学(Johns Hopkins University)
网址：http://www.jhu.edu/
名称：马里兰大学(University of Maryland)
网址：http://www.umd.edu/
名称：纽约大学(New York University)
网址：http://www.nyu.edu/
名称：匹兹堡大学(University of Pittsburgh)
网址：http://www.pitt.edu/
名称：宾夕法尼亚州立大学
网址：http://www.psu.edu/
名称：旧金山州立大学(San Francisco State University)
网址：http://www.sfsu.edu/
名称：坦普尔大学(Temple University)
网址：http://www.temple.edu/
名称：华盛顿州立大学(Washington State University)
网址：http://www.wsu.edu/
名称：普渡大学(Purdue University)
网址：http://www.purdue.edu/

名称：西北大学(Northwestern University)
网址：http://www.nwu.edu/
名称：奥克兰大学(Oakland University)
网址：http://www.oakland.edu/
名称：加州理工学院
网址：http://www.caltech.edu/
名称：普林斯顿大学
网址：http://www.princeton.edu/
名称：加州大学伯克利分校
网址：http://www.berkeley.edu/
名称：亚利桑那大学(University of Arizona)
网址：http://www.arizona.edu/
名称：巴法罗大学(University at Buffalo)
网址：http://www.buffalo.edu/
名称：波士顿大学(Boston University)
网址：http://www.bu.edu/
名称：剑桥大学(Cambridge University)
网址：http://www.cam.ac.uk/
名称：牛津大学(University of Oxford)
网址：http://www.ox.ac.uk/
名称：伯明翰大学(University of Birmingham)
网址：http://www.bham.ac.uk/
名称：利物浦大学(University of Liverpool)
网址：http://www.liv.ac.uk/
名称：北爱尔兰大学(University of Ulster)
网址：http://www.ulst.ac.uk/
名称：爱丁堡大学(Edinburgh University)
网址：http://www.ed.ac.uk/
名称：格林威治大学(University of Greenwich)
网址：http://www.gre.ac.uk/
名称：法兰克福大学
网址：http://www.uni-frankfurt.de/
名称：慕尼黑大学
网址：http://www.uni-muenchen.de/
名称：汉堡大学
网址：http://www.unibw-hamburg.de/
名称：里昂第一大学
网址：http://www.univ-lyon1.fr/
名称：尼斯大学

网址：http://www.unice.fr/

名称：巴黎第一大学(邦戴翁-索邦大学)

网址：http://www.univ-paris1.fr/

名称：斯德哥尔摩大学

网址：http://www.su.se/

名称：苏黎世大学

网址：http://www.unizh.ch/

名称：米兰大学

网址：http://www.dsi.unimi.it/

名称：里斯本大学

网址：http://www.ul.pt/

名称：卢森堡中央大学

网址：http://www.cv.lv/

名称：维也纳大学

网址：http://www.univie.ac.at/

名称：卡森纽曼大学

网址：http://www.cn.edu/

5.6 开放课程计划

5.6.1 开放式课程计划

开放式课程计划(Opensource Opencourseware Prototype System,OOPS),是一个致力于将开放式课程(OpenCourseWare)中文化以及推广的项目。该计划希望借此打破英语语言障碍、贫富差距造成的知识鸿沟,让华人师生能够更便利、全免费接触到世界一流教育资源。

从2004年启动至2005年年底,依靠全球16个国家超过1800名义工的努力,OOPS同步了包括麻省理工学院、剑桥大学、约翰霍普金斯大学、东京大学、早稻田大学等10所国际一流高校的开放式课程。2005年,OOPS将“开放式课程”延展到了“开放式知识”的广度。对MIT的课程录像进行英文字幕添加,这为全球听障人士、搜索引擎使用这些录像资源带来极大便利,也方便其他非英语国家使用者翻译成本国语言。引入超过300位名人在MIT讲演的影像(MITWORLD)添加中文字幕项目。

OOPS是在奇幻基金会(www.fantasy.org.tw)之下执行的一个计划。希望能够用开放原始码的理想、精神、社群和技术来挑战开放知识分享的这个新理念,让更多的人可以分享到知识。

本计划同时拥有以下三个入口网站。

(1) 世界各翻译计划的入口网站：www.myoops.org

(2) 繁体中文版 www.myoops.org/twocw

(3) 简体中文版 www.myoops.org/cocw

目前采用中英对照方式架设网站。任何网友发现有翻译错误或是疏漏之处,都可以直接来信指正,OOPS会立即修改,OOPS希望透过读者的参与和编辑,不断提升网站内容的正确度。对于英文阅读没问题的使用者来说,OOPS提供的是一个中文界面、连线速度较快的平台。对于只能用中文阅读的读者来说,OOPS提供的是通往新知识的另一扇大门。未来将引进Wiki系统,让所有的参与者可以直接在线上进行修正与校稿,经过审定者的通过之后,就可以即时做出更改,更为提高参与性。

5.6.2 中国开放式教育资源共享协会

中国开放教育资源协会(China Open Resources for Education,CORE)成立于2003年10月,系非盈利机构,是一个以部分中国大学及全国省级广播电视大学为成员的联合体。协会的宗旨是吸收以美国麻省理工学院为代表的国内外大学的优秀开放式课件、先进教学技术、教学手段等资源用于教育,以提高中国的教育质量。同时,将中国高校的优秀课件与文化精品推向世界,促成教育资源交流和共享。本协会的网站是:http://www.core.org.cn。

当前,全世界正在兴起一场知识共享运动。自从美国麻省理工学院2001年4月1日首先将他们的课程材料在网上公开,供全世界求知者免费使用之后,美国其他的大学或机构以及越来越多的其他国家(日本和印度等)的大学或机构也都纷纷加入到这个知识共享运动中来(据不完全统计,MIT OCW大学联盟大约有38个以上的大学或其他机构有OCW网站)。中国教育部启动的精品课程可以说是在中国范围内的知识共享运动。为了将中国的精品课程介绍到国外,让世界了解中国,让中国的知识共享运动融入到世界知识共享运动的潮流当中去,CORE将支持并资助Lead University将部分精品课程翻译成英文,以供全世界共享。这将不仅有助于宣传中国的大学以及大学的学者,同时,对中国学者和大学的发展也将是一个有益的推动,并将促进中国高等教育的国际化进程。

5.6.3 其他的开放课程网站

国家精品课程资源网:http://www.jingpinke.com/course/open_course
中国人民大学开放课程:http://opencourse.cmr.com.cn/opencmr/cmrcourse/
卡耐基梅隆大学开放课件(CMU OLI):http://www.cmu.edu/oli/
莱斯大学开放课件(Rice Connexions):http://cnx.rice.edu/content/
麻省理工学院开放课件(MIT OCW):http://ocw.mit.edu
索菲娅开放课件(Sofia OCI):http://sofia.fhda.edu/gallery/
塔夫茨大学开放课件(Tufts OCW):http://ocw.tufts.edu/
犹他州立大学开放课件(USU OCW):http://ocw.usu.edu/Index/ECIndex_view
约翰霍普金斯大学公共卫生学院开放课件(JHSPH OCW):http://ocw.jhsph.edu/

5.7 网络常用检索小工具集锦

1. 报纸类

(1) 8点报阅读器——全国最大最全最权威的看报平台软件。

① 由全国1900多家传统报纸指定的电子报纸发布阅读软件,提供当天最快最全的本

地报纸及全国性报纸，也是目前唯一在互联网上免费提供全国电子报纸的平台型软件。

② 报纸发布时效性：在每天 8 点钟之前，读者就可以看到所在地区的本地知名报纸，报纸版面和当天在报亭上购买的纸质报纸版面一模一样，并且每一份报纸都是免费的。

③ 每天发布范围覆盖全国 32 个省。

（2）网络报刊浏览收藏家：是目前国内功能最强的新闻阅读器。可以阅读国内外千余种报刊杂志、新闻网站、电视广播，内置可分类新闻频道。软件界面简洁、操作简便，既可在内置浏览器中浏览新闻，也可在系统默认的浏览器中浏览新闻。

2. 文学作品类

（1）小说下载阅读器。只需知道小说名称即可快捷地下载小说各章节内容，按喜欢的样式惬意地阅读小说内容，并可打包为各种样式的电子书以方便阅读，不仅可以阅读小说，还可以听小说、写小说。

（2）eREAD8.0 电子书阅读器。

（3）TxT 小说阅读器（TxtReader）。

3. 视听类

（1）龙卷风网络收音机。龙卷风收音机是一个免费软件。收录了全世界三千多个电台，包括 500 多个中文电台（包括国语、粤语）和美国、英国、日本、法国、德国、新加坡、加拿大、韩国等其他国家的一些国际著名电台。可以听财经、娱乐、社会新闻，听外语电台，听流行曲，享受摇滚、爵士、民乐、交响乐等。还可以播放本地媒体文件，支持在线更新、内置录音、皮肤切换、多国语言、热键操作、断线自动重连、定时录音、定时播放、定时关机、语音报时等功能。

（2）QQRadio。

（3）千千网络电视。千千网络电视拥有海量电视连续剧点播，能让人们点播上万部精彩的电视连续剧，并且千千网络电视集成了 PPS、PPLive、TVkoo、UUSee、TVU、CCTVBox 等互联网上的主流 P2P 网络电视内核，一次安装，即可真正看遍天下网络电视（直播＋点播）。

（4）其他同类软件：PPS，PPLIVE，UUSEE。

4. 英语学习类

（1）有道桌面词典。有道桌面词典结合了互联网在线词典和桌面词典的优势，除具备中英、英中、英英翻译功能外，创新的“网络释义”功能将各类新兴词汇和英文缩写收录其中，并就任一词条可提供多达 30 个网络例句参考，突破了传统词典的例句容量限制。

（2）我爱背单词。我爱背单词收入各类词汇 29 万余条，光盘版中有单词，解释，例句真人发声，轻松随意挑选单词制作单词 mp3，单词卡片，单词手册，单词磁带，多达 78 项超强记忆手段；包含一个鼠标取词的“角斗士语境词典”，查到生词可以存入“我爱背单词”以便复习；还包含一个让用户在做其他事时也能在小窗口循环播放单词的“时刻不觉背单词”。

5. 诗词文集

（1）中华诗词博览。中华诗词博览是中华诗词 2009 系列“三合一套装”软件的其中之一，是搜集整理的一套中华历代诗歌总集，全文收录上自先秦、下至清代的传世诗词曲作品共三十余万首。

(2) 中国五千年诗词文库。

6. 地图类

(1) 桌面地图。

桌面地图是灵图软件推出的一款免费的袖珍电子地图,无须上网即可脱机使用全部功能。为了方便用户下载,将地图数据与软件分开,用户下载的软件自带全国概要图,如果需要下载某城市内的详细地图,可通过"城市列表",选择该城市即可下载。

能用桌面地图做什么?

① 不用再趴在纸地图上细细寻找,全国 400 多个城市输入地名后立即定位。

② 商务出行,免去购买地图的困扰,轻松下载告别纸地图。

③ 观光旅行,告诉人们本地的名胜古迹、著名景点,让旅行变得丰富多彩。

④ 开车出门,道路纵横,帮人们寻找到一条最佳路线,让用户省时省心。

(2) Google Earth。

Google 刚刚更新了其流行的卫星图软件 Google Earth,新版软件加入了 Ocean 特性。Google Ocean 服务的新特色是让人们踏上一个虚拟的潜水旅程,见识地球上最危险的海底区域。这种软件会附带世界各地的航海影像、图片展示以及航海故事等信息。人们将可以通过"谷歌地球"浏览海底景色,包括巴哈马群岛、红海和大堡礁海域等潜水胜地,还可以查阅海底地图。Ocean View 带来了合作伙伴国家地理发布的海洋图像,让人们更好地了解地球表面,并且新版还允许用户录下、保存和重放场景,这可以使 Google Earth 成为非常合适的视频制作来源,可视频和下载。

思 考 题

1. 什么是 Web 2.0? 平常接触过哪些 Web 2.0 方面的资源?
2. 什么是 P2P 技术? 有哪些常用的 P2P 工具软件?
3. 什么是 FTP 资源? 利用 FTP 下载过哪些资源?
4. 什么是学科信息门户? 你所学学科的信息门户站点有哪些?
5. 什么是开放课程? 列举自己感兴趣的开放课程。

第3部分

文献信息检索与利用

第6章 文献信息概论

本章主要介绍信息、知识、文献的概念，信息源及其特征和信息服务业等内容。通过本章的学习，读者将对上述内容有一个总体的了解，为后面章节的学习打下基础。

6.1 信息、知识、文献

6.1.1 信息

1. 信息的概念

信息最早出现在唐代诗人李中的七律诗《暮春怀故人》中："梦断美人沉信息，目穿长路倚楼台。"信息作为一个科学概念，是在19世纪提出的，申农的《通信的数学理论》和维纳的《控制论》奠定了信息论的基础。申农这样描述信息："信息是用以消除随机不确定性的东西"，从信息具有减少人们认识的不确定性的功能上概括了信息的特征。维纳认为："信息是人们在适应外部世界并且使这种适应反作用于外部世界的过程中同外部世界进行交换的内容的名称。"美国《韦氏大词典》对信息的解释是："信息是通信的事实，是在观察中得到的数据、新闻和认识。"

在我国国家标准《情报与文献工作词汇基本术语》中，将信息的概念定义为："信息是物质存在的一种方式、形态或运动状态，是事物的一种普遍属性，一般指数据、消息中所包含的意义，可以使消息中所描述事件的不确定性减少。"这一解释基本涵盖了以上三种对信息的属性（客观存在性）、作用（消除不确定性）及形式（数据、消息等事实）的定义。

2. 信息的特点

信息作为一种资源，主要具有以下特性：

（1）客观性。信息的存在是客观的，它是以物质的客观存在为前提的，即使是主观信息，如决策、判断、指令、计划等，也有它的客观实际背景，并以客观信息为"原料"，受客观实践的检验。

（2）依附性。信息总是依附于一定的物质载体而存在，需要某种物质承担者。声音、语言、文字、颜色、图像、各种符号、光电磁、生物等是各种信息信号；纸张、胶片、磁带光盘、人的大脑，等等，无一不是信息的载体。

（3）可传递性。信息的产生是同信息的传递联系在一起的，信息在传递过程中发挥它的作用。信息的传递和流通过程是一个重复使用的流通过程，在这一过程中，信息的占有者不会因传递信息而失掉信息，一般说来，也不会因多次使用而改变信息的自身价值。

（4）可塑性。信息可以加工处理，可以压缩、扩充和叠加，也可以变换形态。在流通和使用过程中，经过综合、分析、再加工，原始信息可以变成二次信息和三次信息，原有的信息价值也可以实现增值。为了有效地交流和传递，借助于先进的信息技术，文本、图像、数字、语言等各种形态的信息均可实现互相转换。

(5) 时效性。现代社会中，信息的使用周期迅速缩短，信息的价值实现取决于及时地把握和运用信息。信息是活跃的，不断变化的，及时地获取有效的信息将获得信息的最佳价值，如时效性很强的天气预报、经济信息、交易信息、科学信息等。

(6) 共享性。信息的共享性主要表现在同一内容的信息可以在同一时间由两个或两个以上的使用者使用，而信息的提供者并不失去所提供的信息内容和信息量。

3. 信息的类型

(1) 按产生信息的客体性质来划分

① 自然信息：指自然界中的各种信息，包括瞬时发生的声、光、电、热、形形色色的天气变化、缓慢的地壳运动、天体演化等。

② 生物信息：指生物为繁衍生存而表现出来的各种形态和行为，如遗传信息、生物体内的信息交流、生物种群内的信息交流等。

③ 社会信息：指人类各种活动所产生、传递和利用的信息，包括人与人之间交流的信息，人与机器之间作用的信息。

(2) 按内容来划分

① 客观信息：描述一个问题的各个方面，使人们对问题有一个全面的了解。

② 主观信息：依据事实和分析说明个人的观点和见解。

(3) 按传播渠道划分

① 口传信息：指存在于人脑记忆中，通过交谈、讨论、报告等方式交流传播的信息。

② 实物信息：指固化在实物中的信息，实物包括自然实物和人工实物，如文物、产品样本、模型、碑刻等。

③ 文献信息：指用文字、图形、声频、视频等手段记录在一定物质载体上的信息。

④ 电子信息：指以数字代码方式将文字、图形、图像、声音、动画等存储在磁带、磁盘、光盘等介质上，以电信号、光信号的形式传输，并通过网络通信、计算机及其终端设备再现出来的一种信息。

4. 信息的作用

(1) 信息是人类认识客观世界及其发展规律的基础。

(2) 信息是科学研究的必要条件。

(3)信息是管理和决策的主要参考依据。

(4) 为国民经济的建设和发展服务。

5. 信息交流

在科学技术长期发展的过程中，已经形成了一个信息交流系统，如图 6-1 所示。信息交流几乎无时不有、无处不在，对于在任何社会制度下的任何国家、团体乃至个人都起着越来越重要的作用。

信息交流有两种最基本的方式：直接交流和间接交流。直接交流，如交谈、演讲、授课等属于这种类型。从图中可以看出，虚线以上的直接交流过程，常有明显的个性，既不能与科研工作、设计、实验工作分开，也不能由专职信息人员代劳，只能由当事人自己完成。虚线以下的间接交流则是通过文献或第三者中介完成的。

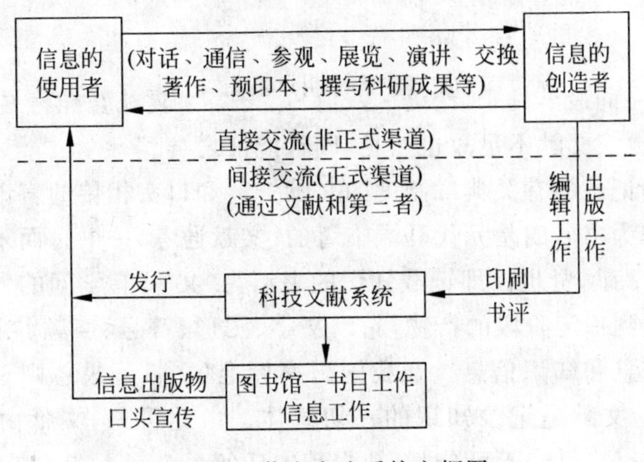

图 6-1 信息交流系统方框图

6.1.2 知识

1. 知识的概念

知识是人们对客观事物运动规律的认识,是经过人脑加工处理过的系统化了的信息。知识是人类经验和智慧的总结,是人们科学地认识世界、改造世界的力量。人们在认识世界和改造世界的过程中,获得大量客观事物传递的信息,即感性认识或经验,然后对这些感性认识通过大脑进行加工处理,形成理性认识,即知识。知识形成的过程就是人脑对客观事物传来的信息进行加工的过程,因此,知识不是大脑的自然产物,知识只能来自于实践。

2. 知识的特点

(1) 意识性。知识是一种观念形态的东西,只有人的大脑才能产生、认识和利用它,知识通常以概念、判断、推理、假设、预见等思维形式和范畴体系表现自身的存在。

(2) 信息性。信息是产生知识的原料,知识是被人们理解和认识并经过大脑重新组织和系统化了的信息。

(3) 实践性。社会实践是一切知识产生的基础和检验知识的标准,科学知识对实践有重大的指导作用。

(4) 规律性。人们对实践的认识是一个无限的过程,人们获得的知识在一定层面上揭示了事物及其运动过程的规律性。

(5) 继承性。每一次新知识的产生,既有原有知识的深化与发展,又是更新的知识产生的基础和前提,知识被记录或被物化为劳动产品后,可以世代相传利用。

(6) 渗透性。随着知识门类的增多,各种知识可以相互渗透,形成了许多新的知识门类,形成科学知识的网状结构体系。

3. 知识的类型

(1) 按内容划分,知识分为主观知识和客观知识。

(2) 按职能划分,知识分为隐性知识和显性知识。

(3) 按表现划分,知识分为事实知识、原理知识、技能知识和人力知识。

(4) 按反映对象划分,知识分为生活知识和科学知识。

6.1.3 文献

1. 文献的概念

在我国，“文献”一词最早见于《论语·八佾》：“子曰：夏礼吾能言之，杞不足征也；殷礼吾能言之，宋不足征也。文献不足故也。足，则吾能征之矣。”

古人一般把书面记载的有关典章制度的文献资料和口头相传的言论资料，统称为文献。最早以“文献”一词作为书名的是元代马端临著的《文献通考》一书。而宋代理学家朱熹的解释则是：“文，典籍也；献，贤也。”即记载知识的书籍为“文”；有学问的人为“献”。

文献是人类发展到一定阶段的产物，它以文字、图形、符号、声频、视频或其他技术手段记录着人类的活动信息和知识信息。在我国国家标准《文献著录总则》(GB3792.1—1983)中，对文献的定义是：文献是记录知识的一切载体。由此可见，文献由三个要素组成：知识、载体、记录方式，三位一体，不可分割，缺少其中任何一个都不能构成文献。

2. 文献的特点

(1) 文献数量大，增长速度快。

(2) 文献分布集中又分散。

(3) 文献时效性强。

(4) 文献内容交叉重复。

3. 文献的类型

按不同的划分方法，文献可分为多种类型。

(1) 按载体形式划分

文献按载体形式可分为印刷型、缩微型、视听型和电子型4种类型。

① 印刷型。以纸张为载体，以印刷为记录手段，包括图书、报刊、杂志等。这种文献的优点是用途较广、阅读方便、流传不受时空限制；缺点是存储密度低、占据空间大、保存费用高。

② 缩微型。主要以感光材料为载体，记录文字及其相关信息，常见的有缩微胶卷和缩微胶片。缩微型文献的优点是体积小、价格低、存储密度高，便于收藏；缺点是阅读时需要借助于缩微阅读机，使用不方便。

③ 视听型。以磁性材料或感光材料为载体，以磁记录或光学技术为记录手段而产生的一种文献形式，如录音带、录像带、幻灯片等。这种文献的优点是直观、形象、生动、存储密度高；缺点是成本高、不易检索和更新、使用不方便。

④ 电子型。即电子出版物。以磁性或塑性材料为载体，以穿孔或电磁、光学字符为记录手段，通过计算机处理而形成的文献。电子出版物内容丰富，类型多。这种文献的优点是存储密度高、信息量大、存取速度快、寿命长、易更新；缺点是设备、费用要求高。

(2) 按出版或加工形式划分

文献可以分成专著、报纸、期刊、专利文献、标准文献、会议文献、产品样本、档案资料、“灰色”文献和各种工具书。

(3) 按加工深度不同划分

文献按加工深度不同可分为零次文献、一次文献、二次文献及三次文献。

零次文献是最原始或者是不正式的记录，大多数未经公开传播，包括口头交谈、参观展览、参加报告会、听取经验交流演讲、实验的原始记录、工程草图等。

专著、报纸、期刊、专利文献、标准文献、会议文献、样本等成品文献属于一次文献(Primary Literature),即人们对自然和社会信息进行首次加工(固化)而成的文字记载,这是文献信息源的主要部分,数量极为庞大,在内容上是分散的、无系统的,不便于管理和传播。为了控制文献,便于人们查找,对一次文献进行再加工,通过整理、提炼和压缩,并按其外部特征(题名、作者、文献物理特征)和内容特征序化,形成另一类新的文献形式——目录、书目、索引、文摘,这就是二次文献(Secondary Literature)。二次文献不是一次文献本身的汇集,而是一次文献特征的汇集,通过它们可以很方便地找到一次文献,或了解一次文献的内容。利用二次文献,选择有关的一次文献再加以分析、综合而编写出来的第三个层次的文献形式——专题报告、综述、进展以及手册、百科全书、年鉴等工具书,就是三次文献(Tertiary Literature)。三次文献具有系统性、综合性、知识性和概括性的特点,它从一次文献中汲取重要内容提供给人们,便于人们高效率地了解某领域的状况、动态、发展趋势和有关情况。因此,要在浩瀚的一次文献中查找所需信息,往往离不开二次文献和三次文献。

6.1.4 知识创新、信息意识与信息素质教育

一个人的知识既来源于对客观世界的观察和探索,又来源于其他个体(包括前人)的知识。为此,必须阅读科学文献,掌握有关的思想、事实、理论和方法等信息,在此基础上进一步分析、综合和研究,才能有所创新。今天人们常感叹自身知识的匮乏,重要原因不在于世界上缺乏所需的基本知识和准确信息,而在于知识的存储过于庞大和无序,堵塞了通向知识之门的道路,耗费了大量探索自然和社会规律的精力,以至于人们不得不认真学习和研究获取信息的方法,掌握从大量无序知识中搜索有用的、准确的知识的技能。因此,能否进行知识和技术创新,与有没有能力获取创新所需要的信息有关。信息检索的知识已经构成知识体系中一个不可缺少的部分。

同样重要的信息,有的人善于抓住,有的人却漠然视之。这是由于个人的信息意识强弱不同造成的。所谓信息意识,简单地说,是人们利用信息系统获取所需信息的内在动因,具体表现为对信息的敏感性、选择能力和消化吸收能力。有无信息意识决定着人们捕捉、判断和利用信息的自觉程度,而信息意识的强弱对能否挖掘出有价值的信息、对文献获取能力的提高起着关键的作用。如果信息意识(不论是个体还是群体)仅停留在感性阶段,或麻木不仁状态,那么接受信息总是处于被动状态;反之,信息意识经常在觉醒的、活跃的状态,就会促使人们主动制订信息活动计划,预见到各种变化,并做出积极的选择。

作为大学生,应具有这样一种信息意识:认识到信息和信息活动的功能和作用,认识到信息对他们的学习和课余科研活动的效用,认识各种信息源的价值和信息机构提供的产品和服务,形成对信息的积极体验,进而产生与学习和课余科研相适应的信息需求和信息行为倾向。经常注意并搜集各种载体的信息,积极利用包括图书馆在内的各种信息机构的服务,努力扩充知识面,主动、有意识地去学习信息检索技能。信息意识是可以培养的,经过教育和实践,可以由被动的接受状态转变为自觉活跃的主动状态,而被"激活"的信息意识又可以进一步推动信息技能的学习和训练。

培养信息意识的一条重要途径是重视信息素质(Information Literacy)教育。这是近年来国外大学教育发展的一个重要趋势。

信息素质被定义为从各种信息源中检索、评价和使用信息的能力，是信息社会劳动者必须掌握的终身技能。信息素质的内涵具体包括能意识到准确和完整的信息是决策的基础；了解信息需求及问题所在；制订信息检索策略。掌握信息检索技术，能评价信息，能根据实际用途组织信息，使用信息，将新信息融汇到现有知识结构中。

早在1985年美国教育家就认为，面向21世纪的学生，除了要接受传统的阅读、写作和数学教育外，还需要具有信息交流、批判性思考和解决问题的能力。教育的最基本的目标是让每个学生学会如何识别所需的信息，如何寻找、组织，并能以明晰和有说服力的方式加以描述。美国图书馆协会信息素质教育委员会在1989年的年终报告中指出，具有信息素质的人也就具备了终生学习的能力，因为他们不管碰到什么问题或做什么样的决定时，都能够发现必要的信息。

文献信息检索课与信息素质教育有着极高的相关性。信息素质是一组能力集合。从各种信息源中检索、评价和使用信息的能力，是信息社会人们必须掌握的终身技能。文献信息检索课是信息素质教育中不可缺少的一部分，素质教育也是文献信息检索课的最终目标。

6.2 信息源及其特征

信息源，顾名思义，就是信息的来源。在图书情报领域，信息源被解释为人们在科研活动、生产经营活动和其他一切活动中所产生的成果和各种原始记录，以及对这些成果和原始记录加工整理得到的成品。信息源可进一步分为文献信息源和非文献信息源（包括口头信息源和实物信息源）。依据对信息源的加工层次和集约程度，信息源可分为4种层次：所有物质均为一次信息源，也称本体论信息源，从一次信息源中提取信息是信息资源生产者的任务；二次信息源也称感知信息源，主要储存于人的大脑中，传播、咨询、决策等领域所依赖的主要是二次信息源；三次信息源又称再生信息源，主要包括口头信息源、体语信息源、文献信息源、电子信息源和实物信息源，其中又以文献信息源（包括印刷型和电子型文献信息源）最为常用；四次信息源也称集约信息源，是文献信息源和实物信息源的集约化和系统化，前者如档案馆、图书馆、数据库，后者如博物馆、样品室、展览馆、标本室等。各种定义都是从特定的角度来解释的，强调的侧重点不同。简而言之，信息源可看做是产生、持有和传递信息的一切物体、人员和机构。

6.2.1 文献信息源

主要的一次文献信息源有以下几类。

1. 图书

图书是记录和保存知识、表达思想、传播信息的最古老、最主要的手段。它便于存放、携带，阅读时可不受空间、时间和设备限制，这些优点使图书过去、现在和将来都是人类社会最主要的信息交流媒介之一。图书区别于其他文献信息源的特点首先体现在保存和传播知识方向。通过它可以了解别人关于某个专门问题的研究或对实践经验的系统论述。图书的生产过程较长，从写作到出版，要通过核对、鉴别、筛选、提炼、校对等多道工序，造成出版周期长、内容不便于随着时间的变化而更新等缺陷。近年来电子图书种类和数量在迅速增长。

2. 期刊

期刊是一种有固定名称、定期或按规定的期限出版，并计划无限期出版的连续出版物。与图书相比，期刊最突出的特点是出版迅速、内容新颖、能迅速反映科学技术研究成果的新信息。期刊还具有连续性的特点，因而能为报导不断发展的知识提供良好的条件。这一特点，使期刊成为人们寻找研究上的新发现、新思想、新见解、新问题的首要信息源。有些发明和发现最初并不是成熟、稳定和可靠的，它们往往不被图书接纳，却被期刊采用，这也正是期刊被称为当代文献骨干的重要原因。期刊作为重要的文献信息源还体现在世界上所有主要检索工具都以期刊为主要收录对象(约占 90%以上)，可以比图书更快更方便地查到所需资料。全世界出版的检索刊物仅文摘、索引两类就有两千多种，收录文献的对象 90%来自期刊。

3. 报纸

报纸是出版周期最短的定期连续出版物。报纸的基本特点是内容新，涉及范围广，读者最多，影响面大。及时性是报纸区别于书刊的最主要特征，又称新闻性和时间性，有的新闻时差仅几小时；内容丰富是报纸的第二个特征，能及时捕捉社会经济活动的瞬息万变，并按轻重缓急迅速公布于众，成为社会经济运行的“晴雨表”和指示器；能体现信息传播的连续性和完整性是报纸的第三个特征，人们从报纸上可以得知即将发生的事(预测)、正在发生的事(报道)、对最后结束的反馈信息(综述)，以及发生的事意味着什么(分析、评论)。这种对动态信息的掌握是图书所不及的。报纸的缺点是材料分散、知识不系统、信息分布较零乱，是一种较难于保存和积累信息的文献。报纸的数量又十分庞大，据联合国教科文组织统计，全世界共出版报纸 5 万种，其中日报就有 8000 种。因此高效率查阅报纸信息往往要利用报纸索引、剪报及其电子版。

4. 专利文献

专利文献指记录有关发明创造信息的文献，蕴含着技术信息、法律信息和经济信息。广义的专利包括专利申请书、专利说明书、专利公报和专利检索工具，以及与专利有关的一切资料；狭义的专利仅指各国专利局出版的专利说明书。全世界已有 130 多个国家建立了专利制度，每年公布专利说明书 100 万件，反映约 30 万～35 万项新发明，并以每年 9 万件的速度递增。由于构成专利起码要符合新颖性、先进性和实用性三个条件，因此专利反映的发明都是首先取得在此之前不曾发表过的有关文献，在技术上有独到之处并有实际应用价值。除此以外，专利文献还具有下列特点：第一，详尽，各国专利法对专利说明书内容叙述的详尽程度都有明确规定，一般要求以所属技术领域的专业人员能够借助专利说明书实施发明成果为准；第二，内容广泛，凡可以在工业上直接应用的一切发明、改进、外观设计都可在专利文献中得到反映；第三，专利说明书既是技术文件又是法律文件，法律性要求专利说明书用法律语言概括、准确地说明申请专利权的范围和技术细节，这一性质使它成为保护知识产权的主要依据。专利文献的上述特点，使它在传递经济信息和科技信息方面发挥极为重要的作用。据统计，专利文献只占期刊文献的 10%左右，却能提供 40%左右的新产品信息量。全世界新技术的 90%～95%是通过专利文献公之于世的。另据统计表明，只要系统地搜集美、日、英、法、德五国的专利文献，就可以了解西方科技发展 60%～90%的情况。因此，专利文献成为制订科研规划、产品组合战略、确定工艺路线、实施技术改造的一个主要技术信息源。

5. 标准文献

狭义的标准指按规定程序制订、经公认的权威机构批准的一整套在特定范围内须执行的规格、规则、技术要求等规范性文献。广义的标准指与标准化工作有关的一切文献,包括标准形成过程中的各种档案、宣传推广标准的手册及其他出版物,揭示报道标准文献信息的目录、索引等。标准文献,特别是产品标准,是搜集产品信息的来源之一。通过这类文献,可以对产品的分类、品种、规格、性能、参数、质量等级、试验和转换方法、包装标志等所做的统一规定有所了解,也可以知道对原材料的品种、规格、物理性能、化学成分、试验和检验方法,以及工艺、试验、分析、测定、检验、验收等的规则和方法所做的规定。具有约束力、时效性和针对性是标准文献的主要特征。这些特点,决定了标准文献作为生产技术活动依据的内在价值,是任何其他文献所没有的。标准对于人们进行产品更新换代、改进工艺水平、提高产品质量、加强市场竞争力可以起很好的借鉴作用,是企业了解一个国家经济技术政策、科技和生产水平的重要参考资料,也是制订出口战略和组织生产活动的依据。

6. 产品样本

产品样本指厂商为向客户宣传和推销其产品而印发的介绍产品情况的文献,包括产品目录、单项产品样本、产品说明书、企业介绍和广告性厂刊。产品样本文献的特征首先是可靠性较强。与专利文献相比,样本介绍的大多是已经投产或正在行销的产品,工艺已经成熟,而专利文献所介绍的产品多属未定型、未成熟的产品。就直观信息而言,专利文献中的产品附图只是一种技术或产品结构的原理示意图,可靠性不及产品样本的外观造型图和内部结构图。第二,产品样本的产品和技术信息较完整:性能、特征、参数、型号,除技术机密以外的有关技术情报和商业贸易信息,如研制背景、产品说明、特性、操作、维修、售后服务,甚至还有与其他同类产品的比较,这也是专利文献所没有的。第三是及时性及相对新颖性。产品样本大多是在投产之际或进入市场前印制的,而且为了最快地送到客户手中往往采用现场散发的形式。出于上述特点,产品样本就成为一种宝贵的科技信息源、商贸信息源和竞争情报源。

7. 会议文献

会议文献指在各种会议上宣读和交流的论文、报告和其他有关资料。传统会议文献多以会议录的形式出现,又称会报、议事录、会议文献汇编、学术报告集等。英文常用 transactions 表示会议上发表的论文,用 proceedings 表示会议的记录和会后整理出版的会议文献。会议录的形式也较复杂,有会前预印本、论文摘要、会议期间的论文汇编等,有的会议录作为图书、论文集、丛书出版,有的则以期刊特辑、声像资料的形式发行。会议文献的特点是专业性强、内容新、学术水平高、出版发行较快。会议文献大部分是本学科领域内的新成果、新理论、新方法,是经过会议主办者审查、推荐,经过专家学者提问、讨论、评价、鉴定,再由本人修改后出版,所以可靠性也较高。会议文献基本上是利用会议首次公布的成果,不在其他出版物上发表,因而越来越受到人们重视,成为了解新动向、新发现的重要信息源。

8. "灰色文献"

"灰色文献"(Gray Literature)是对一组特殊类型的文献的总称,目前还没有一个明确的定义,各种称谓也很多,如非正式出版文献(Non-publication Literature)、非常规文献(Non-conventional Literature)、难获文献(Hard-to-get Literature)、内部刊物(House journals)、地下文献(Underground Literature)等。在国外趋向比较一致、且为大多数人所接受的称谓是“灰色文献”。近几年来这个词在国内也频频出现于专业刊物上。尽管称谓众多,形式各异,但有个共同特点,即“灰色文献”一般被看做是非公开出版物。具体指不公开刊登在报刊上的会议文献、非公开出版的政府文献、学位论文、不公开发行的科技报告、技术档案、工作文件、不对外发行的产品资料、企业文件、内部刊物(即内部征订或部分赠阅、交换的定期或不定期出版物)、未刊稿(包括手稿、译稿,以及学术往来函件、贸易文献,包括产品说明书和市场信息机构印发的动态性资料)。“灰色文献”虽然种类繁多,其特点归纳起来有以下几点:第一,流通渠道特殊,有的按不同密级要求流通,有的受文献生产方式所限、流传范围不广,有的由政府或非赢利机构出版,流通目的是为了赠阅或交换相关出版物,因此发行量少,不借助任何广告形式,也不加入正式出版的行列;第二,出版形式多样,没有固定的形态、固定的名称和固定的篇幅,制作份数少,容易绝版;第三,有特殊的参考价值,尽管有的研究并不成熟,但见解独到、材料新颖、信息量大,例如,一些信息机构发行的市场研究和预测资料,含有大量价格情报、新产品动向、顾客需求变化、厂商与用户关系、市场分析等,是企业搜集市场信息的主要来源之一。

9. 档案文献

档案文献指国家机构、社会组织以及个人从事政治、军事、经济、科学、技术、文化、宗教等活动直接形成的具有保存价值的各种文字、图表、声像等不同形式的历史记录,是完成了传达、执行、使用或记录现行使命而备留查考的文件材料。档案文献的最大特点是集记录性和原始性于一体,又因其可靠性和稀有性而具有特殊的使用价值。档案的内容广泛、形式多样、材料来源庞杂,经过整理后它们分别成为文书档案、人事档案、会计档案、科研档案、产品档案、工程档案等;从文献形式上看,包括信函、日记、账簿、报告、照片、地图、图样、协议书、备忘录、会议记录、契约、布告、通知、履历表等。档案的信息价值首先体现在其凭证作用。由于档案是实践活动直接留下的记录,保存着真实的原始标志,因而具有无可争辩的客观性和可靠性,是查考和处理事务的真凭实据。档案的价值还在于它可以提供大量情报和知识,例如学术部门利用历史档案研究历史发展中的问题,企业利用技术档案了解技术开发系统在科研、引进新技术、新工艺、新材料的情况;经济学专业人员利用会计档案了解产品生产成本、原料价格的变化,并通过归纳、分析,预测企业活动的发展趋势和市场对企业的影响。

10. 科技报告

科技报告指对科学、技术研究结果的报告或研究进展的记录,按内容可分为基础理论研究和工程技术两大类。按储存划分,又可分为报告书(Report,R)、技术札记(Technical Note,TN,一种研究中的临时记录或小结)、论文(Papers,P)、备忘录(Memorandum,M)、通报(Bulletin,对外公布的、内容较成熟的摘要性文件)、技术译文(Technical Translations)等。按所反映的研究进展程度,可将科技报告分为初步报告(Primary Report)、进展报告(Progress Report)、中间报告(Interim Report)、终结报告(Final Report)。有相当一部分报告是不公开的。因此按流通范围,科技报告又可分为绝密报告(Top Secret Report)、机密报告(Secret Report)、秘密报告(Confidential Report)、非密报告(Unclassified Report)、解密报告(Declassified Report)。居于保密的科技报告大多属军事、国防工业和尖端技术成果,科技报告的信息特点是:第一,迅速反映新的科技成果,由于有专门的出版机构和发行渠道,科研成果通过科技报告的形式发表通常比期刊早一年左右;第二,内容多样化,科技报告几乎涉及整个科学、技术领域以及社会科学、行为科学和部分人文科学;第三,基本上都是一次文献，报道的是科技人员创造的成果和原始资料，数据详尽可靠，有较大的情报价值。尽管科技报告的质量因多种因素影响而参差不齐，但从总体上看，一般涉及的都是最新研究课题和尖端技术，因而能充分反映一个国家的科学技术成果、动向和发展水平。

11. 政府出版物

政府出版物指由政府机构制作出版或由政府机构编辑并授权指定出版商出版的文献。各国对政府出版物虽无一致定义，但大致上可分为两类：一类是行政性文献（包括宪法、司法文献），主要涉及政府法律、经济方面的国会和议会记录、议案、决议、司法资料、听证记录、法律、法令、规章制度、政策、调查统计资料等；另一类是科学技术文献，主要指政府部门出版的科技报告、标准、专利文献、科技政策文件，公开后的科技档案、经济规划、气象资料等，后者约占政府文献的30%～40%。政府出版物的形式很多，常见的有报告、公报、通报、通讯、文件汇编、会议录、统计资料、图表、地名词典、官员名录、国家机关指南、工作手册、地图集以及传统的图书、期刊、小册子，包括缩微、视听等其他载体的非书资料。政府出版物的内容几乎无所不包，也涉及人类生活的各个领域——既有政治、社会学、经济、财政、工农业生产、教育、历史，也有自然科学和应用科学的各个领域。由于政府是国家生活的管理部门，政府出版物就成为了解一个国家方针、政策、科学技术和经济、生活现状的权威性信息来源。

12. 学位论文

学位论文指高等院校或研究机构的学生为取得各级学位，在导师指导下完成的科学研究、实验成果的书面报告。学位论文，尤其是较高层次的学位论文，应能表明求取学位者对某学科的理论知识的掌握程度、概括能力和独立从事科学研究的能力，求取学位者在参考大量资料的基础上提出自己的研究成果、实验创造和论文见解，具有独创性、新颖性、科学性的特色，其质量要经过学位或学术委员会的考核。前苏联曾对两万名科技人员的调查表明，对学位论文感兴趣的占被调查总数的28.6%，仅次于标准和专利文献（44.1%），高于会议文献（23.5%），这表明学位论文是一个重要的文献信息源。

一次文献基本上由上述12类文献构成。

6.2.2 电子信息源

“电子信息”是近几年报刊上频频出现的一个词，它是在计算机技术、通信技术和高密度存储技术的迅速发展并在各个领域里得到广泛应用的背景下成为信息学的词汇。电子技术在信息的存储、传播和应用方面已经从根本上打破了长期以来由纸质载体存储和传播信息的一统天下，代表了信息业发展的方向。

1. 数据库

数据库作为信息源的优势在于数据冗余度小、共享性和安全性好、更新速度快、检索手段多等优点，成为储存和传递信息的最有用工具。按国际上通用的分类方法，数据库分为以下三大类：一是参考数据库（Reference Databases），指引导用户到另一信息源获取原文或其他细节的数据库，包括书目数据库（Bibliographic Databases，如题录库、文摘索引库、图书馆机读目录库）和指南数据库（Referral Databases 或 Directory Databases，如企业名录库、产品数据库等）；二是源数据库（Source Databases），指直接提供所需原始资料或具体数据的数据库，包括数值数据库（Numeric Databases）、全文数据库（Full Text Databases）、术语数据库（Terminological Databases）和图像数据库（Graphic Databases）；三是混合型数据库

(Mixed Databases),指同时存储多种类型数据的数据库。

2. 网络信息源

计算机信息网络是指通过远程通信方式进行计算机信息交换与数据的存取,从而形成的一种系统。通过这种网络的控制和协调,可以充分实现地理上分散的信息资源的共享。利用网络是当今获取信息的最主要途径。从时间和空间上讲,网络对用户没有任何限制,覆盖面遍及全球,24 小时从不间断;就信息符号而言,网络采用宽频传输文字、图像、影视、声音等多种媒体;就服务类型而言,网络可提供各种数据库、全文文本、电子邮件、文件传输、电子布告、电子论坛等;就检索技术而言,网络采用人工智能、专家系统、超文本,让用户访问网上的各种信息资源。因此,网络集以往所有传统的信息资源的优点于一身,成为人们查找信息的首选目标。

目前,世界上最大的现代化信息网络是 Internet。Internet 不是"一个"网络,而是多个网络的集合(又译作"交互网"、"互联网"、"因特网"等)。其特点之一是任何网络只需遵守互联协议(IP),就可以进入 Internet。这就把为数众多的局域网(LAN)、城市规模的区域网(MAN)以及大规模的广域网(WAN)联成一片,形成了今天覆盖全世界、拥有十几万个不同网络和上千万台主机的全球信息资源,并继续以飞快的速度增长。美国每月传递上亿包数据,包括 14 700～16 800 种格式的文本文件。联机图书馆中心(OCLC)将网上信息资源的类型划分为图书馆目录、书目、索引、摘要、政府出版物、百科全书、词典、电子论坛、报告、议案、评论、札记、学报等。《WWW 指南》则从学科角度将网上信息划分为人类学、天文学、艺术、商业信息等 57 个类型。

网络信息的使用在我国的发展速度也相当惊人。根据 2011 年 7 月 CNNIC(中国互联网络信息中心)第 28 次《中国互联网络发展状况统计报告》显示,截至 2011 年 6 月底,中国网民规模达到 4.85 亿,互联网普及率攀升至 36.2%。我国 IPv4 地址数量为 3.32 亿,较 2010 年底增长 19.4%。2011 年上半年,受众最广的前五大网络应用分别为搜索引擎(79.6%)、即时通信(79.4%)、网络音乐(78.7%)、网络新闻(74.7%)和博客/个人空间(65.5%)。截至 2011 年 6 月底,搜索引擎用户规模达到 3.86 亿,较 2010 年底增长 1153 万人,半年增长率 3.1%,使用率 79.6%。用户层面,自 2010 年搜索引擎超过网络音乐成为网民使用最多的互联网服务以来,继续保持稳步上升的态势。搜索引擎用户规模的增长,首先是由于互联网信息最庞大且保持高速增长,网民需要一种有效的工具获取信息;第二,音乐搜索、视频搜索、位置搜索等服务在搜索引擎的引入,极大提升了网民搜索引擎的使用率和使用黏性;最后,搜索引擎不仅是信息搜集工具,其对于新闻、博客、SNS 等服务引入以及平台的开放,已经使其成为一种与传统门户网站类似的互联网入口应用。

目前,我国的主要骨干网络有中国电信、中国联通、中国移动互联网、中国科技网、中国教育和科研计算机网、中国国际经济贸易互联网。

6.2.3 实物及口头信息源

1. 实物信息源

实物,包括自然实物和人工实物(人类文化的创造物如文物、产品等),内含大量科技文化信息,它具有文献所不具备的如下种种优点。

(1) 直观性强。以样品为例,在造型、外观、包装等方面直观、形象,其工作原理、功能、工艺情况等,容易理解。而文献所传递的信息要经过文字符号的理解、组合和思维才能吸收。有的实物可当场操作演示,其作用可马上表现出来,对技术、材料和使用的要求往往当场就可以判断,与花钱买技术资料或去情报单位查资料相比,具有独特的优势。

(2) 客观性强。实物样品是具体的东西,看得见,摸得着,实实在在,真实可靠,信息直达受者,不需经文字、图片等中间媒介转达,可以避免人为因素(夸大、掩饰)造成的信息扭曲和损耗。

(3) 实用性强。实物是现实的商品,除了本身的信息价值外,还具有商品价值和使用价值。实物一旦不作为信息载体使用(陈列、展览),即可投入流通或作为一般物品发挥它本身的使用价值,并在使用中继续发挥其信息功能,这也是其他信息载体所不及的。

(4) 综合性信息。一件实物样品可承载多种信息:技术人员可了解其工艺、技术、材料;管理人员可进一步分析制造工序和成本;市场人员可就其市场价值和销路发表意见;装潢人员可以从造型、色彩、包装、设计方面得到启发。另外,实物还可通过测绘、拍照,转为文献信息存放,供以后反复研究对比,启发新思路,引导创新。

(5) 引进实物信息。不需花大量外汇,不需派人出国考察,比购买技术、引进成套设备和专利花钱少,见效快,能很快同生产挂上钩,这也是其他信息途径不能比拟的,特别对那些研究开发资金不足、技术落后、产品单一而又急需新产品信息的企业更为有用。

文化信息、科技信息、市场信息等都可以通过举办展览、参观博物馆、样品交换等途径进行搜集和交流。

2. 口头信息源

口头信息指通过交谈、讨论、报告等方式交流传播的信息。人类的记忆是一个巨大的信息源,其中一部分可通过个人采访而获得,称为口述回忆,另一部分借助耳闻口授形式一代代流传而保存下来,称为口碑传说(Oral Tradition)。无论是个人口述回忆,还是口碑传说,都是信息留存的形式,都应作为信息源而受到重视,它在学术研究、科技活动和经济建设中有不可低估的作用。

口头信息通常可以通过个人交流、会议、广播电视、电话等途径获得。

6.3 信息服务业

信息服务业是以开发、利用信息资源为基础,利用现代科学技术对信息进行生产、收集、处理、储存、输送、传播,使用并提供信息产品和服务的总称。根据1992年中国信息产业年会的报告,信息服务业分为五大类:即信息提供业,主要工作内容为数据库信息检索服务、联机信息检索服务、文本信息产品提供服务;信息处理业,如计算、数据录入、处理和验证服务、光学扫描数据、信息输出打印、电子数据交换、增值网络服务等;软件开发与服务业;系统集成服务业;咨询业及其他相关服务业。我国信息服务业有如下几种典型形式。

6.3.1 政府信息系统

我国从中央到地方已经形成的传播经济信息的网络——国家经济信息系统(State Economic Information Systems of China, SEIS)是一个典型的政府信息系统,它由包括中央、省、市、县四个层次的信息中心所构成的经济信息纵向系统(主系统)和由国务院各部委信息机构所构成的经济信息横向系统两部分组成。

1. 信息咨询服务业

咨询服务业是以知识和技术为手段，以协助客户解决复杂的决策问题为目的向社会提供智力服务的行业。这个行业是一个知识、技术含量很高的产业，它利用知识、技术对信息、数据进行综合加工、创造，输出高附加价值的知识产品，因此，咨询过程的实质就是信息的获取、加工和传输过程。近几年我国市场竞争加剧，产业分工、资源分配的重新调整，高科技发展迅猛，各企业重新定向，寻找人才和技术成果，进行资产评估，建立信息网络，实行兼并、收购等，都促进了信息咨询业的发展。

咨询服务业的特点可归纳为：首先，它是整理和传递信息的社会服务活动，通过解疑释惑，为决策提供指导和依据；其次，它是综合开发和创造知识的社会和科学劳动，也是集知识、现代技术、信息于一体的智能的再生产过程，它向社会提供的既是信息产品又是智能产品；再次，它是一种有偿的服务，通过咨询人员的脑力劳动，产生思想、智慧、信息等知识形态产品以满足人们的需求，劳动复杂程度高、知识储备量大，其间凝结着社会必要劳动时间，因而获取这类信息一般是要付费的。

咨询服务业涉及社会各个领域和行业，范围广泛，形式多样。按范围可分为宏观咨询和微观咨询、综合咨询和局部咨询、战略咨询和战术咨询；按对象性质可分为商务咨询、社会发展咨询、科技咨询、外交咨询、企业诊断等；按方式可分为问答式单客户咨询、共性多客户咨询、出版物咨询；按咨询机构的管理形式和性质可分为官方咨询、半官方咨询、民间咨询等；按目前通行的业务范围可分为决策(政策)咨询、管理咨询、工程项目咨询、技术咨询和专业咨询。

2. 信息中介服务业

在市场经济的条件下，商品与交换越发展，分工就越细密。目前，我国已经形成多种市场、多种经济结构、多种经营方式、多种流通渠道的格局，不仅生活资料进入市场交易，生产资料、科学技术、劳务用工等也相继进入市场。市场需求和信息瞬息万变，企业仅仅靠自己的供销和信息系统又往往难以及时获取产供销方面所需要的信息，而市场机制的发育尚不完善，流通领域各个环节不同程度的梗阻加剧了信息流动不畅的状况，这一切都为信息中介业的发展开辟了新天地。信息的中介服务是通过信息交易市场、信息经纪人(Information Brokers)、各种形式和性质的信息服务公司和调查机构来实现的。这些机构中不乏行政外延型或官方、半官方的企事业单位，但集体和个体的民营信息机构也是一支不可忽视的力量。

3. 信息调查业

一个企业在激烈的市场竞争中如果不搞市场调查，就等于丧失了营销活动中的“耳”和“目”，对市场变化毫无警觉。许多信息机构正是看准了企业市场调查的重要性而把这一业务列入自己的服务范围，也有的专营调查业务。

我国市场调查业的兴起，从 1987 年 7 月第一家正式注册的市场调查公司——广州市场研究公司算起，仅十余年时间就形成了一门新兴的产业，大大小小、形形色色的调查机构像雨后春笋般地涌现。如成立于 1986 年的中国社会调查所(现更名为中国市场调查所)、零点公司、华通市场研究公司等。

6.3.2 文献服务系统

我国文献服务系统规模较大,各类文献信息资源丰富：拥有2500所县以上公共图书馆,3500多所各级档案馆,400多所地市以上专职情报机构；在50多个城市拥有140多个远程终端,与14个大型国际联机检索系统联网,可随时检索世界600多个数据库的数亿条信息,仅中国国家知识产权局文献馆的专利文献就占世界专利总数的43%,可向用户提供24个国家、两个国际组织的专利公报及各种数据文献1300万件,此外还可以在我国30个省市的情报所查阅发达国家和近20个国际组织的专利文献；全国每天有1700多种报刊用大量版面向公众传播各类信息。因此,应该了解这些文献机构的服务,以便充分利用和开发如此丰富的文献信息资源。

1. 图书馆及其服务

没有任何社会机构能像图书馆那样最完整、最系统地保存人类文化成果和文献信息资源。此外,图书馆还具有一定的人才资源和服务资源。因此要充分有效地搜集利用这种资源,就应认识并最大限度地利用图书馆提供的各种服务。这些服务归纳起来主要有以下几类。

(1) 阅览服务

阅览服务是图书馆为读者在馆内阅览文献资料而开展的基本服务,也是图书馆区别于其他信息机构的一个最大特点。阅览室一般是开架的,读者可以按专业、课题需要,自由选择书刊文献,还可以利用馆内特殊设备,如显微设备、视听设备、复制设备和计算机,阅读各种非印刷文献,如缩微文献、视听资料、光盘文献。要查找信息或文献线索可以去工具书阅览室、文献检索室查阅索引、文摘、年鉴、企业名录等工具书。

(2) 外借服务

外借服务的最大优点是读者可在规定期限内自由安排阅读时间。外借方式有个人外借、集体外借、馆际互借、预约借书、邮寄借书和流动借书。现在,外借服务普遍实行计算机借书后,出纳台实际上具有了书目信息查询功能：个人出借量、出借期、所需图书为何人所借、应何时归还、拒借书的原因分析、某书的藏址等。

(3) 参考服务

又称情报服务、咨询服务,是以读者需求为契机,以文献为纽带,通过各种方式为读者搜集、检索、揭示和传递信息的服务。参考服务可分为直接服务和间接服务。直接服务包括：咨询(由咨询洽谈、文献检索和答案提供三个环节组成),服务方式可分为门头(当面)咨询、电话咨询、函件咨询、集体咨询4种；用户教育,即以各种方式(图书馆导向、授课、讲座、个别辅导等)帮助读者了解图书馆,学会查找所需文献的技能；信息中介服务(Information Referral Services),以图书馆为服务中心,建立当地人名档和机构档,将信息需求者介绍给有关个人或机构,从而解决咨询问题。这在国外是图书馆参考服务的重要内容。近年来国内图书馆也开始了这种为用户“牵线搭桥”的服务。间接服务包括书目文献工作、最新资料通报、文献研究、宣传工作等。

(4) 定题服务

又称为跟踪服务、对口服务、SDI服务,指图书馆或情报服务部门根据用户需要选定有关课题,然后重新到文献中选择(检索)符合用户需要的文献或文献线索,主动、定期地提供给用户。

(5) 报道服务

利用丰富的馆藏文献编制题录、索引、简介、摘要、新书通报、订书目录、联合目录等二次文献，让用户了解本专业、本行业最新文献信息，提高对馆藏文献价值的认识，促进信息传递，加快学术交流。

(6) 视听服务

编制声像型文献目录，推荐、出借、出租声像文献及器材，举办放映会、报告会、讲座，制作声像文献供利用，提供声像复录服务。

(7) 文献调研服务

根据有关部门需要，利用二、三次文献对大量一次文献进行系统搜集，通过分析、研究、归纳整理，以综述、述评、研究报告、专题总结等形式将调研结果提供给决策部门和研究人员。信息来源主要取自文献，这与社会上其他信息机构所从事的实地调研工作是有区别的。

(8) 数据库及网络信息服务

目前，很多图书馆都开设了电子阅览室或网络查询中心，尤其是高校图书馆，除了自己开发书目数据库供用户查询图书资料，还购买其他大型书目数据库，并通过科教网将网络资源向本校和社会开放。

(9) 翻译服务

科研和对外贸易活动有大量科技文献、产品说明书、公私文函、宣传广告、会标及展览解释词等各种资料需要翻译。因此，替用户直接翻译和编写外文书刊资料，帮助他们克服语言障碍、扩大外文文献的利用是许多图书馆的服务项目之一。服务方式有人工代译(组织翻译人员直接翻译原文)、交流性编译(介绍成果等)和业务网代译(联系翻译部门或聘请专业人员翻译)。

(10) 科研成果查新服务

利用国内外有关文献检索系统和图书馆丰富的馆藏，检索与课题有关的最新文献资料，同时对其科学性、实用性和先进性等做出评价。也有编制题录、索引、简介、摘要等二、三次文献，让用户了解本专业、本行业最新文献信息，提高对馆藏文献价值的认识，促进信息传递，加快学术交流。

(11) 样本服务

许多大型图书馆都有中外样本文献的阅览服务。一些小型图书馆根据条件建立了特色样本服务。如北京崇文区图书馆设有中文包装文献阅览室和外文包装期刊阅览室，建立了包装产品样本、样品陈列厅，为用户提供图书、期刊、专利、标准，检索中国包装信息中心数据库资源和在因特网上查询包装信息等服务。

作为存储、组织、传播文献信息主要部门的图书馆，具有文献密集、知识密集的优势，如何发挥这个巨大的信息源的作用是图书馆在信息时代和市场经济条件下面临的一个十分突出的问题。许多图书馆正在服务于市场经济方面尝试新的服务项目，如建立机构信息源，协助公益事业单位举办信息发布会，建立信息服务中介机构，利用庞大的专业人才读者群建立起可以进行技术咨询、中介服务、科学技术成果转让、专利代理的综合信息的服务系统。总之，图书馆除了继续承担公益性职能以外，已经开始“走出书库”，汇入市场机制中，引入其他信息机构的管理思想和办法，进行着大胆的探索和改革，这些都为人们更好地利用文献服务创造了条件。

2. 档案馆及其服务

我国已建立了与中央、省、地(市)、县相对应的中央级、省级、地市级和县级档案馆、专业部门和企业、事业档案馆,形成了一个保管整个国家不同门类、不同载体档案的网络。各级档案部门已经为我国社会主义事业提供了大量档案。尤其是1980年中央决定开放档案以来,档案在政治、经济、军事、外交、科学技术、文化等方面发挥出越来越重要的作用。全国各级综合档案馆已向社会开放档案近500万卷,仅1983年至1988年各级档案馆就接待了2436万人次,提供档案资料达102亿卷(件)次。随着档案资源的开发不断向广度和深度发展,档案利用工作已由一般地接待向着广泛、系统、多形式地传递档案信息方向转变,具体有如下服务。

(1) 提供档案原件查阅

由于不可能将全部档案汇编出版,因此档案查阅服务就成为最普遍、最实用、最经济的档案信息输出方式。档案馆自编各类检索工具如案卷目录、案卷文件目录、全宗文件目录、全宗指南、联合目录、专题目录、机构索引等,使读者能够很方便地查到档案原件。查阅一般限定在指定场所,只有在十分必要的情况下才允许将原件借出。

(2) 档案咨询服务

由档案工作人员根据用户要求提供档案资料,大到为党和国家决策提供依据,为基本建设项目提供城建档案,小到为公民的具体问题如房产、土地、债务等提供依据。用户经常提出的有关咨询项目有政策性、法规性条文,数据、图表,事件发生的时间、地点、条件、过程,部门和个人的情况。与图书馆参考咨询略有区别的是,档案咨询范围一般以档案内容、馆藏档案知识及查阅方法为限,即使是事实性咨询,也只用档案中记载的内容来回答,分析研究不是档案咨询服务的任务。

(3) 档案编研服务

档案信息编研包括两个方面:一是将有普遍利用价值的档案资料汇集成册,公布或出版;二是通过对档案的研究,得出某种观点或结论。前者侧重"编",即对档案资料归纳、概括、压缩、评价,不产生新的观点、结论和知识;后者侧重"研",通过对档案资料的统计分析、对比、推理、判断、综合等把握事物变化的内在规律,了解其现状并预测未来发展趋势,形成新的观点。

由于国情不一,档案服务在方式和深度上各有不同,但许多国家都在档案公开的原则下用法令、法规和政策形式予以保障。我国在《中华人民共和国档案法》及其实施办法中对档案提供利用做了规定,并明确档案馆(室)提供档案利用服务的职责、社会组织与公民利用档案的权利。当然这种利用程度既受到社会制度、开放年限和范围、保密要求和利用手段的限制,也受到馆藏条件和利用条件的影响。随着档案在社会主义事业中影响日增,人们的档案意识增强,档案服务人员素质的改进,档案开放条件的改善,利用档案服务必将成为搜集信息时可以利用的主要途径之一。

3. 专利和标准文献服务

(1) 专利文献服务系统

国外专利文献服务的权威机构是国际专利文献中心(INPADOC),这是根据1972年5月世界知识产权组织(WIPO)与奥地利政府签署的一项协定,在维也纳建立的一个世界性的专利信息服务机构，其宗旨是在世界范围内搜集专利信息，建立专利文献数据库，为专利合作条约组织（PCT）各成员国提供帮助，并支持发展中国家建立自己的专利局。INPADOC的任务是利用计算机将世界各国的专利信息中的著录项目记录下来，经加工处理后提供信息服务。INPADOC在WIPO的协作下与各国工业产权局和其他组织缔结了各种合作协定，这些协定包括定期向INPADOC提供本国专利信息著录项目。INPADOC的服务项目有：同族专利服务（PFS/INL），按国家优先权日、优先权申请号的著录项目检索；专利分类服务（PCS），按分类号检索；专利申请人服务（PAS），按专利申请人或专利权人名称检索；专利注册服务（PRS），或称法律状态服务，即查找某一专利或专利申请何时申请专利，何时获得专利权，是否有效，何时失效；号码数据库服务（NDB），按各国专利号检索；专利公报服务，每周公布一次，以缩微平片方式发行；CAPRI服务，即把专利信息按国际专利分类法重新分类的计算机和管理系统，包括按IPC分类编排的CAPRI中心数据库，以及按出版国家（组织）和文献顺序号排列的CAPRI倒排挡。

中国专利文献服务系统大致由四级组成，即国家知识产权局（前中国专利局）专利文献服务中心（一级），各级地区性、专业性专利文献服务分中心（二级），中国专利文献服务网点（三级）和基层专利情报机构（四级）。国家知识产权局编制的各种专利索引和文摘是我国专利检索服务的主要检索工具，如《中国专利索引》的分类年度索引、《中国发明专利分类文摘》、《中国实用新型专利分类文摘》、《发明专利公报》等。国家知识产权局的主要服务部门是文献部，该部下分若干馆：专利文献馆向社会读者提供18国专利课题检索、同族专利检索、中外专利法律状态咨询和开架免费阅览服务，读者还可到开架阅览室提取所需专利说明书；分类文档馆提供按国际专利分类排架的各国全文专利说明书及8国文摘的阅览服务；非专利文献（NPL）馆提供包括PCT最低文献量规定的135种科技期刊在内的中外文期刊和图书的借阅服务；Internet阅览室提供Internet阅览、下载和网络传输服务。此外，国家知识产权局的网站（http://www.cpo.cn.net）还提供了“专利检索”、“文献服务”、“咨询台”等专栏和相关的地方专利网站的地址。

（2）标准文献服务系统

我国标准文献服务系统的结构大致与专利系统相同，即由中国标准情报中心、部（委）局标准情报所、地方标准情报室所、资料中心等构成，共同开展标准资料的收集、清理、核对、管理、借阅、复制等服务工作。中国标准情报中心提供的服务包括标准文献阅览、咨询、标准数据库检索，标准、计量、质量情报专题服务，资料借阅、复印、函索、代译等。我国已建成了“中国标准情报网”，7个跨省市的地区标准情报协作网，28个省市自治区标准情报网和8个部门专业标准情报网。

4. 剪报服务

报纸是文献信息主要来源之一。据专家统计，如果每人每天想读完国内外主要报刊，即使24小时不休息也必须在两分钟之内读完一份。在报刊数量激增的时代，如何及时、有效地获取有关信息，对单位、个人都是难题。且不说订阅上百种报刊是一笔庞大的开支，仅整理每天的信息也非三五个专职人员能熟练地完成的。

剪报是三次信息产品，它能把散见于上千种报纸上的信息分类选辑浓缩，集中于一处，专业对口地向社会发布。经过专门加工的剪报成为综合性、专题性都很强的信息源，能不同程度地满足各个领域的人们对不同信息的需求。利用剪报服务，既综合了报纸和期刊的出版周期短、时效性强、可连续报道和内容丰富的优点，又省去订阅报刊的高成本和浏览大量不相关信息所耗费的人力、财力。剪报的另一优点是覆盖面广且专题明确。

利用剪报服务，除了可订阅现成的剪报产品外，还可以要求剪报社或有这类服务的公共图书馆提供专项服务，如搜集竞争对手的各种消息，跟踪某产品的所有广告等。利用剪报服务有两个问题值得注意：首先，应与剪报社保持密切联系，随时帮助剪报社明确本企业的需求，不断调整搜集范围，提高剪报信息的准确性。由于我国剪报服务并不普遍，历史较短，剪刀加糨糊式的落后操作和员工的素质参差不齐会影响剪报的质量，因此需要不断反馈信息，互相配合，才能互惠互利；其次，要注意剪报社的信息来源，是否包括所需要的期刊报纸，如果没有，仍需要自己订阅，特别是信息含量较大的地方报纸。

思 考 题

1. 什么是文献？
2. 试述信息、知识、文献三者之间的关系。
3. 什么是一次文献、二次文献、三次文献？三者之间有何关系？
4. 简述加强大学生信息素质教育与文献检索课的重要意义。
5. 试比较各种信息服务业的特点。

第7章 信息检索的基本知识

本章主要介绍信息检索的概念、类型和原理，信息检索语言，检索工具和检索系统的概念和分类以及计算机检索等内容。通过本章的学习，读者将掌握信息检索的基本知识，掌握计算机检索中常用的检索技术。

7.1 信息检索

7.1.1 信息检索的概念

许多人都有查找资料的经验，例如，常到书店和图书馆的新书阅览室，注意相关领域新书出版的情况；定期阅览书评与文献报道，了解学术会议的召开和论文交流情况等，在此基础上建立个人的资料档案，在需要时随时调看。这种方法虽然有效，但只限于本人所遇到的机会，发现有价值的资料，带有一定的偶然性。

检索是根据特定的需求，运用某种检索工具，按照一定的方法，去寻找资料或信息的工作过程。这种方法利用的是序化的信息系统和信息业提供的服务来满足自己的信息需求。国外有文献检索(Documents Retrieval)和信息检索(Information Retrieval)之分。文献检索是查找或提供用户所需的印刷型资料、缩微资料、声像资料和数据库文献的过程；信息检索则是查找或提供用户所需的事实、数据、图像、理论等未知知识的过程。信息检索的查找对象不一定就是文献，有时也可能是研究的课题，或对人员、机构的调查等。从信息管理的角度来说，信息检索主要是通过分析、综合等手段进行信息加工后，获取隐含在信息源中的知识的过程。

文献信息检索，广义上包括文献信息的存储和检索两个方面。存储是指对一定数量的揭示文献特征的信息或从文献中摘出的知识、信息进行组织、加工、整序并将之存储在某种载体上，编制成检索工具或组织成检索系统。存储和检索从意义上讲是具有完全不同的两个含义，存储是为了检索，而检索以存储为前提，它们是相互依存的关系，如果检索标志与文献的存储标志相比，能够取得一致，就叫“匹配”，就可得到“命中文献”。

7.1.2 信息检索的类型

1. 按内容划分

按照信息检索的内容，可划分为数据检索、事实检索和文献检索。

(1) 数据检索(Data Retrieval)。以文献中的数据为对象的一种检索，如查找某种材料的电阻、某种金属的熔点。

(2) 事实检索(Fact Retrieval)。以文献中的事实为对象,检索某一事件发生的时间、地点或过程,如查找鲁迅生于某年。

(3) 文献检索(Document Retrieval)。以文献原文或关于文献的信息为检索对象的一种检索。

文献检索是最典型和最重要的,也是最常利用的信息检索。掌握了文献检索的方法,就能以最快的速度,在最短的时间内,以最少的精力了解前人和别人取得的经验和成果。

2. 按组织方式分

按信息检索的组织方式,可分为全文检索、超文本检索和超媒体检索。

(1) 全文检索。是指对存储于数据库中整本书、整篇文章中的任意内容进行的信息检索,用户可以根据自己的需要从中获取有关的章节、段落等信息,还可以进行各种频率统计和内容分析。随着计算机容量的扩大和检索速度的提高,全文检索的范围也在不断扩大。

(2) 超文本检索。是对每个节点中所存信息以及信息链构成的网络中信息的检索,是对信息在系统中组织方式不同而言。从组织结构看,超文本的基本组成元素是节点和节点之间的逻辑连接链,每个节点存在的信息及信息链被连接在一起,构成相互交叉的信息网。超文本检索强调的是中心节点之间的语义连接结构,要靠系统提供工具做图示穿行和节点展示,提供浏览式查询。

(3) 超媒体检索。是对文本、图像、声音等多种媒体信息的检索,是超文本检索的补充。其存储对象超出了文本范畴,融入了静态、动态及声音等多种媒体的信息,信息存储结构也从单维发展成多维,存储空间也在不断扩大。

3. 按检索设备分

按信息检索的检索设备,可分为手工检索和计算机检索。

(1) 手工检索。简称"手检",是指人们通过手工的方式来存储和检索信息。手检工具主要有书本型和卡片型的信息系统,即目录、文摘、索引等各类工具书刊。

(2) 计算机检索。计算机检索是指以计算机技术为手段,通过计算机软件技术、网络和数据库及通信系统等现代检索方式进行的信息检索,检索过程是在人、机的协同下完成的。

7.1.3 信息检索的原理

信息检索的全过程包括存储和检索两个过程。

存储过程就是按照检索语言将原始文献信息进行处理,为检索提供经过整序的文献信息集合的过程。文献信息存储在检索工具中形成的文献信息特征标志与信息检索提问标志要相一致。具体地讲,文献信息的存储包括对文献信息的著录、标引以及编排正文和所附索引等。所谓文献信息的著录,是按照一定的规则对文献信息的外表特征和内容特征简明扼要的表述。文献信息外表特征包括文献信息的著者、来源、卷期、页次、年月、号码、文种等。文献信息内容特征包括题名、主题词和文摘。文献信息的标引是就文献信息的内容按一定的分类表或主题词表给出分类号或主题词。

检索过程则是按照同样的检索语言(主题词表或分类表)及组配原则分析课题,形成检索提问标志,根据存储所提供的检索途径,从文献信息集合中查找与检索提问标志相符的信息特征标志的过程。

因此,只有了解文献信息处理人员如何把文献信息存入检索工具,才能懂得如何从检索工具中检索所需信息。文献存储和检索原理如图 7-1 所示。

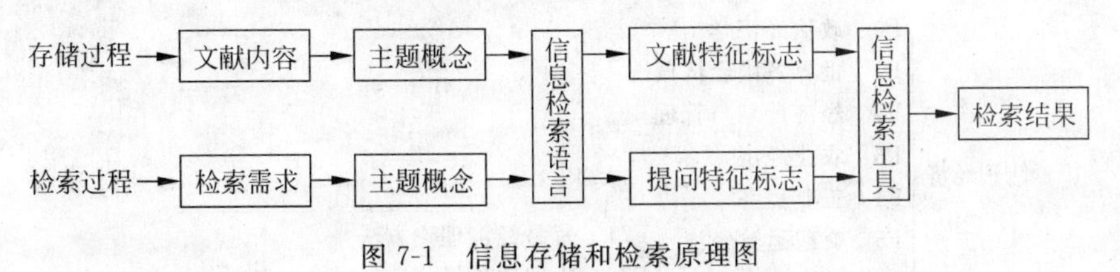

图 7-1　信息存储和检索原理图

7.2　信息检索语言

检索语言是根据文献检索需要创制的一种人工语言，又称检索标识。如果从反映文献特征的角度来看，那些代表了文献外表特征的著者姓名、题名、报告号、标准号、专利号、档案号等检索标识和代表了文献内容特征的类号、叙词、标题词和关键词都是检索语言。但从检索标识规范化的角度来看，检索语言可分为自然语言检索标识和规范语言检索标识，前者包括著者姓名、题名、会议名称、机构号、标牌号、专利号和关键词，后者则指分类号、类名、标题词和叙词。在编制检索工具时，标引人员要对各种文献进行分析，把它们所包含的内容要点都分析出来，使之形成若干能代表文献内容的概念，并用规范化的语言如叙词、标题词或分类号把这些概念标示出来，纳入检索系统中。当检索时，用户要对提问进行主题分析，使之形成能代表信息需求的概念，并把这些概念转换成系统能接受的语言，然后才能从系统中得到用这些规范化语言所标引的文献。因此，能否将信息需求者的自然语言转化成系统规范化的检索语言对检索的成败关系极大。

7.2.1　体系分类法和分类检索语言

体系分类法是一种直接体现知识分类的等级制概念标识系统，是通过对概括文献信息内容及某些外表特征的概念进行逻辑分类(划分与概括)和系统排列而构成的。体系分类法的主要特点是按学科、专业集中文献，并从知识分类角度揭示各类文献在内容上的区别和联系，提供从学科分类检索文献信息的途径。

所谓"类"是指具有共同属性的事物的集合。一类事物除了具有共同属性外，还有许多不同的属性，可进行多次划分。一个概念经过一次划分后形成的一系列知识概念就是种概念，又称子位或下位类，被划分的类称为母类或上位类，也即属概念；由同一上位类划分出的各个下位类互称为同位类，也即并列概念。一个概念每划分一次，就产生许多类目，逐级划分，就产生许多不同等级的类目。这些类目层层隶属，形成一个严格有序的知识门类体系。用规范化的人工符号(如字母、数字和词语)表示这些类目，就构成分类表，类号和类名组成分类检索语言。从分类角度查阅文献，应使用体系分类表。例如，查阅特色皮鞋市场的文章，至少要进行经济—贸易经济—商品学—轻工业产品这样 4 次概念划分，才有可能找到有关的类目。图 7-2 是体系分类法中的经济类目示意。

按体系分类法检索的长处是能满足从学科或专业角度广泛地进行课题检索的要求，达到较高的查全率。查准率的高低与类目的粗细多少有关，即类目越细，专指度越高，查准率也越高。但类表的篇幅是有限的，类目不可能设计得很细。因此，分类法只是一种"族性检索"，而非"特性检索"。

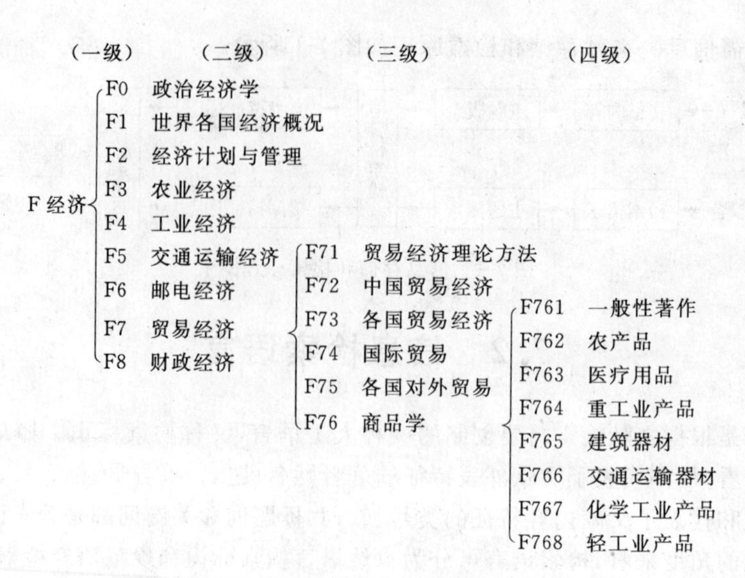

图 7-2 体系分类法中的经济类示意图

7.2.2 主题法和主题检索语言

主题检索语言是直接以代表文献内容特征和科学概念的概念词作为检索标识，并按其外部形式（字顺）组织起来的一种检索语言。主题法最常用的有叙词法（Descriptor）和标题法（Subject Heading）。前者采用表示单元概念的规范化词语的组配来对文献内容进行描述，是一种后组式词汇标识系统；后者使用一个或者一组规范化的自然语言作为检索标识来描述文献的内容，是一种先组式的词汇标识系统。它们的优点是在表达主题内容方面具有较大的灵活性，抛弃了人为的号码系统，代之以经过规范的自然语言，并在各主题之间建立有机的参照系统，代替了等级制的直线排列。它使用组配和索引等方式，较好地满足了多元检索的要求。用户查找文献时，可以不考虑所需文献内容在体系分类等级中的位置，只要按字顺查找表达概念的主题词或相近的主题词即可。

用主题法查找文献，要注意以下几点。

1. 注意利用词表

可供参照的词表有《汉语主题词表》、《中国档案主题词表》、《中国分类主题词表》、《社会科学检索词表》、《国会主题词表》（Library of Congress Subject Headings）等，或系统本身建立的词表。主题词是检索系统使用的专门的规范化语言，用这种语言表述的概念，只有一种解释，不允许一词多义、多词一义，这是规范化检索语言的单义性所规定的。而一般用户的提问用的是自然语言，自然语言并不遵守"特定事物具有特定概念，用特定语言表达"这一原则。如"用户"这一概念从不同的角度会有不同的表达，如主顾（Patron）、顾客（Customer，Client）、购物者（Shopper）、消费者（Consumer）、使用者（User）、读者（Reader）等。检索者先要了解查询的检索工具是采用哪种词表组织款目的，然后在该词表中选用恰当的检索词来代替原先拟使用的不规范词语。由于主题词接近自然语言，其人工创造的成分远比符号标记语言少，因而使用者在检索实践中大多自选名词进行查找，一词不中，再选一词，直至选中为止。主题法的这种优点很容易使使用者忽视利用词表。事实上，自然语言表达同一概念的数量远胜于被选中的主题词，因而自选检索词不仅查获文献的几率很小，而且要经过多次瞎碰瞎撞的反复过程，影响检索效率。

2. 选择主题词要把握概念的含义

选词时不要仅从字面上“对号入座”，否则，不是找不到主题词就是用错了意义相近的词。如查“多元共渗”方面的英文资料，汉英词典没有字面上对应的词。这时抓住概念分析这一武器，就可以知道这是指多种元素在一定温度、压力、浓度条件下自金属表面扩散的能力有所提高，利用的是“扩散涂层”原理，因此通过“Diffusion Coating”就可以找到有关文献，如果在词表中“对号入座”就无从下手，甚至会导致检索时张冠李戴。

3. 要利用概念之间的属种关系和相关关系增加检索线索

属种关系，又称上下位关系，指一个概念的外延被另一个概念的外延所包括，包括概念是属概念，被包括的概念是种概念。列出大量具有属种关系概念的词语就可以利用属概念扩大检索途径，或利用种概念缩小查找范围，提高获得文献的准确性。相关关系指属种关系以外的且有交叉、并列、对立关系的概念，以及形式与内容、本质与现象、原因与结果等关系。在词表中，用“参见”(See also)、“参见自”(See also from)或其他标识符号来表示这些关系。善于利用这些关系，有利于提高查全率。

对于较复杂的检索，最好综合运用几种检索语言从不同途径查找。各种检索语言各有其优缺点。体系分类语言具有单维性特点，适用于按学科体系进行族性检索，但不适用于多维性的、按专题概念进行的特性检索。主题语言，不论是叙词法还是标题法，具有直接性、专指性、灵活性等优点，克服了体系分类法只能从一种概念为中心检索文献的缺点，但缺乏族性检索能力又成了它的缺点。虽然词表采用倒置式标题或大量参照的办法把具有内在联系的检索标识集中在一起，但仍无法克服同类文献分散的矛盾，影响查全率。此外，标题间的先组性质也决定了它缺乏描述复杂概念的能力。叙词语言是在吸取许多语言优点的基础上发展起来的，其可以灵活组配的优点主要体现在计算机检索上，手工检索很少应用，且系统性又不及分类语言。总之，充分认识上述各种检索语言的长处和局限性，就可以在使用中扬长避短，对提高查准率和查全率都是大有益处的。

7.3 检索工具

7.3.1 检索工具的概念和特征

检索工具是经过对文献信息一系列的判断、选择、组织、加工等处理后形成供检索用的工具与设备。文献信息检索工具是以各种原始文献为素材，在广泛收集并进行筛选后，分析和揭示其外形特征和内容特性，给予书目性的描述和来源线索的指引，形成一定数量的文献信息单元，再根据一定的框架和顺序加以排列或形成可供检查的卡片或工具，或以图书的形式出版，或以期刊的形式连续出版，是二次文献，使科研人员从中了解本专业学科或领域的进展情况及科学技术发展的全貌。同时，还可以了解图书、期刊等各类文献的出版情况及其在一些图书信息部门的收藏情况，易于利用。任何检索工具都有存储和检索两个方面的职能，存储的广泛、全面和检索的迅速、准确是对文献检索工具的基本要求。

检索工具应具备如下特征。

(1) 详细而又完整地记录文献线索和所收录文献的各种特征线索。

(2) 每条描述记录要标明可供检索用的标志,如分类号、主题词、文献序号、代号代码等。

(3) 提供多种必要的检索手段和检索途径,如分类索引、主题索引、作者索引、代码索引等,便于读者从各种途径方便地进行检索。

(4) 出版形式多样性,可以是图书、期刊、卡片、缩微品、磁带、磁盘、光盘等,兼备对文献信息的揭示报道、存储累积和检索利用的功能。

(5) 在体例编排结构上,从实用易检出发,可以结合文字特点和学科特点对所选的款目按分类排组或按主题、叙词、关键词等的字序排组,并利用"参照"关联相关部分。此外,又辅以适宜的辅助工具,以便同主体的排列相辅相成。

7.3.2 检索工具种类

由于检索工具的著录特征、报道范围、载体形式和检索手段等特征的不同,检索工具有多种划分方法。

1. 按检索手段划分

(1) 手工检索工具

手工检索工具又可分为两大类:提供文献线索的检索型检索工具(书目、索引、文摘、题录等)和直接提供文献、事实或数据的参考工具书(辞书、百科全书、年鉴、手册、类书、政书、表谱、图录、名录、大全、概况、汇编等),如图 7-3 所示。

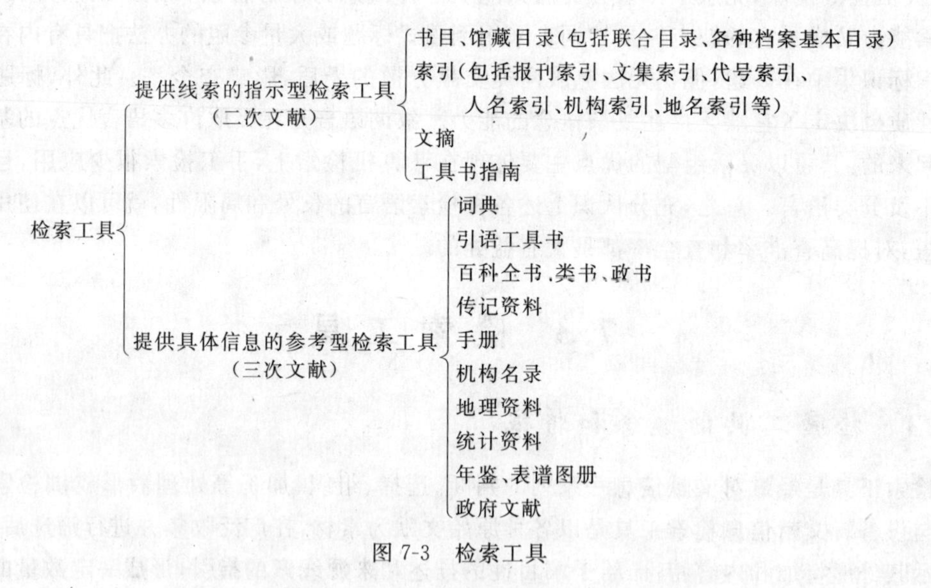

图 7-3 检索工具

① 馆藏目录(Library Catalogs)

馆藏目录是查找文献应首先考虑的检索工具。

② 书目(Bibliographies)

书目是指一批相关文献的记录,共基本功能是反映某一地区、某一时期在某一领域中出版物的信息。由于书目通报的书刊出版和再版情况不受馆藏限制,因而是馆藏目录或联合目录的补充工具。综合性大型书目收录范围不限于某一学科、主题、国家或地区,是大范围内查寻特定文献的有用工具；专科书目收录某一领域内的所有类型的出版物，包括图书和报刊文章，兼有索引的功能。此外，一本书目可以是描述性的，提供诸如著者姓名、作品全名、出版时间、版本、价格等查证项目；也可以是评论性的，对出版物的使用价值提出看法，发挥指导阅读的作用；还可以是注释性的，简略地介绍著作的内容、论述主题的写作风格等。这些都是馆藏目录不能替代的。

③ 索引(Indexes)

索引是揭示文献内容出处、提供文献查考线索的检索工具。没有索引，期刊、报纸中多得不计其数的资料就无法利用，收录在图书(如文集)中的论文也难以查到。索引可以分为篇目索引和内容索引。篇目索引的主要作用是查阅报纸、期刊、会议录中的文章。篇目索引中的期刊索引(Periodical Index)、报纸索引(Newspaper Index)、会议录索引(Proceedings Index)和文集索引(Collection Index)均以篇为检索单元，著录文献著者姓名和出处。它们的出版时差短、报道范围广、数量大，每种索引收录性质相同的一次文献，互不重复。这对于研究某一专深主题或希望得到最新资料的用户来说是很有价值的。内容索引一般是附在专著或年鉴、百科全书等工具书之后的书后索引，按主题词、人名、地名、事件、概念等内容要项编排，是查找隐含在文章中所需情报、进行微观检索的有用工具。

④ 文摘(Abstracts)

文摘是一种既揭示文献外部特征，又通过摘录文献要点报道文献内容的检索工具。指示性文摘侧重揭示文献的主题、研究方法、结论、用途和参考价值，不涉及具体的内容；而报导性文摘比较详细地报道文献的主要内容、观点、方法、设施，以及必要的数据、图表和参考资料。检索者可以从文摘中直接找到所需信息，如果不满足需求，再去查找原文。从这个意义上说，文摘是集书目、索引和一次文献三者于一体的检索工具。

⑤ 引语工具书(Quotation Books)和重要语词索引(Concordance)

引语工具书和重要语词索引是一类广泛汇集名言佳句的工具书，给出引语的上下文和出处。收录的引语往往是广为流传的著名作家的警句，也可能是家喻户晓的格言或脍炙人口的名诗，按作者、主题、时期编排。利用这一类工具书，可以核对某一词语，以求准确引用；可以查明某一特定引语的出处，借以了解其作者、作品名称、上下文、产生背景和正确的含义：也可以供寻章撷句、采撷辞藻，以便在写作时启发用词造句。

⑥ 词典(Dictionaries)

字典、词典按编撰目的可分为语文词典、专科词典和综合性词典(百科词典)。

一般语文词典(General Language Dictionary)提供词语的拼写、读音、含义、用法、音节划分等，有的还提供派生词、词源、同义/反义词、缩略语、方言俚语等词语知识；特殊语文词典(Special Purpose Dictionary)有俚语词典、同义词典、反义词典、词源词典、古语词典、新词词典、方言词典、语音词典、缩略语词典、成语词典、惯用法词典等。语文词典还可以从不同角度进一步区分，按语种可分为单语词典和双语、多语词典；按收词量可分为大型(非节略本)词典、中型词典、小型词典和袖珍词典。

专科词典则汇集不同学科的词汇，有的侧重语文角度对各种术语给予简略的解释，有的则偏重知识角度。前者多为双语、多语词典和缩略语词典；后者并非从语文角度，而是从学科或实际业务的角度对词义加以注释。近年来，专科词典的部头越来越大，从对术语的解释扩展到事物的记述，有的已难以与专科百科全书和手册相区别了。

综合性词典兼有语文词典和专科词典的功能，又称为百科词典，从这类词典中既可以查到普通的语文字词，也可以查到人、地、事等百科性词条。

从载体形式上看，许多词典已经有了多媒体光盘版和网络版。寻找有关外国词语、同义词、释义、拼写、发音、缩略语等语言信息可以浏览在线词典及术语汇编(On-line Dictionaries and Glossaries)。

⑦ 年鉴(Yearbooks，Almanacs，Annuals)

年鉴是以描述和统计的方式逐年提供某年度、某一领域信息的工具书，或者说是相应年度内信息的汇编。年鉴包含的内容很丰富，从一部商贸年鉴中可以得到专家对某一行业的综述、分析、回顾和展望，了解新出台的政策法规、最新的统计数据和企业介绍、调研报告、经济团体和研究机构的名录、经贸知识、理论研究、重要产品、大事记、形势分析和预测等，因而最适合于各类现行资料的查询。作为一种年度出版物，年鉴还能连续地反映事物发展、停滞甚至倒退的趋势。年鉴种类很多，除了按行业划分以外，还可按编撰形式划分，有的侧重文字记述，有的侧重统计数字(统计年鉴)。在英文中，年鉴称为“Yearbook，Almanac，Annual”，但Almanac往往年复一年地收录回溯性资料，而Annual和Yearbook主要反映上一年的资料，酌收近4～5年的资料。

⑧ 手册(Handbooks，Manuals)

手册是汇集某一学科领域或业务部门专门知识的工具书，多是针对当前实践中的需要，以简明扼要的方式提供具体、实用的资料，供随时翻检查阅，故又称“便览”，也常冠以“概览”、“大全”、“要览”、“指南”、“必备”等名称。英文用Handbook和Manual表示，前者侧重反映“何物”(What)一类的信息，如数据、事实等；后者偏重“如何做”(How-to)之类的问题。

⑨ 机构名录(Directories，Agencies)

机构名录是一种系统编排的、有关组织机构概况的工具书，可提供诸如某个人或公司的地址、联系方法、组织名称、业务概况、人事情况、机构历史和现状等信息。机构名录的类型有：政府机构名录、学术机构名录(学校、研究所、学会、协会)、公共机构名录(基金会、图书馆、档案馆、博物馆等)、专业机构名录(法律、医疗机构等)、商业贸易名录(企业名录、工业管理机构、服务机构)、地方性机构名录(电话簿、旅游指南)等。

⑩ 百科全书(Encyclopedias)

百科全书是荟萃一切门类或某一门类知识、以概要方式提供有关信息的多功能工具书。如果说词典的功能仅仅说明某一概念，则百科全书是“接着定义往下说”的工具书，它可以回答诸如“何时”、“何地”、“如何”、“为何”等背景性知识，内容详尽完备，查阅、检索功能都很突出，条目多由标题、释文、图表和参考文献组成，有的内容专深，卷帙浩繁，是补充知识的常用工具。不少百科全书都推出了光盘版和网络版。

⑪ 表谱(Table)

表谱是用表格或类似表格形式汇集的某一方面资料，多用来查考历史年代、历史大事、数据等信息的检索工具，包括年表、历表、人物年谱等，也可以是学科用表，如《中国天文历表》、《中国历史人物生平年表》等。图谱是用图像表述某方面的资料。

⑫ 传记工具书(Biographical Sources)

传记工具书是专门查阅人物以获得简明的事实数据或详细的评述性资料的工具书，包括名人录(Who's Who)、传记词典(Biographical Dictionary)、传记书目、传记索引、传记百科全书。名人录是人物简历的一览表，条目是名录型的，仅限于提供简明的履历资料而不做全面的述评，多以当代人物为主；传记词典是著名人物传记专文的字顺汇编，除简要的履历介绍外，着重于对被传者生平进行全面的评论，收录对象多以已故人物为主；传记索引和传记书目是专门报道、描述传记辞典、名录，或收录在图书、报刊中的有关人物文章的检索工具书。

在网上有一些 Web 站点提供名人信息、作家研究名人论坛、讣告等，包含许多名人的电子邮件地址。

⑬ 地理资料(Geographical Sources)

地理资料包括地名词典(Gazetteer)、地名索引、地名译名手册、地理学词典和百科全书、地图集、旅游指南和地理学书目、索引、文摘等，是专门用于查找地名、各地地理情况、地图等信息的检索工具。

⑭ 统计资料(Statistics Sources)

统计资料包括统计数据集、统计年鉴、统计手册、统计书目和索引(不提供统计数据本身)、统计学百科全书、手册等专门用于查找统计数字或查阅统计知识的工具书。在网上可通过访问统计咨询部门、财务数据库、年鉴和公司年报的相关网站查找统计数字。

⑮ 类书、政书(Reference Books)

类书、政书是指辑录文献中的史实典故、名物制度、诗赋文章等，按类或按韵编排，以便寻检和征引的工具书。类书是类似于百科全书式的资料汇编，在各条目下罗列或采摘各种文献所记载的有关原始资料，加以编撰而成，可用于查找辞藻典故和诗词文句出处，查考史实和事物学故，也可用于辑佚和校勘古籍。我国古代的类书相当多，近年又编了一些新型类书。

(2) 机械检索工具

机械检索工具是指运用一定的机器设备来辅助检索文献信息的检索工具，主要有机器穿孔卡片检索工具和缩微文献检索工具。以穿孔卡片为载体的检索工具，是手工检索到机械检索的过渡。最早的手检穿孔卡片检索工具出现于 1904 年，后来发展到边缘穿孔卡片、比孔卡片到机械穿孔卡片等。但是自计算机检索出现后，穿孔卡片检索工具已逐渐不再单独使用。

(3) 缩微文献检索工具

缩微文献检索工具又称为光电检索工具，它是以文献缩微品作为文献库，用一定的光电设备从中进行文献信息检索。一张缩微平片可以缩摄存储几十页至几千页的文献，且存储时间较长，已普遍运用于一些珍贵文献的复制保存。

(4) 计算机检索工具

计算机检索工具是以磁性介质为载体，用计算机来处理和查找文献的一种电子与自动化系统，由计算机、检索软件、文献数据库、检索终端及其他外用设备组成。用户可以通过终端设备和通信线路与相关检索系统联系，查找所需文献。电子计算机检索的速度和效果都明显优于其他检索方式，目前在世界各国都已得到了迅速发展。它是由电子计算机检索系统构成，具有密度高、容量大、查找速度快、不受时空限制等优点。

2. 按物质载体形式和种类划分

检索工具按物质载体形式和种类可分为书本式、卡片式、缩微型和机读式检索工具。

(1) 书本式检索工具

书本式检索工具又可细分为期刊式、单卷式和附录式三种。

(2) 卡片式检索工具

卡片式检索工具是文献收藏单位揭示馆藏文献信息的常用检索工具,如传统图书馆使用的卡片目录,它把每条款目写在或印在一张卡片上,然后按一定的方式将卡片一张张排列起来,成为成套的卡片。它一般包含主题目录、分类目录、篇名目录、著者目录等。其优点是可以随时抽排,不断充实、更新,及时灵活地反映现有文献信息。其缺点是占有较大的馆藏空间,体积庞大,成本费用也比较昂贵,制作费时费力等。目前已大都停止使用。

(3) 缩微型检索工具

缩微型检索工具是指计算机输出的缩微品,有平片和胶卷两种形式。一张普通的缩微平片可包含 3000 多条书目著录,即能代替 3000 多张卡片。其特点是存储量大,体积小,成本低廉,易于保存。但它不像卡片式检索工具那样可随时增减款目,需由计算机进行全套更新,所需费用较大。

(4) 机读式检索工具

机读式检索工具是将书目著录按照一定的代码和一定的格式记录在特定载体上,专供计算机"阅读"的检索工具。只有借助于计算机,才能对它进行检索。并可实现多种形式的输出,如在计算机上显示出来,或用打印机打印,还可以存储在个人磁盘中保存等。其特点是查找文献迅速准确,检索效果好。

3. 按收录的学科范围划分

(1) 综合性检索工具,即收录范围是多学科的,适用于检索不同学科专业文献。

(2) 专业性检索工具,即收录范围仅限于某一学科或专业,专业性强,适合科技人员检索特定专业的文献信息,内容更集中、系统。

(3) 单一性检索工具,即收录文献只限于某一特定类型的特定范围,以新技术发明作为检索对象,如专利文献目录索引等。

7.3.3 检索工具的排检方法

工具书的排检方法是指内容的编排结构和检索方法。工具书因内容、目的或读者对象的不同,排检方式也各不相同。主要的排检方法有字顺排检法、主题排检法、分类排检法、时序排检法、地序排检法。大多数工具书都是几种主要排检方法同时使用。

1. 字顺排检法

(1) 形序排检法

形序排检法是以汉字字形的特点为依据设计的排检方法,主要包括部首法、笔画笔形法和四角号码法。

① 部首法。

部首法首创于东汉许慎的《说文解字》,是我国工具书的传统排检法,以部首归并汉字,先将汉字按其所属部首归并集中,再按笔画多少排列先后顺序。如我们常用的《新华字典》、《新华词典》、《现代汉语词典》、《辞海》等,都使用部首法作为最主要的排检法之一。

② 笔画笔形法。

笔画笔形法是按照笔画数目和起笔笔形来归并排列汉字的一种排检方法。它有两种应用形式：第一种形式是先按笔画多少来归并汉字，笔画相同者，再按起笔笔形排序，笔画笔形均相同的字，则依其字形结构排序，如《广东历史人物辞典》；第二种形式是先按笔画多少来归并汉字，笔画数相同的，再依部首归类排列先后顺序。

笔画笔形法是先数笔画，后看部首，与部首法恰恰相反。

③ 四角号码法。

四角号码法是一种以 4 位数码来代替汉字四角的笔形，并据此来归并排列汉字先后次序的排检方法。四角号码法最早出现于 1926 年，1928 年由商务印书馆改定，其取号规则包括笔形规则和取角规则，如《二十四史纪传人名索引》等。

(2) 音序排检法

音序排检法是按照汉字的读音来排列汉字的一种排检方法。现在使用的主要是汉语拼音字母排检法，逐字依《汉语拼音方案・字母表》中汉语拼音字母顺序排列，第一个字母相同的，再依第二个字母的顺序排列，其余类推。全部字母相同时，按阴平、阳平、上声、去声的顺序排列。这种方法简单方便，但不利于查找不会读或读不准的字，如《古汉语常用字字典》等。

(3) 字母顺序排检法

外文工具书使用最多的排检方法是字母顺序排检法。字母顺序排检法就是机械地按字母顺序排列，有两种不同形式：第一种形式是逐词排列法，即"word by word"，以参与排检的各个独立的词为排检单位，逐词相比；第二种形式是逐字母排列法，即"letter by letter"，所有参与排列的项目，无论单词、词组或句子，不管字母数的多少，均视为一个排列单位，按字母逐个相比。

字母顺序排检法广泛应用于各种类型的工具书，如词典、百科全书等，它们的正文几乎都是按照字母顺序排列的，如《不列颠百科全书》等。中国也有不少工具书采用汉语拼音字母顺序排列。

2. 主题排检法

主题排检法是以规范化的自然语言（即主题词）为标志符号标引文献的中心内容，再将这些主题词按一定顺序排列，使论述同一主题的内容集中在一起的一种方法。主题排检法要结合字顺排检法来组织主题词，西文工具书一般采用字母字顺排列，中文工具书一般按首字的汉语拼音字母或笔画顺序排列。我国目前选取主题词的依据是《汉语主题词表》。西文则将其作为主要的排检法之一，如世界著名的检索工具《科学引文索引》(SCI)、《化学文摘》(CA)、《科学文摘》(SA)、《工程索引》(EI)等。

3. 分类排检法

分类排检法是将词目或文献按其知识内容、学科属性分门别类地加以归并集中，按逻辑原则排列先后顺序的一种排检方法。分类排检可以体现知识的学科属性和逻辑顺序，较好地反映事物概念之间严格的派生隶属和平行关系，便于读者按学科进行查找。分类排检法通常也要结合字顺排检法来使用。我国古代最常用的分类法有四分法、六分法。四分法以《隋书・经籍志》、《四库全书总目》等为代表；六分法以《七略》、《汉书・艺文志》等为代表。分类排检法在我国工具书编排中应用最为广泛，如最早的词典《尔雅》、古代的类书、现代的辞书《中国大百科全书》、《广东文献综录》等都使用分类排检法。

4. 时序排检法

时序排检法就是按照内容的时间先后顺序进行编排，多用于年表及历史纲要等工具书，如《世界历史大事年表》、《中国历史纪年表》等。

5. 地序排检法

地序排检法是按照地理区域进行编排，多用于有关地理、地方资料的查找，如地图和地图册、旅游指南、名胜词典、地方志等。如果是国际性的，可先区分洲，再依地理位置从北到南、从西到东排列；或者按国家名称的字母顺序排列。如果是一个国家的，通常以该国规定的行政区划为序。

7.4 检索系统

7.4.1 检索系统的概念

检索系统就是为了满足各种各样的信息需求而建立的一整套信息的收集、整理、加工、存储和检索的完整系统。它是由一定的检索设施和加工整理好并存储在相应载体上的文献集合及其他必要设备共同构成的。它与检索工具一起，共同服务于信息检索。

7.4.2 检索系统的分类

信息检索系统按文献信息的存储和检索设备划分，可分为手工检索系统和计算机检索系统。

1. 手工检索系统

手工检索系统是用手工方式来处理和查找文献的工具系统，是传统的检索系统，其内容千差万别，种类繁多，结构各异，但组成方法基本相同。它主要是指利用印刷型、缩微型检索工具。手工检索系统由手工检索设备(书本式目录、文摘、索引、卡片柜等)、检索语言、文献库等构成，以人工方式查找和提供文献信息。

手工检索系统具有操作简单、费用低廉、查准率高等优点，但耗时较多、效率较低。在中国，手工检索系统将与自动化检索系统长期共存，互相补充，在情报交流中发挥其应有的作用。

2. 计算机检索系统

计算机检索系统又称为现代化检索系统，是利用计算机技术、电子技术、网络技术等，存储和检索在计算机或计算机网络内的信息资源的检索系统，存储时，将大量的信息资源按一定的格式输入到系统中，加工处理成可供检索的数据库。

计算机信息检索系统主要由4个部分构成，即硬件部分、软件部分、信息数据库、通信网络。

(1) 计算机检索硬件主要包括服务器、交换机、存储设备、检索终端、数据输出设备等。

(2) 计算机检索软件是检索系统的管理系统，其功能是进行信息的存储、处理、检索以及整个系统的运行和管理，检索软件的质量对检索功能和检索速度有重大影响。

(3) 数据库是在计算机存储设备上按一定方式存储的相互关联的数据集合，是检索系统的信息源，也是用户检索的对象。数据库可以随时按不同的目的提供各种组合信息，以满足检索者的需求。一个检索系统可以有一个数据库，也可以有多个数据库。

(4) 通信网络是信息传递的设施，起着远距离、高速度、无差错传递信息的作用。

因此，计算机检索系统也可以说是由数据库及所有支持检索实施所需的硬件、软件构成，通过一定的检索软件进行信息的存储、处理、检索以及整个系统的运行和管理。也就是说，硬件部分决定了系统的检索速度和存储容量；软件部分则是充分发挥硬件的功能，确定检索方法；数据库是检索系统的核心部分。

7.5 信息检索策略与效果评价

7.5.1 检索策略的概念

所谓检索策略，是指检索者为实现检索目标所做的安排和部署，包括课题分析、检索工具的选择、检索方法、检索途径等。检索策略几乎包括全部检索有关的基本知识的应用，指导整个检索过程。因此，检索策略的优劣主要取决于检索人员的知识水平和业务能力，也是影响检索效率的主观原因。

7.5.2 检索策略的制定

1. 分析课题

首先要在分析课题的基础上，弄清楚课题的性质是什么，了解课题的目的、意义，确定检索内容的学科范围、文献类型、检索年限，根据学科范围选择检索工具以及检索范围的限定和检索技术。根据课题要求和特点，选择检索方法，找出检索词，按逻辑关系列出检索式，制订查找程序。要特别注意确定检索标志、提问逻辑、检索词之间的组配方式，它是检索策略的重要部分，关系到检索课题的查全、查准。弄清所需的文献类型、要求的文种、年代的限定、课题的关键词等是检索的第一步。

例如，有人需要查找作为首饰用的"变色钻石"，如果从钻石、金刚钻或碳素材料的角度去查，那就会毫无结果。事实上，"变色钻石"是一种刚玉，应从氧化铝或刚玉的角度着手检索。

2. 选择检索工具

根据检索课题的要求，首先必须对各种检索工具所覆盖的学科范围有清楚的了解，按照相应的检索途径查找有关的索引，再根据索引指示的地址查得相应的文献线索，如题名、内容摘要、作者及作者单位、文献出处等。如果是利用联机、光盘检索系统或数据库检索系统，则可按提示进行操作，其检索途径和功能远比手工检索工具多得多，文献线索的输出形式可根据需要灵活选择。一般来说，可以先利用本单位已有的信息检索工具，再选择单位以外的信息检索工具，在与信息检索主题内容对口的信息检索工具中选择高质量的信息检索工具。

3. 检索技术

检索策略的好坏与检索方法的选择、检索程序和检索人员的技术有关。有的检索人员往往忽略检索策略的制定，忽略检索方法和检索工具各自的特点。检索工具有综合性和专业性的不同，覆盖专业面、收录文献类型、语种、出版文字的不同等，因此应根据课题分析的结果进行选用。拿了题目不了解课题内容，在题目中找出检索词，或由用户提出检索词就进行检索，这样检出来的文献不够全面，容易造成漏检。这种情况的出现与检索人员的经验有关。涉及多学科内容的检索，应对各学科间存在的同义词、近义词进行选择，稍有疏忽，就会造成漏检。

4. 确定检索途径

一种可能包含着所需信息的检索工具确定以后，下一步应考虑怎样从中找到所需信息。检索途径往往不止一种，使用者应根据“已知”信息特征确定检索入口。一般来说，所有文献的特征可分两大类：即外表特征（题名、著者、序号等）和内容特征（分类、主题、关键词），所以文献检索的入口途径也分成如下两个方面。

(1) 以所需文献外表特征为依据

以所需文献外表特征为依据的检索入口途径包括题名途径、著者途径和序号途径等。

① 题名途径。即指根据已知的书名、刊名、篇名按字顺排列规则在工具书中查找所需文献的途径。按题名排列文献是我国书目索引的传统和主要特色之一。在西文工具书中，文献的题名一般只作为辅助检索途径，例如作为书名索引附于书后。在著者和主题混合排列的书目或目录中，题名款目只是附加款目。西文索引很少提供篇名途径，除非按著录规则篇名不得不作为主要款目(Main Entry)的标目。因此以篇名为检索点的查全率是较低的。

② 著者途径。即指以著者姓名为检索点查找文献的途径。我国工具书中文献的排列方法正好与西方国家相反，著者途径常常是辅助检索途径(如《全国报刊索引》)。许多书目索引甚至没有著者索引。西文工具书中的著者款目所负载的信息较其他款目完备，但我国读者一般不习惯以著者为检索点的查找方法。西文著者姓名倒置、复姓、前缀的取舍等问题也给中国用户的检索带来困难。

③ 序号途径。即指按号码顺序如报告号、专利号、标准号、入藏号查找文献的方法。使用这种途径多见于查专利、科技报告、政府文献和从文号查档案文件。

(2) 以所需文献的内容特征为依据

以所需文献内容特征为依据的检索入口途径包括分类法途径、主题途径和关键词途径等。

① 分类法途径。即以科学分类的观点，运用概念划分与归纳的方法，在有学科逻辑的、有内在联系的知识体系中搜寻所需文献的方法。分类是区别事物及其相关联系的一种思维方法，是人的思维活动中的一种本能。按分类查找文献信息的优点是能按照学科的系统性，从事物的派生隶属与平行关系的把握中获取所需资料。其缺点是由于分类法把人类知识按线性层次划分，不适合当今边缘学科、交叉学科发展的需要，横向查找较为吃力。再者，用分类切割知识的“块”较大，不利于查找细小知识单元的“微观”检索。不管是使用何种检索工具书，必须先浏览该检索工具采用的分类法(或分类简表)，弄懂类号的等级次序、类目的排列和划分、类名的含义，以及有关的说明与注释。

② 主题途径。即通过分析所需文献信息的内容，找出能代表这些内容的概括性强、专指度高的规范化名词或词组(主题词)，并按其字母顺序或笔画、音序来查找文献。与分类法类似的是，采用这一途径宜先查阅主题词表，从词表中选择最恰当的主题目。所不同的是，用主题法可以不受分类体系中知识的线性排列的约束，又接近于自然语言，避免了那种分门别类地查找答案的弊病，使检索更直接、方便、快捷。由于主题词表达概念准确，专指性强，可用来检索较为专深细小的知识单元。主题法的缺点是缺少学科系统的整体与层次概念，

这使得在分类法中紧密相邻、互有关联的知识在主题法中被字顺分割，因此，用主题法可得到较高的查准率，但查全率较低。

③ 关键词途径。有的系统称为自由词，是通过题名的关键词为检索入口查找文献的方法。关键词法具有主题词法的部分功能，在一定程度上能揭示文献的内容特征，如题为"市场信息的检索"的论文，读者可以从"市场"、"信息"、"检索"这三个检索点去查找。题名关键词使用的是自然语言，其有利的一面是作为检索标识容易被掌握，不利一面是自然语言所产生的同义词、近义词、多义词容易造成歧义和误差，给选用检索点带来困难。因此有的工具书往往采用关键词轮排法，这种排列违背了人们的阅读习惯，由于语序被打乱，选取的词与其他部分没有直接关系而使题义含糊，初次使用会不习惯。

5. 确定检索策略

选用具体的检索工具后，就要考虑选择哪种检索方法，确定具体的检索途径，选择是从分类途径还是从主题途径检索，所查找的文献要达到什么要求，选用什么检索词等，以便具体进行检索。

6. 获取原始文献

利用检索工具获得的文献线索中，文献来源(出处)往往是采用缩写的方式，因此还必须把缩写的文献来源转换成全称，一般可通过检索工具本身的附录予以解决。另外，还要识别著录时所用的各种缩写等。检索文献最终要获取原文，按照文献来源的全称，查找馆藏目录。如查不到，读者可以利用各类联合目录获得其他单位收藏的信息，还可以委托图书馆进行馆际互借或馆际文献传递。这样就完成了文献检索的全过程。

7.5.3 文献检索效果的评价

1. 检索效果评价指标

文献检索完成后，要根据一定的评价指标对检索结果进行科学的评价，以找出文献检索中存在的问题和影响检索效果的各种因素，以便提高检索的有效性。常见的评价指标有查全率、查准率、漏检率、误检率、收录范围、响应时间、用户负担和输出形式等。其中最主要的指标是查全率和查准率。

查全率是指检索出的相关文献量占系统中所有相关文献总量的百分比，用来反映检索的全面性。查准率是指检索出与主题相关的文献量占所有检出文献总量的百分比，用来反映检索的准确性。

查全率和查准率是两个互补的关系。在一个特定的检索系统中，当查全率不断提高的同时，查准率就会降低，而当查准率提高的同时，查全率又会降低。但值得引起注意的是，当查全率和查准率都很低的时候，两者可以通过检索策略的改善同时得到提高。

用户查找信息的目的各不相同，对查全率和查准率的要求也不同，有时，寻找特定的事实并不关心一次检索中漏检了多少，或检索某个主题时并不在乎误检了多少。因此可根据用户需要，选择合适的查全率和查准率要求。

与之对应的两个概念：漏检率和误检率，其定义如下。

漏检率是指未检出的相关文献量与文献库中所有相关文献总量之比率。

误检率是指被检出的非相关文献数量与从文献库中被检出文献总数量之比率。

2. 影响检索效果的因素

(1) 标引的网罗性

所谓标引是指对文献进行主题分析,给出检索标识(主题词、分类号等)的过程。其目的是按照给定的检索标识组织各种检索工具(目录、文摘、索引等)。标引的网罗性是指标引时揭示文献主题的基本概念和广度。例如,查找题为“计算机软件设计”的有关文献,经过主题分析后选出“计算机检索”、“文献检索”、“程序设计”三个检索词。从标引广度包含检索词的角度看,还应补加上“检索程序”和“应用程序”两个检索词,否则就会漏掉上述的相关文献,影响查全率;因此,标引的网罗性是影响查全率的主要因素。

(2) 检索标识的专指性

所谓检索标识的专指性是指检索标识表达主题的基本概念的专度。如查找题为“计算机在情报检索中的应用”的有关文献,经过主题分析后,选出“计算机”、“情报检索”、“计算机应用”三个词,从主题的专指性看,计算机的下位概念是“电子计算机”,情报检索还包括“文献检索”,这些词都应考虑。因此,检索词的专指性是影响查准率的一个重要因素。

(3) 其他

检索者的知识水平、业务能力、工作经验,特别是检索技术的熟练程度和外语水平也是影响检索效果的主要因素。

3. 提高检索效果的措施

一般地说,提高检索效果的措施有两项,一是选择检索系统,二是提高检索者的检索水平。

检索系统的优劣是影响检索效果的主要因素。评论一个检索系统的好与坏主要看它的存储功能,即“全”、“便”、“新”。“全”是指存储的内容丰富,摘录的文献量越多,摘储率越高,则检索系统存储的文献信息量越大,这是检索的前提条件,也是实现检索的物质基础;“便”是指便于利用,它是检索系统的必备条件,一般指编排结构是否准确和实用,辅助索引是否齐全,排列是否科学等;“新”是指内容新、时差短,以保证提供的文献不陈旧失效。以上三者同时具备,才称得上是优良的检索系统。

对用户来说,检索前必须慎重选择检索系统,这是提高检索效果的保证条件。然而,多数情况下,检索者选择检索系统的余地并不大,要提高检索效果,更主要的是提高检索者自身的检索水平。检索效果与检索者的知识水平、业务能力、工作经验,特别是检索技能的熟练程度和外语水平密切相关。比如,要能全面准确地表达检索要求,合理选择检索方法、途径和工具,以及检索策略的应变能力,同时要根据不同检索课题的需要,适当调整对查全率和查准率的要求,这些都取决于检索者的检索水平和能力。因此,提高检索者的检索水平是提高检索效率的决定因素。

7.6 计算机检索

7.6.1 计算机检索发展概况

计算机信息检索的发展,是与计算机技术、数字化技术、存储技术、网络通信技术的发展密切相关的。从20世纪50年代计算机开始应用于信息检索,至今大体经历了4个阶段。

1. 脱机检索阶段(20世纪50年代中期到20世纪60年代中期)

自1946年2月世界上第一台电子计算机问世以来,人们一直设想利用计算机查找文献。进入20世纪50年代后,在计算机应用领域"穿孔卡片"和"穿孔纸带"数据录入技术及设备相继出现,以它们作为存储文摘、检索词和查询提问式的媒介,使得计算机开始在文献检索领域中得到了应用。

这一阶段主要以脱机检索的方式开展检索服务,其特点是不对一个检索提问立即做出回答,而是集中大批提问后进行处理,且进行处理的时间较长,人机不能对话,因此,检索效率往往不够理想。但是,脱机检索中的定题服务对于科技人员却非常有用,定题服务能根据用户的要求,先把用户的提问登记入档,存入计算机中形成一个提问档,每当新的数据进入数据库时,就对这批数据进行处理,将符合用户提问的最新文献提交给用户,可使用户随时了解课题的进展情况。

2. 联机检索阶段(20世纪60年代中期到20世纪70年代中期)

由于计算机分时技术的发展、通信技术的改进,以及计算机网络的初步形成和检索软件包的建立,用户可以通过检索终端设备与检索系统中心计算机进行人机对话,从而实现对远距离之外的数据库进行检索的目的,即实现了联机信息检索。

可以说,联机检索是科技信息工作、计算机、通信技术相结合的产物,它标志着20世纪70年代计算机检索的水平。

3. 光盘数据库检索阶段(20世纪70年代中期到20世纪80年代末)

光盘数据库检索阶段真正发展是在20世纪70年代。它是单机信息检索系统的一种,解决了单机检索系统数据存储量少的问题,也是目前应用比较广泛的一种检索系统,它在信息检索领域应用的光盘主要还是只读光盘。

4. 网络化检索阶段(20世纪90年代初至今)

由于电话网、电传网、公共数据通信网都可为情报检索传输数据,特别是卫星通信技术的应用,使通信网络更加现代化,也使信息检索系统更加国际化,信息用户可借助国际通信网络直接与检索系统联机,从而实现不受地域限制的国际联机信息检索。尤其是世界各大检索系统纷纷进入各种通信网络,每个系统的计算机成为网络上的节点,每个节点连接多个检索终端,各节点之间以通信线路彼此相连,网络上的任何一个终端都可联机检索所有数据库的数据。这种联机信息系统网络的实现,使人们可以在很短的时间内查遍世界各国的信息资料,使信息资源共享成为可能。

计算机信息检索的实现,大大方便和加速了信息资源的交流和利用,并对社会经济的发展和人们的科研方式产生了深刻的影响,从而也极大地促进了科技的进步。

7.6.2 计算机信息检索系统

计算机信息检索系统是利用计算机的有效存储和查找能力来进行信息的分析、组织、存储和查找的系统。

1. 计算机信息检索系统的构成

计算机信息检索系统主要由三个部分构成:硬件部分、软件部分和信息数据库。

(1) 硬件部分。指以计算机主机为中心的一系列机器设备,包括主机、外围设备以及与数据处理或数据传送有关的其他设备。广义地讲,硬件设备还应包括电源设备和通信设备及网络设备。

(2) 软件部分。又称计算机程序,是指控制计算机进行各种作业的一系列指令和进行人机对话及各种数据的存储和传输的“翻译”规则。

(3) 数据库。是计算机信息检索的重要组成部分。它是以二进制代码形式在计算机存储设备上(如磁带、磁盘和光盘等)合理存放的相关数据的信息集合,通常由存储信息记录及其索引的若干文档组成。不同的数据库,存储不同主题、数量、时间和类型的信息。目前,大多数计算机信息检索系统都存有4种类型的数据库:文献型数据库、数值型数据库、词典型数据库和全文型数据库。

① 文献型数据库。又叫书目型数据库,记录文档中主要存入的是原始文献的书目,例如原始文献的篇名、作者、文献出处、文摘、关键词等,主要用于查询各种文献资料的书目性线索、文摘等。

② 数值型数据库。数据库的记录存入各种调查数据或统计数据。这些数据是从文献中分析、概括、提取出来,或从调研、观测及统计工作中直接获得的数据。数值型数据库主要用于查询各种有关的数字、参数、公式等。

③ 词典型数据库。这类数据库的文献记录主要介绍一些有关公司、团体或名人的情况,供用户查询某一事物发生的时间、地点、过程或简要情况,或诸如化学物质名称、结构、俗称和化学物质登记号之类的指南性信息,故又称之为指南型数据库。

④ 全文型数据库。这类数据库的文献记录存入了原始信息的正文。通过它可以直接检索出原始信息的全文,而不必进行二次检索,从而大大方便了用户,也提高了信息的有效利用率。

2. 世界著名联机检索系统

随着信息技术和检索技术的发展,世界上各种类型的联机检索系统日趋完善和功能强大,这为信息检索提供了可靠的技术条件。下面简单介绍一下世界主要联机检索系统的情况。

(1) DIALOG 系统。DIALOG 系统是目前世界上最大的国际性联机检索服务系统,覆盖各行业的900多个数据库,信息总量约15TB,共有14亿条记录。在DIALOG系统资源中,各种类型的商业性数据库多达400个左右,占有举足轻重的地位。存储的文献型和非文献型记录占世界各检索系统数据库文献总量的一半以上。DIALOG系统在全球6个大洲100多个国家保有25 000位客户,是全球最大的专业信息供应商。文档的专业范围涉及综合性学科、自然科学、应用科学和工艺学、社会科学和人文科学、商业经济和时事报导等诸多领域。利用DIALOG系统,可进行项目查新、文献调研、课题立项、申报专利、了解市场动态和竞争对手、新产品开发、公司的背景情况、经济预测等信息。

(2) ORBIT 系统。ORBIT 是 Online Retrieval of Bibliographic Information Time-share 的缩写,原意为文献信息分时联机检索系统。该系统通过卫星通信网络,为世界各地的用户服务。为了保持竞争地位,ORBIT 也搜集了各个专业领域的信息源,在专利、化学、能源、工程和电子学领域的信息更为齐全。

(3) ESA-IRS 系统。ESA-IRS 系统是欧洲最大的联机信息检索系统,由欧洲航天局情报检索服务中心负责运营。总部设在意大利罗马附近的弗拉斯卡蒂系统于1973年建成,开始只用 NASA 文档进行服务,以后几经更新和扩大,发展迅速。由于创建时间较晚,吸收了其他系统的优点，所以它的检索功能很强、对话简单、操作方便。该系统拥有120多个数据库，多数为文献数据库。内容涉及航空航天、宇宙学、天文学、天体物理、环境与污染、自然科学、工程技术、医学、商业等领域。该系统有近半数的数据库与DIALOG系统的重复，但对欧洲的文献收录较全，可弥补DIALOG系统的不足。

ESA-IRS拥有的数据库中，虽有近半数与DIALOG系统相重复，14%与ORBIT重复，10%与BRS重复，25%与DATA-STAR重复，但也有自己所独有的数据库，如PROCEDATA（原材料价格数据库）；DATALINE（金融数据库）；报道英国制造业情况的INDUSTRIAL MARKET LOCATIONS（工业市场信息）；介绍经济和开发方面情况的INFOMAT BIS（商业信息）；提供欧洲国家公司财政信息的NEWSLINE/NEXTLINE（公司金融文档）等，与这些系统的数据库可以相互补充。

(4) DATA-STAR系统。该系统是世界第二大信息检索系统，面向商业的数据库较多，提供的信息包括商业新闻、金融信息、市场研究、贸易统计、商业分析。DATA-STAR系统数据库的最大特色是欧洲信息多，对于想获得欧洲科技与商业信息的用户来说是一个很好的信息源，尤其在商情方面可以弥补DIALOG、BRS、ORBIT等系统的不足。

7.6.3 计算机检索基本方法

计算机检索系统采用的检索词和信息标识词对比运算的主要方法有布尔逻辑检索、截词检索、限制检索、加权检索、词位置检索和全文检索等。

7.6.4 计算机信息检索步骤

1. 分析检索课题

通过对检索课题的分析，明确待查课题的学科专业、主题内容及检索目标文献的类型、年限、语种、输出方式、检索费用等内容。

2. 选用检索系统或数据库

在明确了信息需求的基础上，综合考虑选用的检索系统（或数据库）涉及的学科范围、文献类型、存储年限、检索费用、使用方法等，选择合适的检索系统和数据库。

3. 确定检索词

检索词（或检索项）既是构成检索策略的基本元素，同时也是进行逻辑组配和编写提问检索式的最小单位。检索词选择是否恰当，将直接影响检索效果。在具体选择检索词时，如果所选用的数据库有主题词表时，一般总是优先选择主题词表中的主题词作为最基本的检索项目。同时要对信息提问进行概念分析，即不仅从字面上分析，更重要的是要从词的含义上进行分析，注意所选词的全面性、专指性、一致性，并要考虑下列选词基本准则。

(1) 要从词表规定的专业范围出发，选用各学科具有检索价值的基本名词术语。

(2) 选词要适应待检数据库的检索用词规则。

(3) 宜多选常用的基本词汇进行组配。

4. 编写提问检索式

提问检索式是用来表达用户信息需求的具体体现，也是决定检索策略的质量和检索效果的重要因素。编写提问检索式，是在分析检索课题，选择检索系统和数据库，确定检索词及检索途径的基础上，用布尔算符或位置算符对各检索词进行组配，以形成完整的检索概念。

不同的检索者拟定检索式的方法和技巧各有不同。但有几条基本原则应遵守：首先，要符合概念组配的原则；其次，应拟定精炼的检索式，能化简的检索式尽量化简。同时，对于位置算符的选择，应根据文献中常见的词间关系来选择。

把选择好的检索词用系统规则或允许使用的符号连接组配起来，便成为一条检索式。构造检索式常用到的组配符号主要有以下几类。

(1) 布尔算符：它的作用是把检索词连接起来，为检索式搭起框架。

(2) 截词符：它的主要作用是对单元词进行加工修饰，使其功能更完善。

(3) 位置算符：它的作用是对复合检索词进行加工修饰。

(4) 字段限制符：它的作用是限制检索词在数据库记录中出现的字段。

思 考 题

1. 信息检索的定义是什么？有何基本类型？
2. 简述检索语言的主要类型及定义。
3. 检索系统按文献信息的存储和检索可分为哪几类？
4. 什么是检索工具？按检索手段划分为哪几种？
5. 你常用的检索工具有哪些？通常在什么情况下会使用它们？

第8章　中文常用数字资源

图书馆电子数据库资源以其内容丰富、使用方便等优点，近年来已成为各级图书馆信息资源建设的重点，它也是广大读者查找和利用文献信息的主要阵地。本章将重点介绍几种常用的中文电子期刊、数据库及电子图书的使用方法。通过本章的学习，读者将了解和掌握图书信息的检索方法，能够利用电子图书数据库检索出需要的各种参考书，能够在检索过程中控制检索结果，并能够运用不同的工具进行全文资料的合理利用。

8.1　文献型数字资源

8.1.1　CNKI数据库

1. CNKI工程简介

国家知识基础设施(National Knowledge Infrastructure，CNKI)的概念，由世界银行于1998年提出，是以实现全社会知识资源传播共享与增值利用为目标的信息化建设项目，由清华大学、清华同方发起，始建于1999年6月，被科技部等五部委确定为"国家级重点新产品重中之重"项目。其前身为《中国学术期刊(光盘版)》，于1995年8月正式立项。CNKI工程集团采用自主开发并具有国际领先水平的数字图书馆技术，建成了世界上全文信息量规模最大的"CNKI数字图书馆"，涵盖了我国自然科学、工程技术、人文与社会科学期刊、博(硕)士论文、报纸、图书、会议论文等公共知识信息资源。用户遍及全国各地，实现了我国知识信息资源在互联网条件下的共享与传播，使我国教育、科研、政府、企业、医院等各行各业获取与交流知识信息的能力达到了国际先进水平。并正式启动建设《中国知识资源总库》及CNKI网络资源共享平台，通过产业化运作，为全社会知识资源高效共享提供最丰富的知识信息资源和最有效的知识传播与数字化学习平台。

学术文献总库：文献总量7242万篇。文献类型包括学术期刊、博士学位论文、优秀硕士学位论文、工具书、重要会议论文、年鉴、专著、报纸、专利、标准、科技成果、知识元、哈佛商业评论数据库、古籍等；还可与德国Springer公司期刊库等外文资源统一检索。

国际学术文献总库(345万篇)：共有国际学术文献库9个，收录文献题录共2300多万条，包括外文学术期刊、专利、标准、图书等。

工具书检索共2300万个条目。类型包括汉语词典、双语词典、专科辞典、百科全书、图录表谱、年鉴、标准、手册、语录、名录、医学图谱等。

(1)《中国学术期刊网络出版总库》(CAJD)

《中国学术期刊网络出版总库》是世界上最大的连续动态更新的中国学术期刊全文数据

库，是"十一五"国家重大网络出版工程的子项目，是《国家"十一五"时期文化发展规划纲要》中国家"知识资源数据库"出版工程的重要组成部分。以学术、技术、政策指导、高等科普及教育类期刊为主，内容覆盖自然科学、工程技术、农业、哲学、医学、人文社会科学等各个领域。

截至2010年10月，收录国内学术期刊7686种，包括创刊至今出版的学术期刊4600余种，全文文献总量3931万多篇。产品分为十大专辑：基础科学、工程科技Ⅰ、工程科技Ⅱ、农业科技、医药卫生科技、哲学与人文科学、社会科学Ⅰ、社会科学Ⅱ、信息科技、经济与管理科学。十大专辑下分为168个专题。

收录年限：自1915年至今出版的期刊，部分期刊回溯至创刊。

(2)《中国博士学位论文全文数据库》(CDFD)

《中国博士学位论文全文数据库》是国内内容最全、质量最高、出版周期最短、数据最规范、最实用的博士学位论文全文数据库。内容覆盖基础科学、工程技术、农业、医学、哲学、人文、社会科学等各个领域。截至2011年10月，收录来自388家全国985、211工程等重点高校，中国科学院，社会科学院等研究院所培养单位的博士学位论文16万多篇。产品分为十大专辑：基础科学、工程科技Ⅰ、工程科技Ⅱ、农业科技、医药卫生科技、哲学与人文科学、社会科学Ⅰ、社会科学Ⅱ、信息科技、经济与管理科学。十大专辑下分为168个专题。

收录年限：从1984年至今的博士学位论文。

(3)《中国优秀硕士学位论文全文数据库》(CMFD)

《中国优秀硕士学位论文全文数据库》是国内内容最全、质量最高、出版周期最短、数据最规范、最实用的硕士学位论文全文数据库。内容覆盖基础科学、工程技术、农业、哲学、医学、哲学、人文、社会科学等各个领域。截至2011年10月，收录来自561家培养单位的优秀硕士学位论文122万多篇。重点收录985、211高校，中国科学院，社会科学院等重点院校的优秀硕士论文，以及重要特色学科如通信、军事学、中医药等专业的优秀硕士论文。

产品分为十大专辑：基础科学、工程科技Ⅰ、工程科技Ⅱ、农业科技、医药卫生科技、哲学与人文科学、社会科学Ⅰ、社会科学Ⅱ、信息科技、经济与管理科学。十大专辑下分为168个专题。

收录年限：从1984年至今的硕士学位论文。

2. CNKI数据库检索方式

基于学术文献的需求，平台提供了快速检索、标准检索、专业检索、引文检索、"知网节"检索、作者发文检索、科研基金检索、句子检索、知识元检索面向不同需要的9种跨库检索方式，以及按文献来源检索方式，构成了功能先进、检索方式齐全的检索平台。

(1) 简单检索

简单检索提供了类似搜索引擎的检索方式，用户只需要输入所要找的关键词，单击"简单检索"就可查到相关的文献。使用界面如图8-1所示。

(2) 标准检索

标准检索中，将检索过程规范为以下三个步骤。

第一步：输入时间、支持基金、文献来源、作者等检索控制条件。

第二步：输入文献全文、篇名、主题、关键词等内容检索条件。

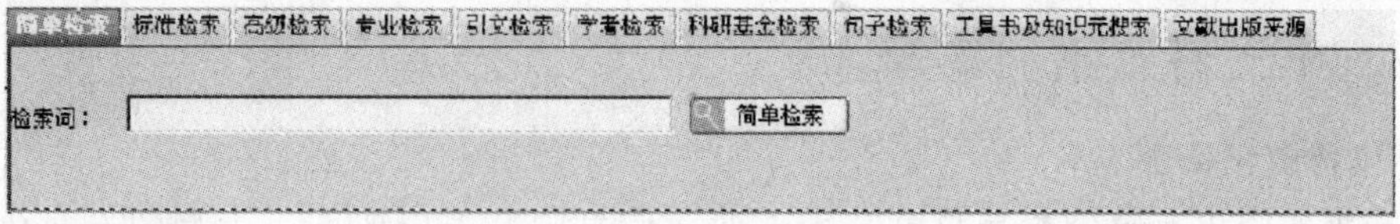

图 8-1　简单检索

第三步：对检索结果进行分组分析和排序分析，反复筛选修正检索式得到最终结果。

若对结果仍不满意，可改变内容检索条件重新检索，或在检索历史面板中选择返回历史检索。使用界面如图 8-2 所示。

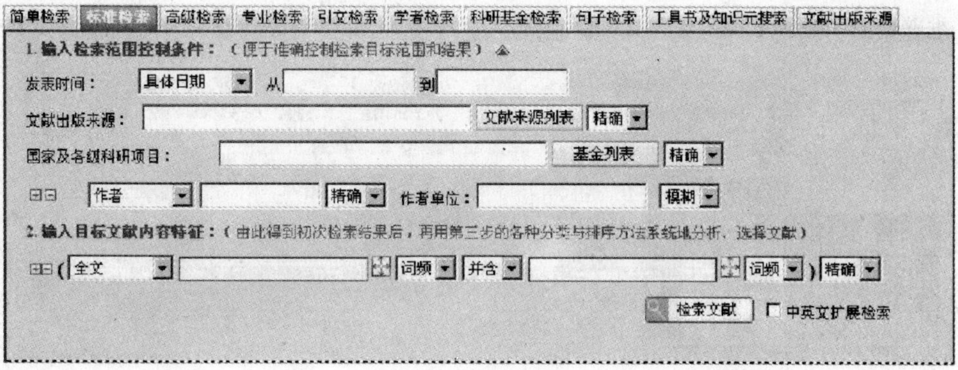

图 8-2　标准检索

（3）高级检索

高级检索为用户提供更灵活、方便地构造检索式的检索方式。使用界面如图 8-3 所示。

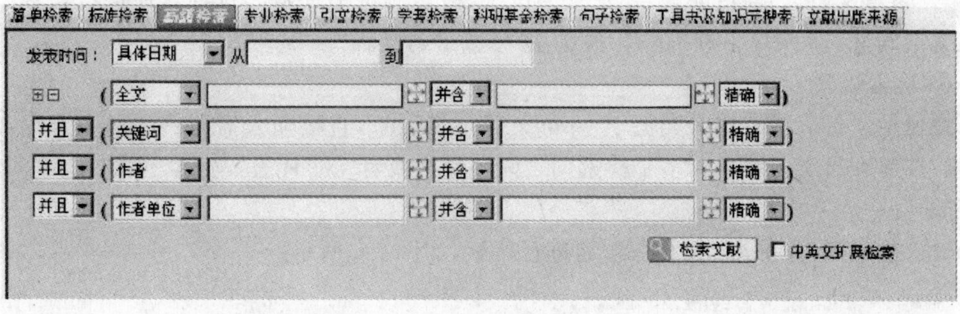

图 8-3　高级检索

单击 ⊞ 按钮可以增加检索条件行，并与上一行检索条件自由组配逻辑关系，最多可以增加 7 行。同时，可限定文献发表时间范围条件缩小检索范围。

检索项包括题名、关键词、主题、全文、作者、第一作者、作者单位、文献来源。

扩展词检索、精确模糊控制、中英文扩展检索功能同使用方法详见标准检索说明。

（4）专业检索

专业检索用于图书情报专业人员查新、信息分析等工作，使用逻辑运算符和关键词构造检索式进行检索。

8.1.2 中文科技期刊数据库

1. 维普资讯简介

重庆维普资讯有限公司是科学技术部西南信息中心下属的一家大型的专业化数据公司，1989年，维普资讯开发建设了我国第一个期刊数据库——《中文科技期刊数据库》。目前，《中文科技期刊数据库》收录期刊12 000余种，文献总量3000余万篇，被我国高等院校、公共图书馆、科研机构所广泛采用，成为文献保障系统的重要组成部分，也是科技工作者进行科技查新和科技查证的必备数据库。

2. 维普数据库的检索方法

维普数据库提供4种检索方式：快速检索、高级检索、分类检索和期刊导航，如图8-4所示。

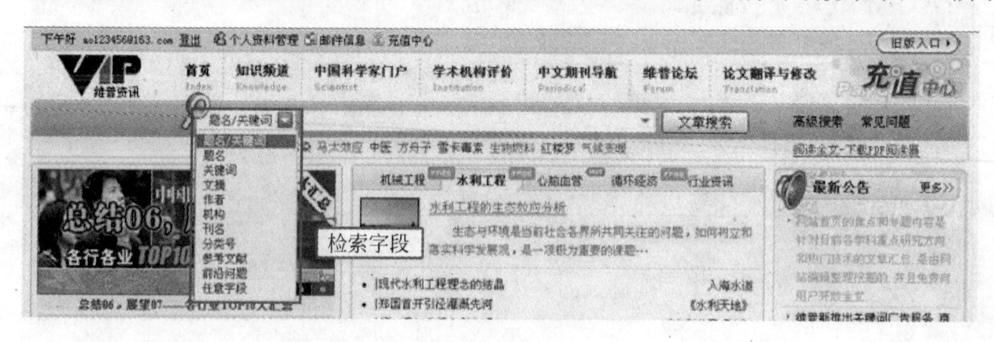

图8-4 维普数据库检索

(1) 快速检索

可选择字段有“题名或关键词”、“题名”、“关键词”、“文摘”、“作者”、“机构”、“刊名”、“分类号”、“参考文献”、“前沿问题”、“任意字段”。检索时可根据需要选择字段进行检索，以提高检索准确性。系统默认在“题名/关键词”字段进行检索。

① 检索规则

快速检索的表达式输入类似于Google等搜索引擎，直接输入需要查找的主题词，单击“检索”按钮即可实现检索。多个检索词之间用空格或者“ * ”代表“与”，“＋”代表“或”，“－”代表“非”。

输入检索词，并单击 “检索” 按钮进行检索，如图8-5所示。

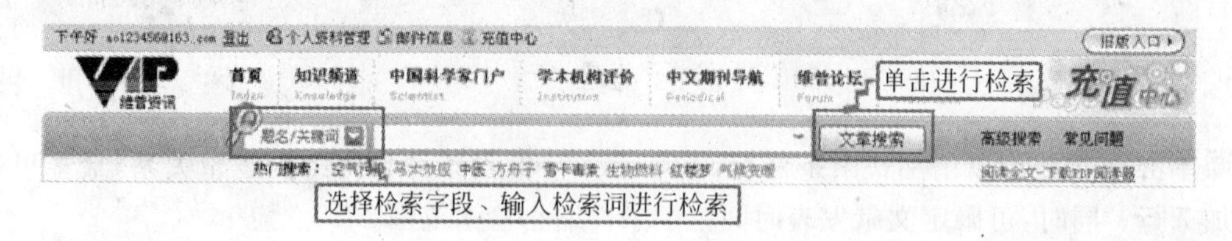

图8-5 快速检索

注：检索过程中，如果检索词中带有括号或逻辑运算符 * 、＋、－、()、《》等特殊字符，必须在该检索词上用半角双引号括起来，以免与检索逻辑规则冲突。双引号外的 * 、＋、－，系统会将这些符号当成逻辑运算符(与、或、非)进行检索。

例如，要在“题名”字段检索“C++”，输入检索词的方式如图8-6所示。

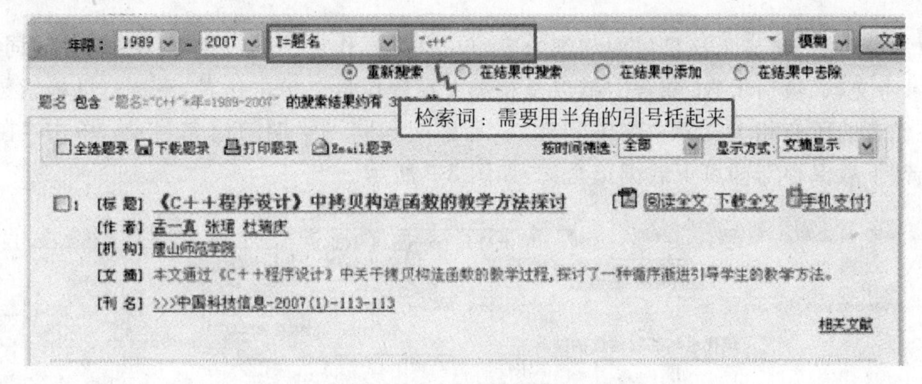

图 8-6　输入检索词检索

② 二次检索

执行检索后，在显示结果页面有一个检索条件输入框，允许在检索结果中直接进行二次检索，如图 8-7 所示。

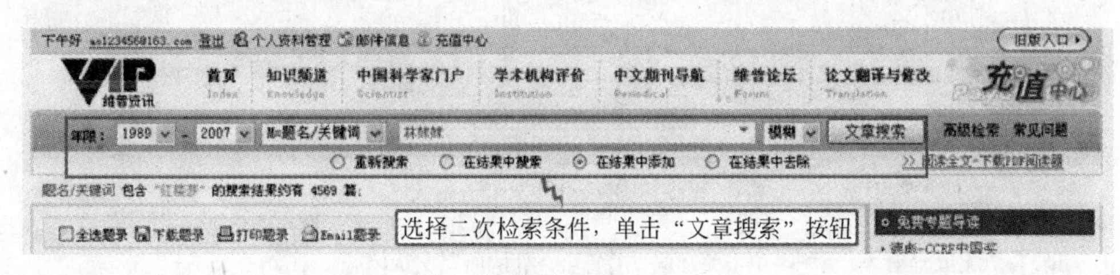

图 8-7　二次检索

③ 搜索结果

快速检索的搜索结果有两部分内容：符合当前搜索条件的全部文章、符合当前搜索条件的热点研究文章(热点研究文章即高被引文章，是通过引文统计分析得出的被引频次比较高的文章，也就是受关注度比较高的文章)，如图 8-8 所示。

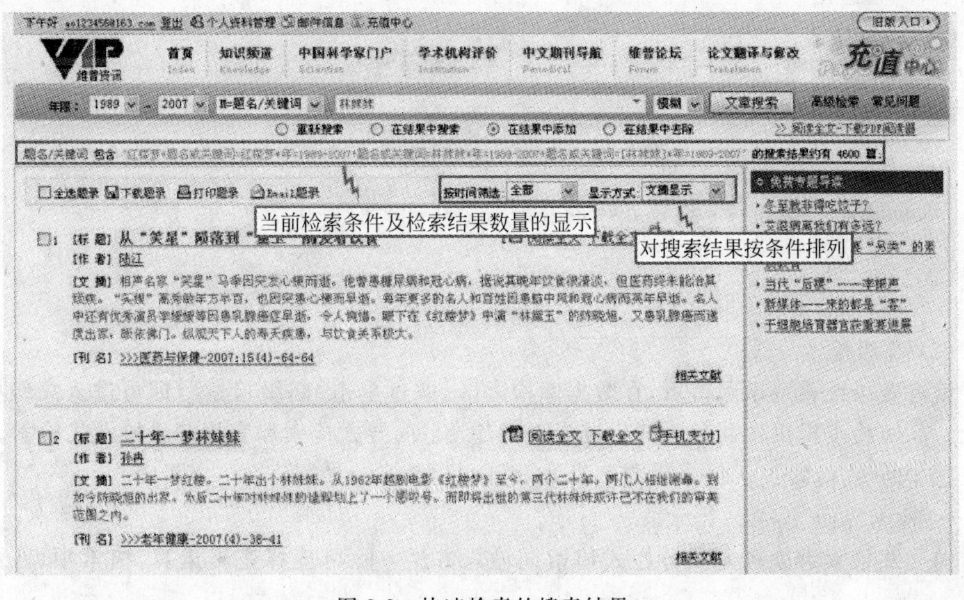

图 8-8　快速检索的搜索结果

单击篇名后，将显示该篇目的详细内容，包括标题、作者、刊名、年期、文摘、关键词、全文链接、参考文献、被引次数、耦合文献以及相关文章等信息。单击作者，系统自动检索数据库中同一作者的所有相关文章；单击刊名，显示该期刊同一年期的篇名目录；单击“在经阅读”或者“下载保存”，即可下载浏览全文，如图 8-9 所示。

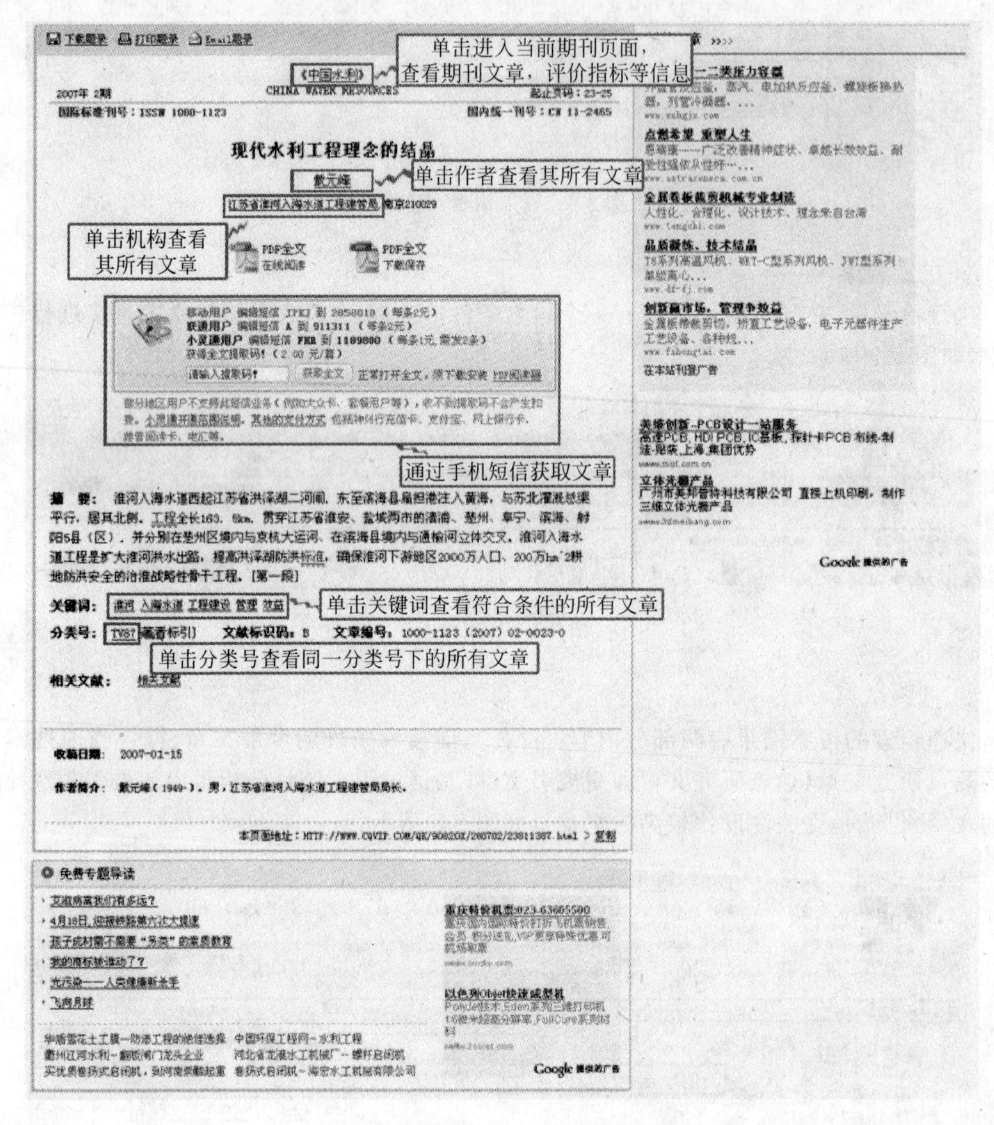

图 8-9　快速检索的详细搜索结果

(2) 高级检索

读者登录维普资讯网首页，在数据库检索区，通过单击“高级检索”，即可进入高级检索页面。高级检索提供了两种方式供读者选择使用：向导式检索和直接输入检索式检索。

① 向导式检索

• 检索界面

向导式检索为读者提供分栏式检索词输入方法。除可选择逻辑运算、检索项、匹配度外，还可以进行相应字段扩展信息的限定，最大程度地提高了"检准率"，如图 8-10 所示。

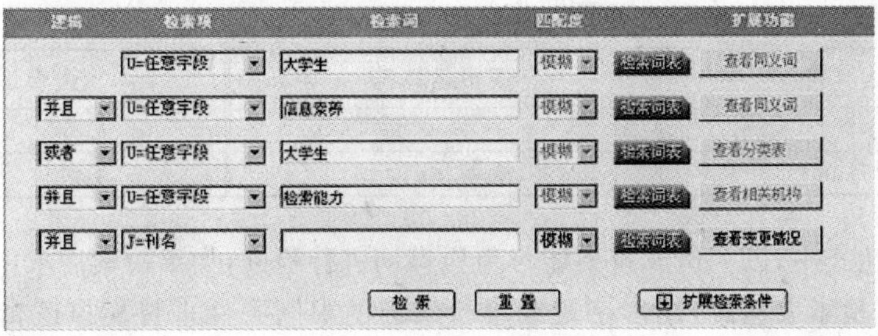

逻辑	检索项	检索词	匹配度	扩展功能
	U=任意字段	大学生	模糊	检索词表　查看同义词
并且	U=任意字段	信息素养	模糊	检索词表　查看同义词
或者	U=任意字段	大学生	模糊	检索词表　查看分类表
并且	U=任意字段	检索能力	模糊	检索词表　查看相关机构
并且	J=刊名		模糊	检索词表　查看变更情况

检索　重置　扩展检索条件

图 8-10　向导式检索

• 检索规则

向导式检索的检索操作严格按照由上到下的顺序进行，用户在检索时可根据检索需求进行检索字段的选择。

以如图 8-10 所示为例进行检索规则的说明。图 8-10 中显示的检索条件得到的检索结果为((U=大学生 * U=信息素养)+ U=大学生) * U=检索能力，而不是(U=大学生 * U=信息素养)+(U=大学生 * U=检索能力)。

如果要实现(U=大学生 * U=信息素养)+(U=大学生 * U=检索能力)的检索，可做如图 8-11 所示的输入，图 8-11 中输入的检索条件用检索式表达为 U=(大学生 * 信息素养)+U=(大学生 * 检索能力)。

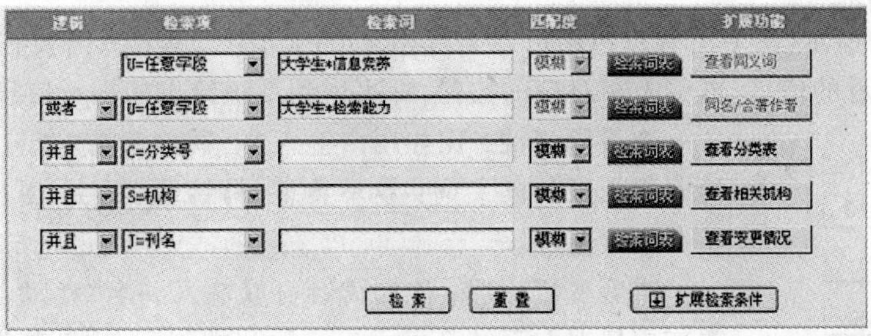

逻辑	检索项	检索词	匹配度	扩展功能
	U=任意字段	大学生*信息素养	模糊	检索词表　查看同义词
或者	U=任意字段	大学生*检索能力	模糊	检索词表　同名/合著作者
并且	C=分类号		模糊	检索词表　查看分类表
并且	S=机构		模糊	检索词表　查看相关机构
并且	J=刊名		模糊	检索词表　查看变更情况

检索　重置　扩展检索条件

图 8-11　检索规则的应用一

要实现(U=大学生 * U=信息素养)+(U=大学生 * U=检索能力)的检索，也可用如图 8-12 所示的输入方式，图 8-12 中输入的检索条件用检索式表达为(U=信息素养+ U=检索能力) * U=大学生。

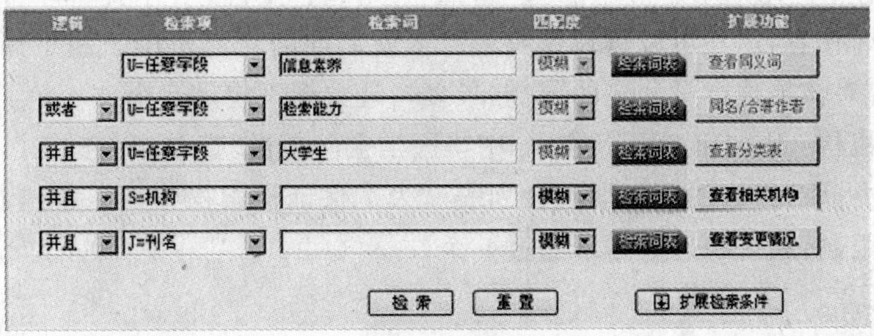

逻辑	检索项	检索词	匹配度	扩展功能
	U=任意字段	信息素养	模糊	检索词表　查看同义词
或者	U=任意字段	检索能力	模糊	检索词表　同名/合著作者
并且	U=任意字段	大学生	模糊	检索词表　查看分类表
并且	S=机构		模糊	检索词表　查看相关机构
并且	J=刊名		模糊	检索词表　查看变更情况

检索　重置　扩展检索条件

图 8-12　检索规则的应用二

关于逻辑运算符，如表 8-1 所示。

表 8-1 逻辑运算符对照表

逻辑运算符	逻辑运算符	逻辑运算符
*	+	—
并且、与、and	或者、or	不包含、非、not

在检索表达式中，以上运算符不能作为检索词进行检索，如果检索需求中包含以上逻辑运算符，请调整检索表达式，用多字段或多检索词的限制条件来替换掉逻辑运算符号。例如，如果要检索 C++，可组织检索式（M＝程序设计 * K＝面向对象）* K＝C 来得到相关结果。

关于检索字段的代码，如表 8-2。

表 8-2 检索字段代码对照表

代　码	字　段	代　码	字　段
U	任意字段	S	机构
M	题名或关键词	J	刊名
K	关键词	F	第一作者
A	作者	T	题名
C	分类号	R	文摘

• 扩展功能

如图 8-13 所示，图中所有按钮均可以实现相对应的功能。读者只需要在前面的输入框中输入需要查看的信息，再单击相对应的按钮，即可得到系统给出的提示信息。

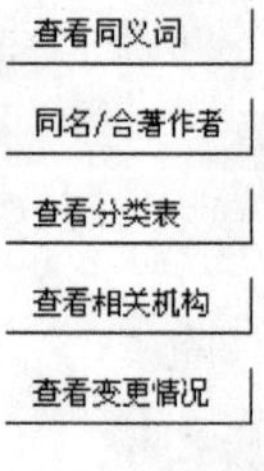

查看同义词

同名/合著作者

查看分类表

查看相关机构

查看变更情况

图 8-13 向导式检索的扩展功能

查看同义词：比如用户输入“土豆”，单击“查看同义词”，既可检索出土豆的同义词：春马铃薯、马铃薯、洋芋，用户可以全选，以扩大搜索范围。

查看变更情况：比如读者可以输入刊名“移动信息”，单击“查看变更情况”，系统会显示出该期刊的创刊名“新能源”和曾用刊名“移动信息・新网络”，使用户可以获得更多的信息。注意：此处需要输入准确的刊名才能查看期刊的变更情况。

查看分类表：读者可以直接单击按钮，会弹出分类表页，操作方法同分类检索。

查看同名作者：比如用户可以输入“张三”，单击“同名/合著作者”，即可以列表形式显示不同单位同名作者，用户可以选择作者单位来限制同名作者范围。为了保证检索操作的正常进行，系统对该项进行了一定的限制，最多勾选数据不超过 5 个。

查看相关机构：比如用户可以输入“中华医学会”，单击“查看相关机构”，即可显示以中华医学会为主办（管）机构的所属期刊社列表。为了保证检索操作的正常进行，系统对该项进行了一定的限制，最多勾选数据不超过 5 个。

• 检索词表

读者选择某一字段后，可查看对应字段的检索词表来返回检索词，如关键词对应的是主题词表，机构对应的是机构信息表，刊名对应的是期刊名列表。此功能正在完善中。

• 扩展检索条件

用户可以单击“扩展检索条件”，以进一步减小搜索范围，获得更符合需求的检索结果，如图 8-14 所示。

图 8-14　扩展检索条件

如图 8-15 所示，用户可以根据需要，以“时间条件”、“专业限制”、“期刊范围”进一步限制范围。

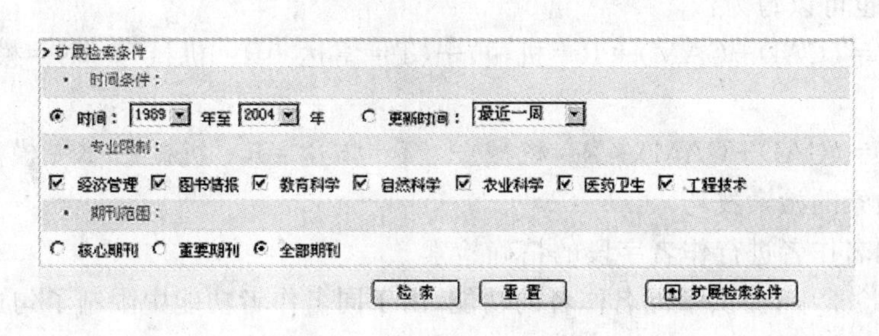

图 8-15　扩展检索条件的输入

读者在选定限制分类，并输入关键词检索后，页面自动跳转到搜索结果页，后面的检索操作同简单搜索页，读者可以单击查看。

② 直接输入检索式检索

• 检索界面

读者可在检索框中直接输入逻辑运算符、字段标识等，单击“扩展检索条件”并对相关检索条件进行限制后单击“检索”按钮即可，如图 8-16 所示。

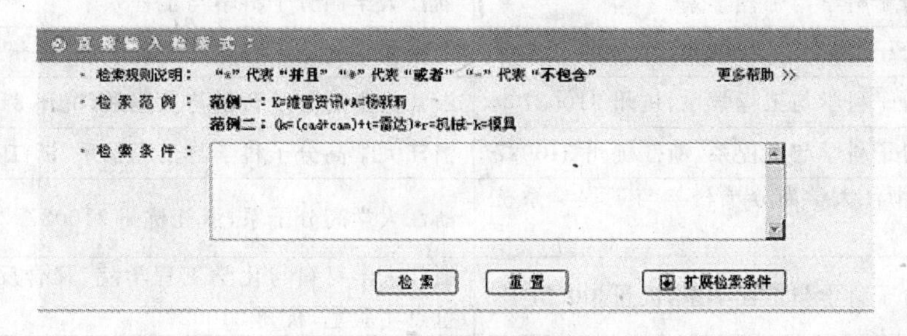

图 8-16　直接输入检索式检索

检索式输入有错时检索后会返回“查询表达式语法错误”的提示，看见此提示后请使用浏览器的“后退”按钮返回检索界面重新输入正确的检索表达式。

• 扩展检索条件

如图 8-15 所示。

• 检索规则

关于逻辑运算符如表 8-1 所示。

关于检索代码同表 8-2 所示。

关于检索优先级：无括号时逻辑与“*”优先，有括号时先括号内后括号外。括号()不能作为检索词进行检索。

• 检索范例

范例一：K=维普资讯 * A=杨新莉

此检索式表示查找文献：关键词中含有“维普资讯”并且作者为“杨新莉”的文献。

范例二：(k=(CAD+CAM)+T=雷达) * R=机械-K=模具

此检索式表示查找文献：文摘含有机械，并且关键词含有 CAD 或 CAM、或者题名含有“雷达”，但关键词不包含“模具”的文献。

此检索式也可以写为：

((K=(CAD+CAM) * R=机械)+(T=雷达 * R=机械))-K=模具

或者

(K=(CAD+CAM) * R=机械)+(T=雷达 * R=机械)-K=模具

③ 高级检索的检索技巧

• 利用同名作者进行作者字段的精确检索

在向导式检索中，提供了同名作者的功能，由于同名作者功能中限制了勾选的最大数目(5 个)，如果碰巧需要选择的单位又超过了 5 个，此时可以考虑采用模糊检索的方式来实现检全检准。

例如，查询目标为浙江大学高分子科学与工程系作者名为王立的文献，通过同名作者查看到相似的单位有 13 个(如表 8-3 所示)，这时就可以采用检索式“A=王立 * S=浙江大学高分子科学”来限制作者以得到精确的检索结果。检索式的更改方法为：可在向导式检索的同名作者添加以后修改，也可采用直接输入检索式检索的方式。

表 8-3　通过同名作者查询的结果

浙江大学高分子科学与工程学系	浙江大学高分子科学与工程系
浙江大学高分子科学与工程学院	浙江大学高分子科学与工程学系，杭州
浙江大学高分子科学与工程学系，杭州 310027	浙江大学高分子科学与工程系，杭州 310027
浙江大学高分子科学与工程系，浙江杭州 310027	浙江大学高分子科学与工程学系，浙江杭州 310027
硕士研究生，浙江大学高分子科学与工程学系杭州 310027	浙江大学高分子系，浙江杭州 310027
浙江大学高分子科学与工程学系，杭州 3l0027	浙江大学材料与化学工程学院，聚合反应工程国家重点实验室，杭州 310027
浙江大学高分子科学与工程学系浙江杭州 310027	

• 利用“查看相关机构”提高检全检准率

向导式检索中提供了“查看相关机构”的功能用于精确读者需要查询的目标机构，由于相关机构功能中限制了勾选的最大数目(5 个)，如果碰巧需要检索的机构超过 5 个，在实际检索时就需要考虑采用模糊检索的方式来实现检全检准。

(3) 分类检索

在维普资讯网首页的数据库检索区(如图 8-17 所示)，通过单击“分类检索”，即可进入分类检索页面。

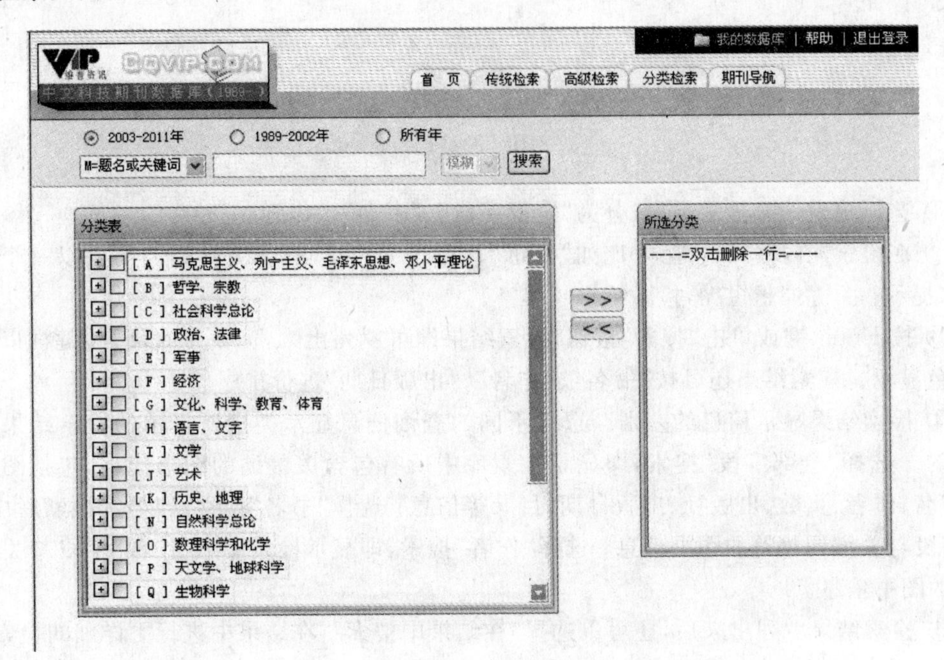

图 8-17　维普资讯网首页的数据库检索区

分类检索页面相当于提前对搜索结果进行限制，用户在搜索前可以对文章所属性质进行限制，比如用户选择"经济分类"，则用户在搜索栏中得到的文章都是以经济类为基础的文章。

分类大项前的加号可以单击扩展，用户可以根据检索需要，勾取所需要的分类，单击"添加删除"按钮即可将限制分类选取在搜索页中的"所选分类"之中，用户还可以使用双击来删除不需要的分类限制。如果想找分类还可以使用快速查找分类，在输入栏中输入需要的分类，单击 GO 按钮，屏幕上就会以高亮显示该分类，便于用户快速查找分类。

8.1.3　超星数字图书馆

超星数字图书馆成立于 1993 年，由北京世纪超星信息技术发展有限责任公司投资兴建，是国内专业的数字图书馆解决方案提供商和数字图书资源供应商，是国家 863 计划中国数字图书馆示范工程项目，2000 年 1 月，在互联网上正式开通，覆盖范围涉及哲学、宗教、社科总论、经典理论、民族学、经济学、自然科学总论、计算机等各个学科门类，为目前世界最大的中文在线数字图书馆。

1. 超星电子图书的检索

超星数字图书馆为用户提供了书名、作者、全文检索、主题词、分类检索等检索方式。

(1) 分类检索

图书分类按《中国图书馆分类法》分类，单击一级分类即进入二级分类，以此类推。末级分类的下一层是图书信息页面，单击书名超链接，即可阅读图书。

(2) 关键词检索

关键词检索(如图 8-18 所示)，即用所需信息的主题词(关键词)进行查询的方法。图书关键词检索步如下。

图 8-18　关键词检索

① 选择检索信息显示类别,分为“全部字段”、“书名”、“作者”三种。

② 在检索框内输入关键词,比如“鲁迅”、“鲁迅 杂文”,多个关键词之间要以一个空格隔开(提示:关键词越短少,检索结果越丰富)。

③ 按 Enter 键或单击“搜索”按钮,检索结果即可罗列出来,为便于查阅,关键词以醒目的红色显示。检索结果还可按“书名”、“作者”、“出版日期”进行排序。

④ 检索结果显示信息的差别。选择不同的查询信息显示类别所显示的检索结果是有差别的。选择“全部字段”搜索,即显示检索库中所有包含关键词的图书信息,包括图书封皮、书名、作者、页数、出版社、出版日期、目录等信息;选择“书名”搜索,即显示检索库中“书名”字段与关键词相符的图书信息;选择“作者”搜索,即显示检索库中“作者”字段与关键词相符的图书信息。

⑤ 检索结果罗列出来后,还可以选择“在结果中搜索”,在结果中进行更详细的检索。

(3) 高级检索

如果需要精确地搜索某一本书时,可以进行高级搜索(如图 8-19 所示)。单击主页上的“高级搜索”按钮,则会进入高级检索页面。在此可以输入多个关键字进行精确搜索。

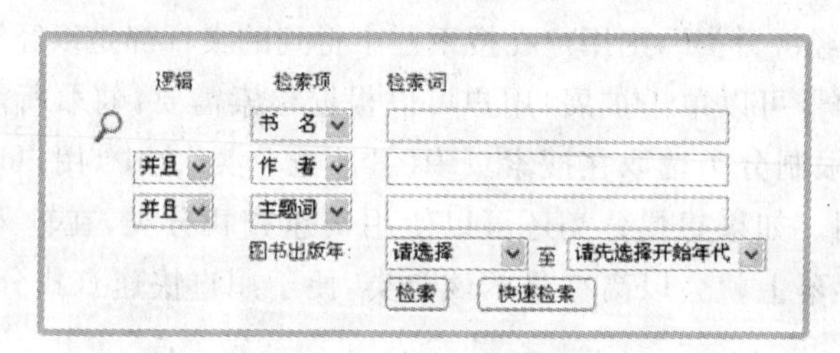

图 8-19　高级检索

2. 超星电子图书的阅读和下载

阅读超星电子图书可以选择阅览器阅读和 IE 阅读两种方式。使用阅览器阅读,需先下载安装“阅览器 4.0 版本”;使用 IE 阅读,需首先下载 IE 插件。

对于校园网的用户,可以在线阅读,也可以将书下载到本地计算机上离线阅读。当下载图书时,在下载选项里选择好分类和存放路径后,即可将书下载到本地,以后阅读该书时,只需双击任何一页即可重新进入阅读界面。注意,下载后的图书也只能在该部注册过的计算机上阅读,不能放到其他计算机中进行阅读。

3. 读秀/百链学术搜索

读秀/百链(Medlink)学术搜索由超星开发,是很好的中外文图书(文献)搜索平台,整合了各类文献信息,可以直接获取全文,也可以通过文献传递,将内容直接传递到读者电子邮箱中。

8.1.4 万方数据知识服务平台

万方数据是北京万方数据股份有限公司在中国科技信息研究所数十年积累的全部信息服务资源的基础上建立起来的，是一个以科技信息为主，集经济、金融、社会、人文信息为一体的网络化信息服务系统。

其文献资源包括期刊论文、学位论文、会议论文、专利、成果、法规、标准、企业信息、西文期刊论文、西文会议论文、科技动态、OA 论文等，如图 8-20 所示。

万方数据库的检索方式有以下几种。

1. 一般检索

第一步：打开如图 8-20 所示的服务平台，在“数字图书馆”文本框中输入相应关键词。

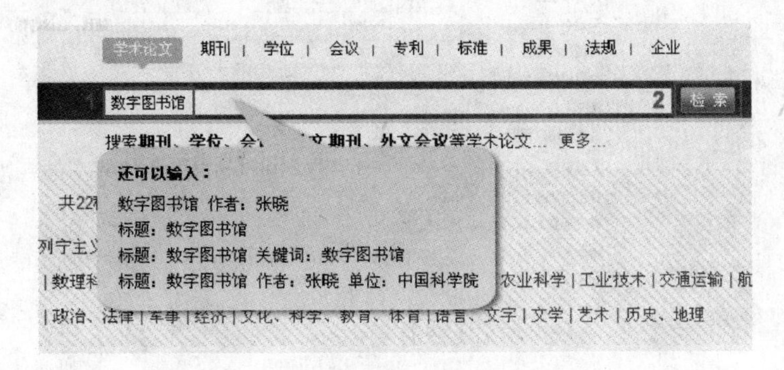

图 8-20　万方数据知识服务平台

第二步：在检索结果页面提供了进一步缩小检索范围、学科分类数目提示、根据论文类型、发表年份等信息分类的功能，如图 8-21 所示。

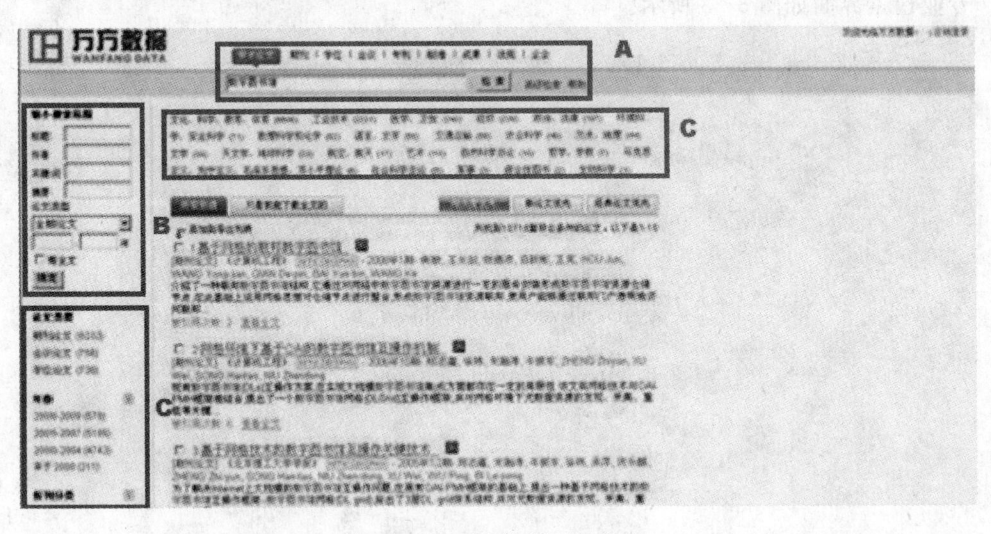

图 8-21　万方数据一般检索

① 检索框返回上次检索使用的检索词，读者可以清空，重新填入新的检索词以及检索字段。

② 提供了二次检索功能，读者可以通过标题、作者、关键词、论文类型、发表年份、有无

全文等条件再次检索。

③ 提供了上次检索结果的不同分类，例如学科分类、论文类型分类、发表时间分类、期刊分类等。

2. 高级检索

高级检索界面如图 8-22 所示。

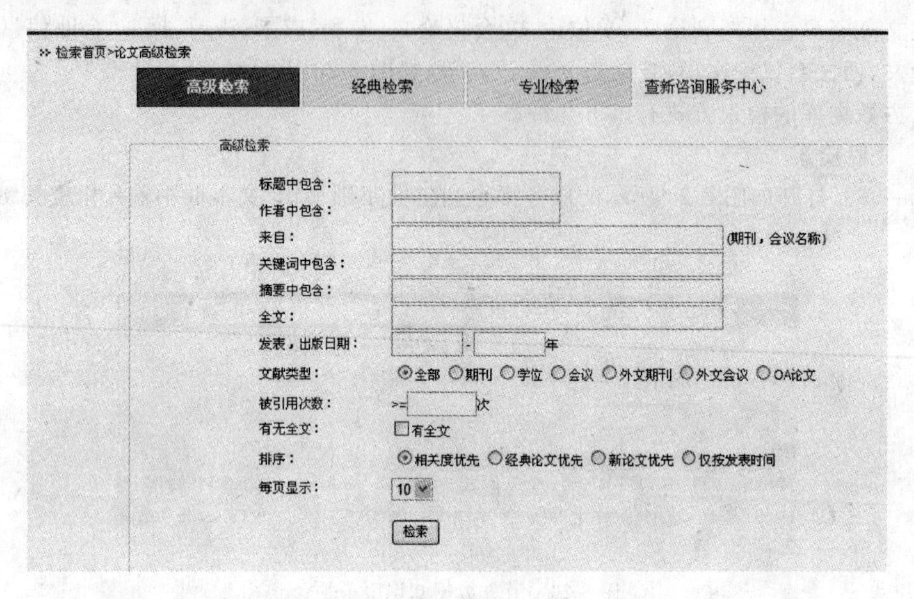

图 8-22　万方数据高级检索

3. 专业检索

专业检索界面如图 8-23 所示。

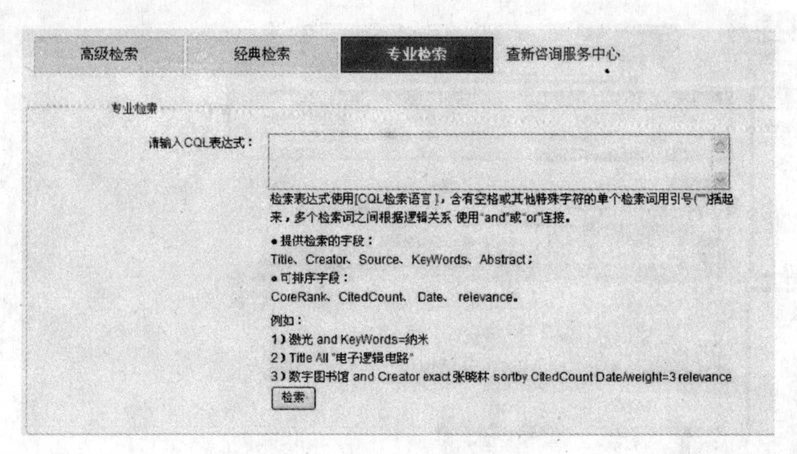

图 8-23　万方数据专业检索

4. 其他检索方式

(1) 学位论文浏览

进入学位论文浏览页面，如图 8-24 所示，可以通过两种方式查找论文。

下面以查找与“美国教育学”有关论文为例。

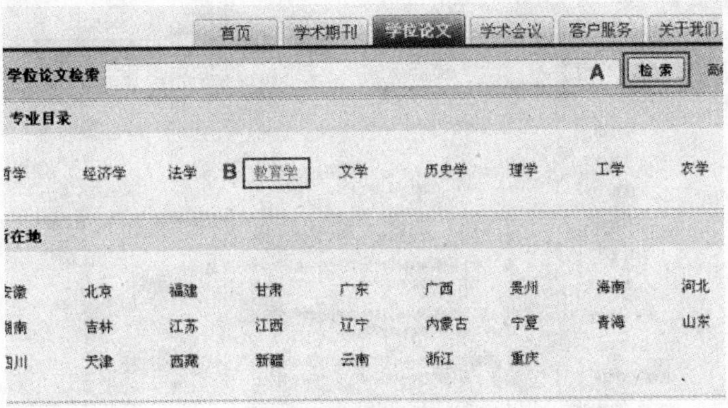

图 8-24　学位论文浏览

① 在检索框直接检索。

② 在学科、专业目录中选择“教育学”学科通过逐级缩小范围浏览相关论文。

选择“教育学”得到如下页面，可以继续选择“比较教育学”学科。

在比较教育学科下可以找到 689 篇相关论文，其中有关于美国教育券的论文。同时，也可以在这个学科基础上通过二次检索、分类查询继续缩小范围，找到相关论文。

万方数据还根据学位授予单位的地理位置，设置了地区分类导航。

(2) 学术会议论文浏览

进入学术会议论文浏览页面，如图 8-25 所示，可以通过：

① 在检索框直接输入检索词，查找相关会议论文。

② 通过学科分类或者会议主办单位分类逐级缩小范围。

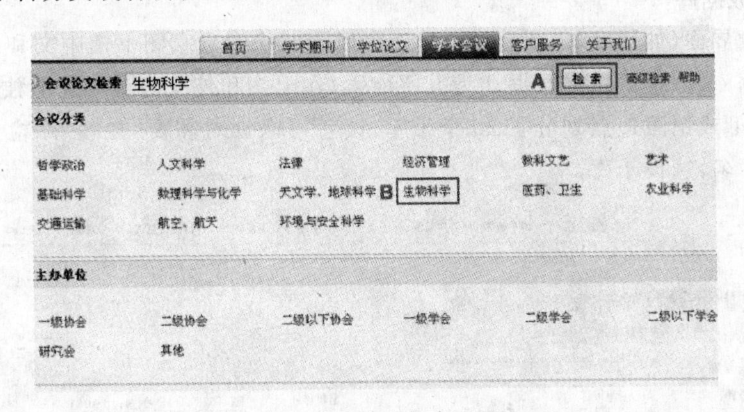

图 8-25　学术会议论文浏览页面

例如，可以选择“生物科学”学科内会议论文进行浏览，得到如图 8-26 所示的页面，在该页面上，还可以通过会议年份进行交叉选择，最后确定所需要的会议论文。

8.1.5　国家图书馆 OPAC

联机公共检索目录(Online Public Access Catalog，OPAC)，是 20 世纪 70 年代末由美国一些大学图书馆和公共图书馆共同开发，供读者查询馆藏数据的联机检索系统。OPAC

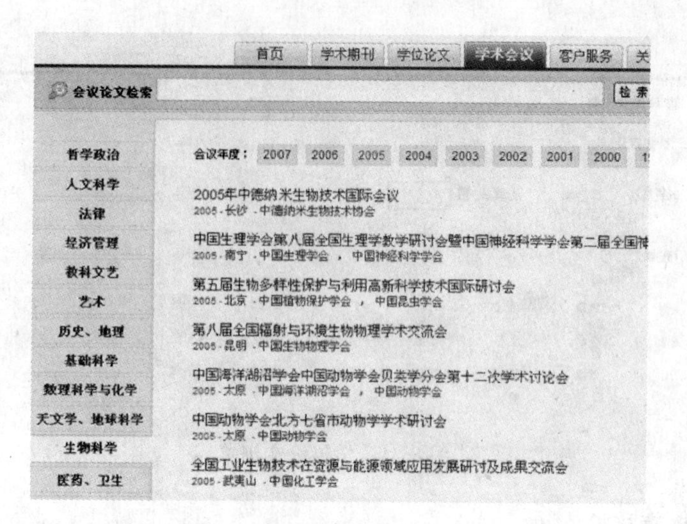

图 8-26 “生物科学”学科内会议论文

可以说是图书馆自动化的基础，是未来电子图书馆的有机组成部分。由于该系统直接面向最终用户，显示了强大的生命力，相信将越来越受到人们的重视，为广大用户所熟识。

国家图书馆联合公共目录查询系统(OPAC)检索说明如下。

1. 进入系统（http://opac.nlc.gov.cn）

(1) ID 登录——需要输入读者 ID 号，如 abc770321；或国图读者证卡号，如 0100500000001234。

(2) 匿名登录——默认为匿名登录，可以直接使用检索查询界面。仅限于使用检索功能。

2. 选择数据库

进入检索界面(如图 8-27 所示)后，默认可以同时检索国家图书馆中文和外文两个物理上独立的数据库，即全部馆藏数据。为方便检索，在中文和外文两个物理上独立的数据库基础上，按照类型或馆藏地点划分了 20 个子库，读者可以针对需要，在“多库检索”界面下，单击相应的子库名，选择子库。

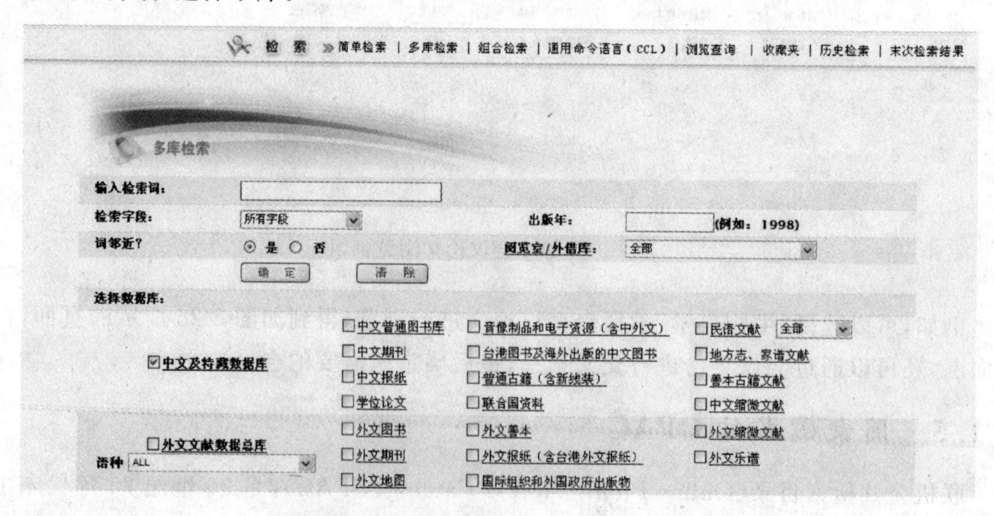

图 8-27 国家图书馆联合公共目录查询系统检索界面

3. 检索数据库

检索可以通过两条渠道：浏览或检索。

浏览——一种类似于前方一致的检索方法。

检索——关键词检索方法。包括简单检索、多库检索、组合检索和通用命令语言（CCL）检索。

读者可以根据个人的爱好、检索策略等选择不同的检索手段。

注意：

(1) 通过浏览方式检索到的结果不受命中数目限制，可以单击“款目”查看详细内容。

(2) 检索方式下，系统将检索结果按照默认字段排序，但如果命中记录数超过800条，系统将不对检索结果进行排序，而直接显示记录结果。

4. 其他功能

(1) 查看馆藏。在结果列表中，点击“馆藏地”链接，可以显示记录的馆藏信息：文献状态、索取号、条码号、馆藏地点等。

(2) 馆藏选项。在查看馆藏信息时，有以下可用链接：

请求——发送对某记录的预约请求，如外借、闭架阅览等。

复制——发送某记录的复制请求。

应还日期——如果馆藏列表中包含一个应还日期链接，表示该文献处于外借状态。点击该链接可以查看借书者的详细信息。

保存——对所有用户有效（无论用户是否登录Web OPAC系统），将选中记录保存到指定介质上。

(3) 读者只有登录系统后，才可以查看个人信息和在借信息。进入“读者信息”栏目，可以查看读者卡卡号、读者卡过期日期、过失记载和在借信息等。

8.1.6 CALIS OPAC 系统

1. 中国高等教育文献保障系统(China Academic Library & Information System, CALIS)

中国高等教育文献保障系统是经国务院批准的我国高等教育“211工程”、“九五”、“十五”总体规划中三个公共服务体系之一。CALIS的宗旨是，在教育部的领导下，把国家的投资、现代图书馆理念、先进的技术手段、高校丰富的文献资源和人力资源整合起来，建设以中国高等教育数字图书馆为核心的教育文献联合保障体系，实现信息资源共建、共知、共享，以发挥最大的社会效益和经济效益，为中国的高等教育服务。

CALIS管理中心设在北京大学，下设了文理、工程、农学、医学4个全国文献信息服务中心，华东北、华东南、华中、华南、西北、西南、东北7个地区文献信息服务中心和一个东北地区国防文献信息服务中心。

2. CALIS的服务功能

(1) 面向读者服务

①公共检索；②馆际互借；③文献传递；④电子资源导航。

(2) 面向图书馆的服务

①联机合作编目；②文献采购协作；③其他服务：培训服务、数据库服务及存档服务、技术支持等。

3. CALIS的主要信息资源

(1) 联合书目数据库

中外文书刊联合目录数据库,是以国家"211工程"院校图书馆为主合作建立的中、西文书刊联合目录,它集中报道了合作共建的各成员馆的中外文书刊收藏情况。它不仅是开展联机共享编目的共享数据库,也是开展馆际互借和文献传递服务的基础数据库。

(2) 高校学位论文(文摘)数据库

高校学位论文(文摘)数据库,是反映高校特点和水平的文献数据库。该库只收录题录和文摘,没有全文。全文通过CALIS的馆际互借系统提供,所以目前这个数据库已经成为文献传递的一个重要的工具。

(3) 中文现刊目次库

该目次库收录了高校图书馆收藏的国内重要学术期刊的篇目,这些刊物各期内容涉及社会科学和自然科学的所有学科。该库以各成员馆的馆藏为基础,对读者提供网上文献检索、最新文献报道服务和全文传递服务等灵活多样的优质服务。

(4) 重点学科专题库

建设重点学科专题库的目的是为了比较集中、更深层次地揭示各高校收藏的富有学科特色的文献。这些专题库要求以各自的馆藏为基础,比较系统全面地围绕某个专题进行综合报道。形式多样,有多媒体、全文和文摘等具有学科知识数据的特点。揭示的内容比普通二次文献库要深,弥补了如联合目录、现刊目次等数据库的不足,丰富了CALIS的资源。

(5) 重点学科导航库

重点学科导航库是"211工程"立项高校图书馆共建项目。其目的是建立在Internet上的导航库,收集整理有关重点学科的网络资源为这些已立项的高校重点学科服务,让这些重点学科领域的师生以较快的速度了解本领域科技前沿研究动向和国际发展趋势。

(6) 引进数据库

国外数据库的成功引进缓解了我国高校外文文献长期短缺,无从获取或迟缓的问题,对高校研究和教学起到了极大的推动作用。

4. CALIS OPAC系统(http://opac.calis.edu.cn/simpleSearch.do)

(1) 简单检索

简单检索为用户提供了9个检索项,分别为题名、责任者、主题、全面检索、分类号、所有标准号码、ISBN、ISSN、记录控制号。用户可以根据自己检索的实际情况选择需要的检索项,并在检索项后面的检索条件框中输入检索条件,然后单击后面的"检索"按钮,便可以看到检索结果,如图8-28所示。

(2) 高级检索

高级检索界面如图8-29所示。

① 选择检索点,输入检索词,选择限定信息,单击"检索"按钮或直接按Enter键。

② 默认的检索匹配方式为"前方一致",也可以在复选框中选择:精确匹配或包含。

③ 最多可输入三项检索词,默认逻辑运算方式为"与",也可以在复选框中选择"或"、"非"。

④ 选择分类号检索点,可以单击"中图分类号表"按钮浏览,选中的分类号将自动填写到检索词输入框中。

⑤ 检索的数据库默认为全部数据库，并分别显示各数据库的命中数，也可以在限制性检索中选择数据库作为限定条件。

⑥ 限制性检索的文献类型可选择："普通图书"、"连续出版物"、"中文古籍"，默认选择全部类型。

⑦ 限制性检索的内容特征可选择："统计资料"、"字典词典"、"百科全书"，默认为"全部"。

⑧ 可通过输入出版时间对检索结果进行限定，例如，选择"介于之间"并输入"1998—2000"，即检索 1998 年至 2000 年出版的文献。

⑨ 检索词与限制性检索之间为"与"的关系。

⑩ 单一数据库中的检索结果在 200 条以内，系统按照题名默认排序，也可以在结果列表页面选择按责任者或出版信息排序。

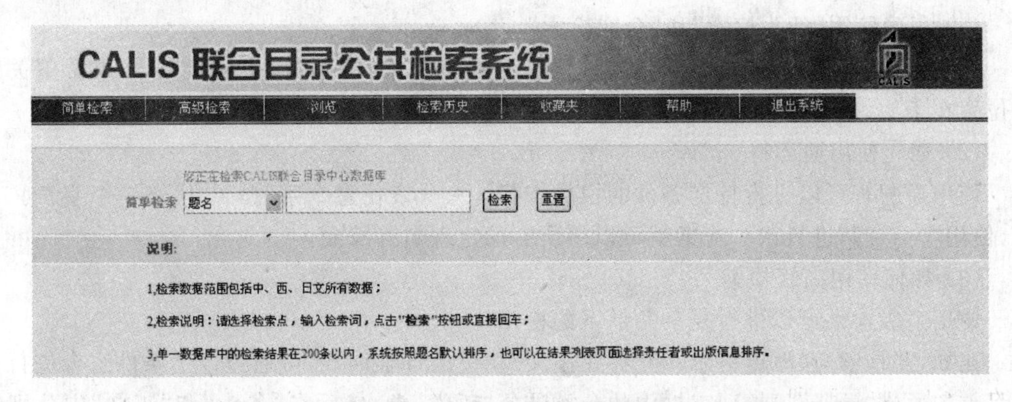

图 8-28　CALIS 联合目录公共检索系统的简单检索界面

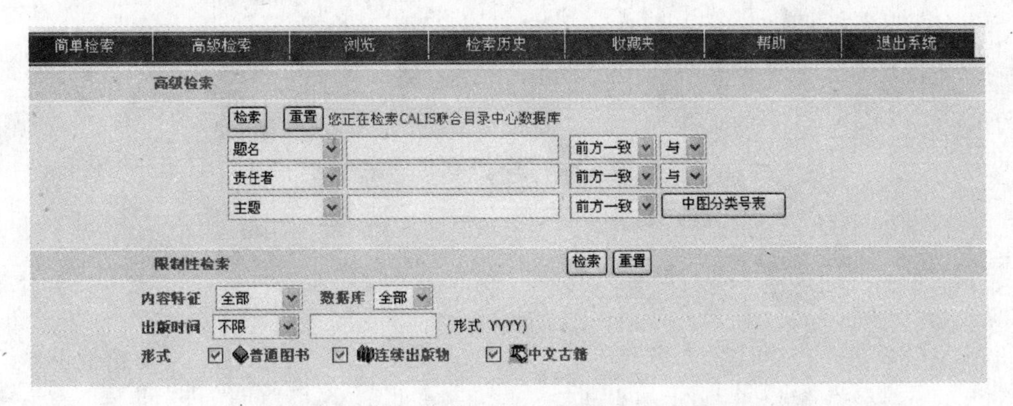

图 8-29　CALIS 联合目录公共检索系统的高级检索界面

8.2　事实、数据型数字资源

8.2.1　中国大百科全书网络版

《中国大百科全书》是我国最权威、最专业、影响力最高的百科全书，总共收录 7.9 万个条目，计 1.35 亿字，图表 5 万余幅，由两万余名专家学者历时 15 年呕心沥血精编而成。其网络版(http://ecph.cnki.net)是一部使用面广、方便实用的大型综合性事实类电子工具书，涵盖了印刷本《中国大百科全书》全部 74 卷的内容，涉及哲学、社会科学、文学艺术、文化教育、自然科学、工程技术等 66 个学科领域。它以《中国大百科全书》和中国百科术语数据库为基础，共收条目 78 203 条，计 12 568 万字，图表 5 万余幅。条目内容包括条目的标题、所在卷名、释文、插图及图注、参考书目、作者等。此外还提供了 49 个学科的大事年表，每个大事年表分别收录了各领域从距今 46 亿年前，地球形成开始至今发生的具有历史意义的重大事件。并提供多卷检索、条目顺序检索、条目分类检索、全文检索、逻辑组配检索等功能，对所收录的资源进行方便快捷的查询检索，使用简单。在条目正文中提供了打印、下载、复制的功能。检索说明如下。

1. 使用检索找到词条

(1) 正确使用“条头检索”和“全文检索”

条头指词条的名称。如果希望关键词位置在条头中，请用“条头检索”；如果希望关键词位置在条头、正文解释或作者中，请用“全文检索”。

(2) 如何使用通配符

使用通配符可以进行特定条件的模糊查找。* 代表任意个字符；? 代表一个字符。例如，使用“* 定理”进行条头检索就可以将所有的定理名称找到。

(3) 如何使用高级检索

使用高级检索可以进行复杂条件下的检索。

比如，要检索与“海德格尔”和“存在主义”相关的哲学词条，可通过以下条件组合进行查找。首先通过“卷册”下拉列表框中的分类选择“哲学”卷，然后在“条头”和“正文”中分别输入“存在主义”和“海德格尔”，逻辑条件选择“或者”，如图 8-30 和图 8-31 所示。

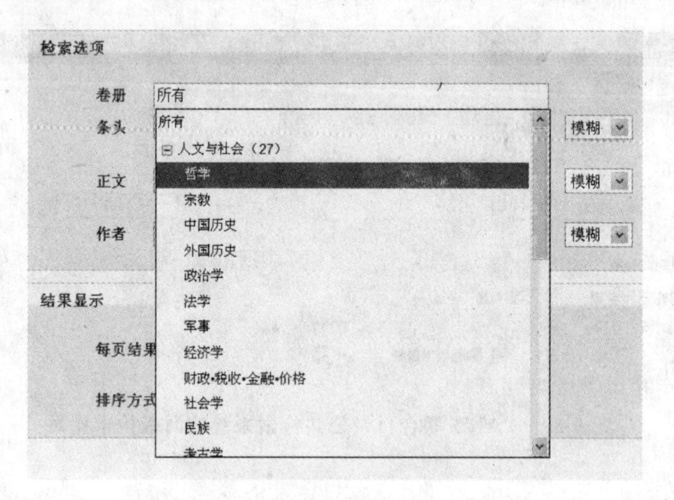

图 8-30　高级检索的使用一

可以对检索结果的显示进行指定，比如每页的结果数和检索结果的排序方式等。

(4) 如何使用卷内检索

当选定了某一个卷册进行浏览或查看词条时，可以通过“卷内检索”在该卷内检索想要

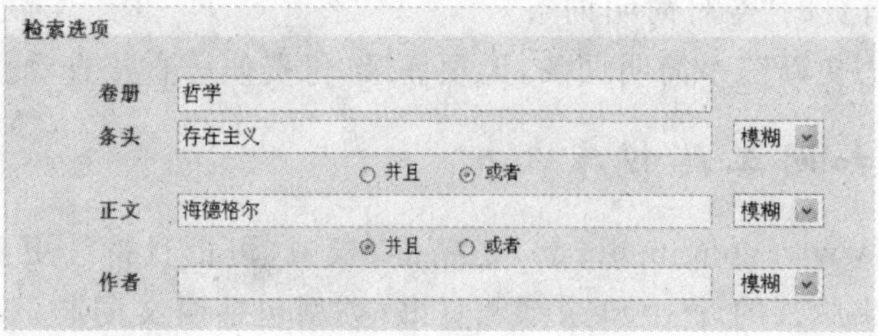

图 8-31　高级检索的使用二

的词条。

(5) 检索结果自动分类

当使用检索框进行检索后，程序将会自动将相关的词条按卷册进行分类，卷册将按相关词条数进行排序。单击“显示全部相关卷册”可以显示更多的相关卷册。

(6) 对检索结果进行排序

可以在检索结果出现以后，通过选择“关键词位置”和“排序”重新进行检索。

(7) 在检索结果中快速选定作者、卷册

在每一条检索结果中，都提供了作者名和卷册名，可以直接单击相关信息进入相关页面。

2. 不使用检索找到词条

第一步：进入卷册浏览页。

第二步：选择需要浏览的卷册。

第三步：在新页面左侧的卷册目录树中选择具体词条。

提醒：需要在页面右上角进行登录，然后确认扣费信息(如果不想在第二次及以后查看词条时显示扣费信息，可以选择“不再提醒”)，然后才可以查看词条全文。

3. 词条阅读

(1) 精读模式

每一个词条都提供了“精读模式”，精读模式更便于人们慢下心来阅读大百科的优质词条。

(2) 使用正文内的词条链接

每一个词条的正文解释中都提供了相关词条的超链接，可以直接单击这些词条进行阅读，省去了重新检索的时间。

(3) 使用章节目录快速定位

每一个词条的正文解释前都提供了目录，可以通过单击相关章节名称直接进入相关章节进行阅读。

(4) 选择字体大小

为正文解释提供“大”、“中”、“小”三种字体供用户选择。

(5) 阅读相关词条

词条越相关，字体越大，方便延伸阅读相关词条。

(6) 查看最近阅读的词条

提供最多 10 个最近阅读的词条，方便读者重新阅读相关词条。

(7) 免费阅读首页的“今日简明词条”

在首页每日动态更新三个简明词条，无须登录、付费便可直接查看。

8.2.2 CNKI知网工具书库

知网工具书库(www.gongjushu.cn)是精准、权威、可信且持续更新的百科知识库，集成了近200家知名出版社的近4000余部工具书，类型包括语文词典、双语词典、专科辞典、百科全书、图录、表谱、传记、语录、手册等，约1500万个条目，70万张图片，所有条目均由专业人士撰写，内容涵盖哲学、文学艺术、社会科学、文化教育、自然科学、工程技术、医学等各个领域。

知网工具书库由清华大学主管、中国学术期刊(光盘版)电子杂志社网络出版、同方知网(北京)技术有限公司研制发行，是《中国知识资源总库》的重要组成部分，为“十一五”国家重大网络出版项目，“十一五”国家重点电子出版物规划选题。从2006年3月立项至今，知网工具书库的用户已遍布全球，日均检索量达70万次，成为全球华人释疑解惑的重要工具，也是海外学者研究中国问题、了解中华文化的快捷通道。

知网工具书库是传统工具书的数字化集成整合，按学科分为十大专辑168个专题，不但保留了纸本工具书的科学性、权威性和内容特色；而且配置了强大的全文检索系统，大大突破了传统工具书在检索方面的局限性；同时通过超文本技术建立了知识之间的链接和相关条目之间的跳转阅读，使读者在一个平台上能够非常方便地获取分散在不同工具书里的、具有相关性的知识信息。

知网工具书库除了实现了库内知识条目之间的关联外，每一个条目后面还链接了相关的学术期刊文献、博士硕士学位论文、会议论文、报纸、年鉴、专利、知识元等，帮助人们了解最新进展，发现新知，开阔视野。

知网工具书库的检索十分简单。读者只需要在检索框内输入需要查询的内容，按Enter键，或单击“检索”按钮，就可以得到结果。

例如：如果读者想查阅“货币升值”的准确定义，在检索框内输入“货币升值”，即可获得权威工具书对这个词的解释，如图8-32所示。

高级检索：是指通过多个条件查找、获取所需知识信息的过程。

例如：从《中国历代官制大辞典》查找“大司马”的方法如下。

(1) 通过“词目”项输入“大司马”。

(2) 通过“书名”项输入“中国历代官制大辞典”。

(3) 同时满足以上两个条件，逻辑关系为“并且”。

(4) 单击“检索”按钮。系统会将《中国历代官制大辞典》中有关“大司马”的条目查找出来。

工具书检索：工具书检索是快速查找所收录工具书名称的途径和方法。

辅文检索：辅文检索是快速查找工具书的前言、凡例、附录、编委会、作者、后记等辅助信息的途径和方法。

8.2.3 国研网

国务院发展研究中心信息网(简称“国研网”)由国务院发展研究中心主管、国务院发展

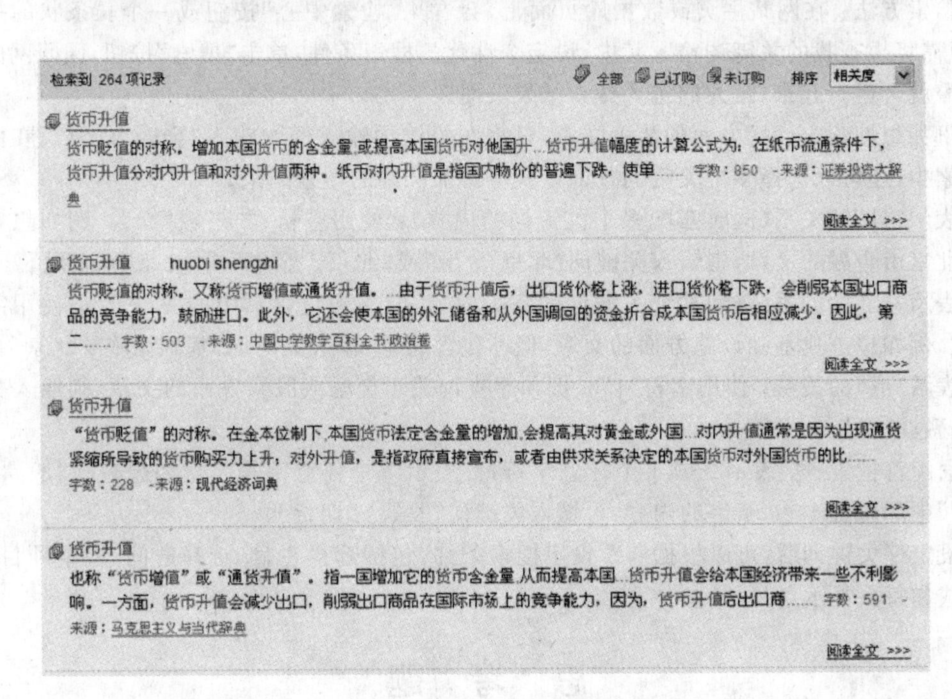

图 8-32　知网工具书库检索界面

研究中心信息中心主办、北京国研网信息有限公司承办，创建于 1998 年 3 月，并于 2002 年 7 月 31 日正式通过 ISO9001：2000 质量管理体系认证，2005 年 8 月顺利通过 ISO9001：2000 质量管理体系换证年检，是中国著名的专业性经济信息服务平台。

国研网以国务院发展研究中心丰富的信息资源和强大的专家阵容为依托，与海内外众多著名的经济研究机构和经济资讯提供商紧密合作，以"专业性、权威性、前瞻性、指导性和包容性"为原则，全面汇集、整合国内外经济金融领域的经济信息和研究成果，本着建设"精品数据库"的理念，以先进的网络技术和独到的专业视角，全力打造中国权威的经济研究、决策支持平台，为中国各级政府部门、研究机构和企业准确把握国内外宏观环境、经济金融运行特征、发展趋势及政策走向，从而进行管理决策、理论研究、微观操作提供有价值的参考。

国研网已建成了内容丰富、检索便捷、功能齐全的大型经济信息数据库集群，包括"国研视点"、"宏观经济"、"金融中国"、"行业经济"、"世经评论"、"国研数据"、"区域经济"、"企业胜经"、"高校参考"、"基础教育"等 10 个数据库，同时针对金融机构、高校用户、企业用户和政府用户的需求特点开发了"金融版"、"教育版"、"企业版"及"政府版"4 个专版产品。上述数据库及信息产品已经赢得了政府、企业、金融机构、高等院校等社会各界的广泛赞誉，成为他们在经济研究、管理决策过程中的重要辅助工具。

此外，国研网组建了一支高效率、专业化的研究咨询团队，在宏观经济、行业分析、战略规划等领域积累了丰富的经验，结合多年积累的丰富而系统的数据库资源，为中国各级政府部门、广大企事业单位和众多海内外机构提供深度的市场研究与决策咨询服务。目前国研网的业务领域已拓展到个性化信息服务、专项课题研究、经济类综合性高层论坛、职业化培训和网络广告等领域，以满足不断增长的用户需求。

检索方法：在网站主页或数据库页面上，会看见"检索中心"按钮或一个长条状的搜索框，只需将想查找的关键词输入其中，设定个性化的搜索条件，单击"搜索"按钮，国研网的搜索引擎就会运行起来，带人们进入搜索结果页面。

例如想搜索"金融"方面的相关文章，只需在关键词输入框中输入"金融"即可。在关键词搜索中，还可以选择多个关键词查询以获得更加准确的搜索结果。

表示"且"的关系(同时匹配多个关键词的内容)：使用空格、"＋"或"&"。例如想查询关于北京市金融的文章，则输入关键词"北京 金融"或"北京＋金融"或"北京 & 金融"。

表示"非"的关系(查询某个关键词的匹配内容，但又不包含其中的一部分)：使用字符"－"。例如想查找基础设施方面的文章，但不包含北京，输入关键词"基础设施－北京"。

表示"或"的关系：使用字符"|"。例如想查询关于金融或股票方面的文章，则输入关键词"金融|股票"。

通配符检索：！表示0或1个任意字符，？表示1个任意字符。例如想查找"股票"与"期货"中间包含1～2个字的内容，可输入关键词"股票!?期货"。

设定好关键词后，可以根据需要设定搜索条件，包括选择栏目、选择时间、检索项目、排序方式和每页显示条目。

思　考　题

1. 文献型数字资源有哪些？
2. 查询图书的途径有哪些？
3. 事实、数据型数字资源有哪些？

第9章　外文常用数字资源

本章主要介绍外文常用数字资源。通过本章的学习，读者将能够掌握常用的国外数据库及检索工具的使用方法。

9.1　EBSCO数据库系统(EBSCOhost)

9.1.1　EBSCO数据库

EBSCO数据库是美国EBSCO公司出版发行的一系列大型数据库系统，该系统提供多个数据库资源的检索服务，索引、文摘覆盖欧美等国的3700余家出版社。EBSCO公司从1986年开始出版电子出版物。EBSCO系列数据库包括ASP(Academic Search Premier，学术期刊数据库)、ASE(Academic Search Elite，学术期刊全文数据库)、BSP(Business Source Premier，商业资源数据库)、BSE(Business Source Elite，商业资源全文数据库)等多个数据库。EBSCO各数据库的资料来源以期刊为主，其中很多都是被SCI或SSCI收录的核心期刊。

1. ASP

总收录期刊7699种，其中提供全文的期刊有3971种，总收录的期刊中经过同行鉴定的期刊有6553种，同行鉴定的期刊中提供全文的有3123种，被SCI & SSCI收录的核心期刊为993种(全文有350种)。主要涉及工商、经济、信息技术、人文科学、社会科学、通信传播、教育、艺术、文学、医药、通用科学等多个领域。

2. BSP

总收录期刊4432种，其中提供全文的期刊有3606种，总收录的期刊中经过同行鉴定的期刊有1678种，同行鉴定的期刊中提供全文的有1067种，被ISCI & SSCI收录的核心期刊为398种(全文有145种)。涉及的主题范围有国际商务、经济学、经济管理、金融、会计、劳动人事、银行等。

3. EBSCO系统中的其他数据

- EBSCO Animals：自然与常见动物生活习性方面的文献。
- ERIC：教育资源文摘数据库，提供2200余种文摘刊物和980余种教育相关期刊的文摘以及引用信息。
- MEDLINE：医学文摘数据库，提供4600余种生物和医学期刊的文摘。
- Newspaper Source：报纸资源数据库，选择性提供180余种报刊全文。
- Professional Development Collection：550多种教育核心期刊全文数据库。

- Regional Business News：75 种美国区域商业文献全文数据库。
- World Magazine Bank：250 种主要英语国家的出版物全文汇总。

EBSCO 公司的数据库与文献资源，是中国高等教育文献保障系统（CALIS）最早的，以及一贯的集团采购对象。

9.1.2 检索方法

1. 登录

通过图书馆主页→外文数据库→EBSCO 数据库进入。

2. 基本检索（Basic Search）

在主页面中，选择数据库（Choose Databases），单击继续进入基本检索页面，在检索栏直接输入检索词即可，可在检索选项（Search Options）中设定检索条件。

3. 高级检索（Advanced Search）

高级检索即复杂化的简单检索，在下拉式菜单中，可对检索字段和逻辑组配符进行选择。输入检索词，并在“选择字段”下拉列表中选择检索字段，如将文章、作者、主题、ISSN 等作为检索条件。同时，可在第二组、第三组字段中选择布尔运算符（and、or、not），并输入检索词和检索字段，如果需要使用更多行，单击 Add Row 即可。

9.2 SpringerLink 全文数据库

德国施普林格（Springer-Verlag）是世界上著名的科技出版集团，1842 年创建于柏林，是自然科学、工程技术和医学（STM）领域全球最大的图书出版社（每年出版超过 5500 种新书），同时也是全球第二大学术期刊出版社。2008 年收购世界上最大的 Open Access 出版商集团之一 BioMed Central Group（BMC）。通过 SpringerLink 的 IP 网关，读者可以快速地获取重要的在线研究资料。SpringerLink 的服务范围涵盖各个研究领域，提供超过 1900 种同行评议的学术期刊，以及不断扩展的电子参考工具书、电子图书、实验室指南、在线回溯数据库以及更多内容。SpringerLink 所有资源划分为 12 个学科：建筑学、设计和艺术；行为科学；生物医学和生命科学；商业和经济；化学和材料科学；计算机科学；地球和环境科学；工程学；人文、社科和法律；数学和统计学；医学；物理和天文学。

SpringerLink 全文数据库的检索方法如下。

1. 登录

登录本校图书馆主页→外文数据库→SpringerLink 电子期刊，进入数据库；或者登录全球网站 http://www.springerlink.com，如图 9-1 所示。

2. 检索

每个页面的上部都有一个检索框可以进行快速检索和高级检索。在主界面上，Springer 提供了分别按内容类型（期刊、图书、丛书、参考工具书等）、学科和特色图书馆进行浏览。每种分类后都有一个数字标记种类的个数。

快速检索可以直接在页面上的检索框输入检索词，系统会自动在标题、摘要、全文等所有内容里进行查找。另外，在检索框下面有一系列小检索框还可以指定作者、出版社、年卷

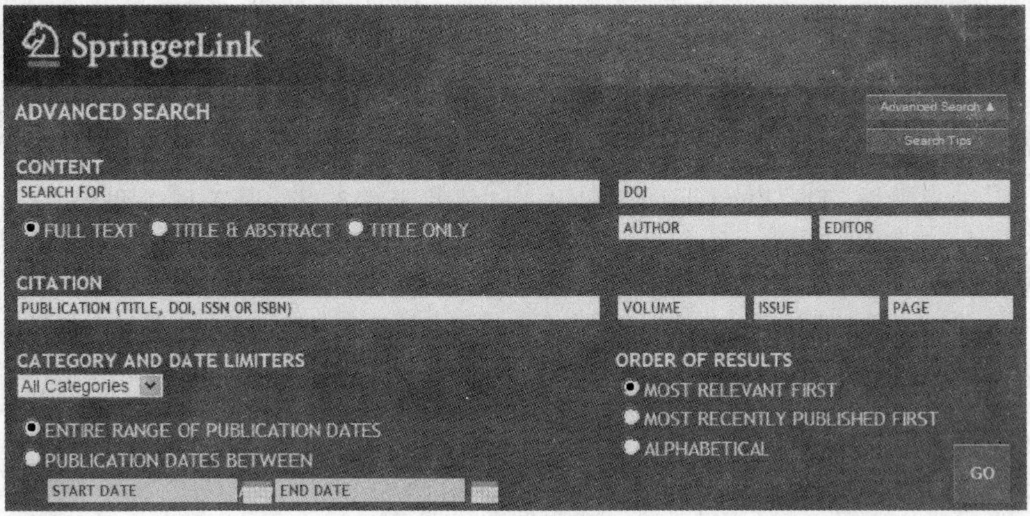

图 9-1　SpringerLink 检索界面

期等信息进行检索。

单击 Advanced Search 可以展开高级检索界面。高级检索可以限定在作者、DOI、全文、标题、摘要里检索，可以限定年卷期页码、具体出版日期年限范围、出版物类型等信息，可以对检索结果按相关度、出版日期或字母顺序来排序。

在浏览页面的中部，可以按出版物名称的起始字母检索或浏览。在页面左部可以按学科等分类浏览，单击 可以打开学科的子分类。进入任一分类以后可以浏览。注意：刊名或书名前有 表示可阅读所有全文， 表示可阅读部分全文， 表示不能阅读全文。如果没有出现这些图标，单击 Tools 工具栏中的 Show Access Indicators 可以显示。

3. 检索文章

检索文章可以按 Bool 运算符组配检索式。无须截词符，系统会自动根据词根扩展用户的检索。单击检索结果的题名可以看到文章摘要，单击 PDF 图标可以下载全文。

单击检索结果页面的 按钮，可以保存检索式(此功能需要先注册)。

4. 结果处理

检索词在检索结果中默认会高亮显示，单击 Tools 工具栏中的 Show Highlighting 可以清除或加上高亮，单击 PDF 按钮可以下载全文。在检索结果界面左侧可以对检索结果按照学科分类、出版年、作者、文献类型等进行过滤。

单击文献名后，可以看到文献的摘要。单击 EXPORT CITATION 可以将此篇文献的题录按照不同格式导出。

5. 个性化服务

在每个页面的用户信息下有一个 log in 按钮，单击该按钮可以注册或登录为 Springer 的个人用户，可以使用个性化服务。

登录后单击检索界面的 按钮，可以选择检索历史保存、定制成 Alert，以便可以定时在 E-mail 中收到该检索的更新结果，并且可以用标签来组织管理收藏条目。

9.3 工程索引

9.3.1 工程索引概述

工程索引(The Engineering Index, EI)创刊于1884年,是美国工程信息公司(Engineering Information Inc.)出版的著名工程技术类综合性检索工具。EI每月出版1期,文摘1.3万~1.4万条;每期附有主题索引与作者索引;每年还另外出版年卷本和年度索引,年度索引还增加了作者单位索引。收录文献几乎涉及工程技术各个领域。例如:动力、电工、电子、自动控制、矿冶、金属工艺、机械制造、土建、水利等。它具有综合性强、资料来源广、地理覆盖面广、报道量大、报道质量高、权威性强等特点。出版形式有印刷版(期刊形式)、电子版(磁带)及缩微胶片及网络数据库。EI公司自1992年开始收录中国期刊。

2009年以前,EI把它收录的论文分为两个档次。

(1) EI Compendex 标引文摘

EI Compendex 标引文摘也称核心数据。它收录论文的题录、摘要,并以主题词、分类号进行标引深加工。有没有主题词和分类号是判断论文是否被EI正式收录的唯一标志。

(2) EI Page One 题录

EI Page One 题录也称非核心数据。主要以题录形式报道。有的也带有摘要,但未进行深加工,没有主题词和分类号。所以 Page One 带有文摘不一定算做正式进入EI。Compendex 数据库中的核心和非核心数据的主要区别在于:数据中是否有分类码(EI Classification Codes)和主题词(EI Main Heading);有这两项内容的数据是核心数据,反之是非核心数据。从2009年1月起,所收录的中国期刊数据不再分核心数据和非核心数据。

9.3.2 EI Engineering Village 2(EV2)

1. 数据库简介

EI Engincering Village 2 是由美国 Elsevier Engineering Information 公司出版的工程类数据库,包括 Compendex、CRC ENGnetBASE、IHS Standards、USPTO Patents、Esp@cenet 和 Scirus 等多个数据库。Compendex 是目前全球最全面的工程领域二次文献数据库,收录5100多种工程类期刊、会议论文集和技术报告1969年以来的参考文献和摘要。数据库涵盖了工程和应用科学领域的各学科,涉及核技术、生物工程、交通运输、化学和工艺工程、照明和光学技术、农业工程和食品技术、计算机和数据处理、应用物理、电子和通信、控制工程、土木工程、机械工程、材料工程、石油、宇航、汽车工程以及这些领域的子学科与其他主要的工程领域。Compendex 数据库每周更新数据,以确保用户可以跟踪其所在领域的最新进展。其中大约22%为会议文献,90%的文献语种是英文。1998年在清华大学图书馆建立了EI中国镜像站。为了让中国用户与全球用户同步使用EV2数据库,EI公司近期将实施EV2中国用户的平台转换工作。转换时间是2011年4月27日,平台转换后,现有成员将全部通过国际站点访问EV2数据库,清华镜像站点将停止使用。

2. 检索方式

EI Engineering Village 2 提供了 Easy Search(简单检索)、Quick Search(快速检索)、

Expert Search(专家检索)、Thesaurus(主题词表)、eBook Search(电子书检索)5 种检索方式。

(1) 简单查询

在右上角的标题栏中单击 Easy Search,即可进入简单检索界面。使用简单检索不需选择设定任何检索条件,直接输入检索词,单击 Search 即可进行检索。

(2) 快速检索

进入 Engineering Village 2 数据库后,系统会自动进入快速检索界面,如图 9-2 所示。使用快速检索方式的检索步骤如下。

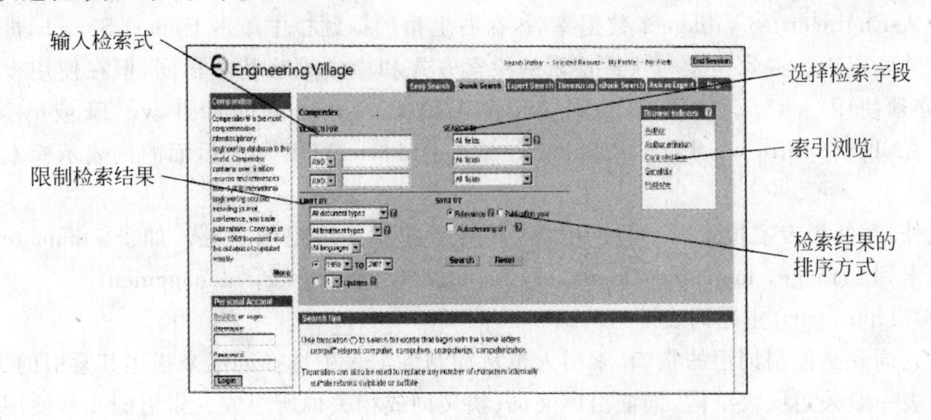

图 9-2 Engineering Village 2 快速检索界面

① 选择检索字段:从 Search in 下拉菜单中选择欲检索的字段,字段名及其意义如表 9-1 所示。可以使用布尔算符 AND、OR、NOT 进行组配。

表 9-1 检索字段及意义

字段名	意义
All fields	Compendex 资料库中所有的字段
Subject/Title/Abstract/	主题、题名、摘要
Abstract	摘要
Author	作者,请输入姓氏,空一格,再输入名字或名字缩写
Author affiliation	作者服务机构
EI Classification Code	EI 分类号
CODEN	从刊代码
Conference Information	会议信息
Conference Code	会议代码
ISSN	国际标准期刊号
EI Main heading	EI 主要标题
Publisher	出版者
Serial title	期刊名称,可检索期刊题名的全部或部分名称
Title	题名,可检索题名的全部或部分名称
EI controlled term	EI 控制词汇
Country of origin	来源国家

② 输入检索式：用户可以在检索栏中输入检索式，检索式可使用布尔逻辑、通配符、邻近算符等。

③ 限制条件（文件类型、特殊主题类型、语言、日期等）。

④ SORT BY（检索结果排序）：在快速检索方式下，用户可以选择 Relevance（相关性）和 Publication year（出版年）两种方式对检索结果进行排序。

⑤ Browse Index（索引浏览）：选择不同字段浏览，勾选中的检索词，系统将自动加入检索式中。

（3）专家检索（Expert Search）

进入 Engineering Village 2 数据库后，在右上角的标题栏中单击 Expert Search，即可进入专家检索界面。专家检索与快速检索的检索方式和检索策略基本相同，但在使用专家检索时，必须使用“wn”。如：{test bed} wn ALL AND {atm networks} wn TI 或（window wn TI AND sapphire wn TI）OR Sakamoto，Keishi wn AU，“wn”后面的词表示检索字段的代码。

另外，在使用专家检索时，可使用“$”符号寻找相同字根的字汇。如：$management 可以检索到 manage，managed，manager，managers，managing，management。

（4）Thesaurus（主题词表）

主题词表是控制词汇的指南，索引人员从控制词汇表中选择词汇来描述其索引的文章。主题词表一般采用层级结构，词汇由广义词、狭义词或相关词所组成。索引的文章使用特别指定的控制词汇。

单击 Thesaurus 标签即可进入主题词表检索功能页面，在检索栏中输入想要查询的词，然后单击 Search（查询）、Exact Term（精确词汇）或 Browse（浏览），之后单击 Submit 即可。

（5）eBook Search 电子书检索

Referex Engineering 是专业的工程学参考书资库，收录约 350 本以上优质的工程学电子书，内容涵盖机械学与材料学、电子学与电机学、化学及石油与制造学三大学科领域，每个学科领域均提供：Handbooks of engineering fundamentals、Situational reference、Titles focused on technique and practice、How-to guides、Highly specialized professional information、Scholarly monograph。电子书全文需另外订购。

3. 检索结果

在简单检索、快速检索、专家检索和主题词检索方式下，用户输入检索式后单击 Search 后，便进入了检索结果页。用户可以选择进一步精简检索结果（Refining Search）。在检索结果页的左上角有一“精简检索”（Refine Search）按钮，单击此按钮用户可定位到检索结果页面底部的一个“精简检索”（Refine Search）框。用户当前的检索式将出现在“精简检索”框中，根据用户检索的需要对其做进一步的改动，再单击“检索”（Search）按钮即可。

4. 检索历史

Engineering Village 2 会将用户先前使用的检索策储存在检索历史中，用户可以重新执先前的检索策或结合先前的检索策重新执行检索。

5. 个人账户

在 Engineering Village 2 中用户可以注册个人账户（Personal Account）。使用 Personal Account 用户可以储存检索策、建立个人资料夹、储存检索结果、建立 E-mail Alert。

9.4 化学文摘

9.4.1 美国《化学文摘》

美国《化学文摘》(Chemical Abstracts,CA)是世界最大的化学文摘库,也是目前世界上应用最广泛,最为重要的化学、化工及相关学科的检索工具。创刊于1907年,由美国化学协会化学文摘社(Chemical Abstracts Service of American Chemical Society,CAS of ACS)编辑出版,CA被誉为"打开世界化学化工文献的钥匙"。CA报道的内容几乎涉及化学家感兴趣的所有领域,其中除包括无机化学、有机化学、分析化学、物理化学、高分子化学外,还包括冶金学、地球化学、药物学、毒物学、环境化学、生物学以及物理学等诸多学科领域。

CA创刊至今,出版情况几经变动,1967年至今为周刊,每年分两卷,每卷26期,全年共52期。2002年已出至137卷,每卷出齐后随即出版一套卷索引,每隔10年或5年出版一套累积索引,1997年出版了"1992—1996年第13次累积索引"。

CA不仅出版有印刷版,还有缩微版,机读磁带版和光盘版,可供联机检索,光盘检索和Internet检索。2010年起,CA不再出版印刷版。

CA具有以下特点。

(1) 收藏信息量大。CA年报道量最大,物质信息也最为丰富。

(2) 收录范围广。期刊收录多达15 000余种,另外还包括来自47个国家和三个国际性专利组织的专利说明书、评论、技术报告、专题论文、会议录、讨论会文集等,涉及世界200多个国家和地区60多种文字的文献。到目前为止,CA已收文献量占全世界化工化学总文献量的98%。

(3) 索引完备、检索途径多。CA的检索途径非常多,共有十多种索引内容,用户可根据手头线索,利用这些索引查到所需资料。

(4) 报道迅速。自1975年第83卷起,CA的全部文摘和索引采用计算机编排,报道时差从11个月缩短到3个月,美国国内的期刊及多数英文书刊在CA中当月就能报道。网络版SciFinder更使用户可以查询到当天的最新记录。CA的联机数据库可为读者提供机检手段进行检索,大大提高了检索效率。

9.4.2 《化学文摘》网络版

1. 数据库简介

SciFinder Scholar是美国化学学会(ACS)旗下的化学文摘服务社CAS(Chemical Abstract Service)所出版的*Chemical Abstract*化学文摘的在线版数据库学术版,除可查询每日更新的CA数据回溯至1907年外,更提供读者自行以图形结构式检索。它是全世界最大、最全面的化学和科学信息数据库。SciFinder的图标如图9-3所示。

图9-3 SciFinder图标

"化学文摘"是化学和生命科学研究领域中不可或缺的参考和研究工具,也是资料量最大,最具权威的出版物。网络版化学文摘SciFinder Scholar,更整合了

Medline 医学数据库、欧洲和美国等近 50 家专利机构的全文专利资料，以及化学文摘 1907 年至今的所有内容。它涵盖的学科包括应用化学、化学工程、普通化学、物理、生物学、生命科学、医学、聚合体学、材料学、地质学、食品科学和农学等诸多领域。它可以透过网络直接查看“化学文摘”1907 年以来的所有期刊文献和专利摘要，以及四千多万的化学物质记录和 CAS 注册号。

SciFinder 各数据库简介如下。

(1) CAplus

目前有化学及相关学科的文献记录 2700 多万条，包括 1907 年以来的源自 1 万多种期刊论文(以及 4 万多篇 1907 年之前的回溯论文)、50 个现行专利授权机构的专利文献、会议录、技术报告、图书、学位论文、评论、会议摘要、e-only 期刊、网络预印本。内容基本同印刷版 CA 和光盘 CA on CD。

数据每日更新，每日约增加 3000 条记录。对于 9 个主要专利机构发行的专利说明书，保证在两天之内收入数据库。

可以用研究主题、著者姓名、机构名称、文献标识号进行检索。

(2) CAS REGISTRY

化合物信息数据库，是查找结构图示、CAS 化学物质登记号和特定化学物质名称的工具。数据库中包含三千三百多万个化合物，包括合金、络合物、矿物、混合物、聚合物、盐，以及五千九百多万个序列，此外还有相关的计算性质和实验数据。

数据每日更新，每日约新增 12 000 个新物质记录。

可以用化学名称、CAS 化学物质登记号或结构式检索。

(3) CHEMLIST

关于管控化学品信息的数据库，是查询全球重要市场被管控化学品信息(化学名称、别名、库存状态等)的工具。数据库目前收录近 25 万种备案/被管控物质，每周新增约 50 条记录。

可以用结构式、CAS 化学物质登记号、化学名称(包括商品名、俗名等同义词)和分子式进行检索。

(4) CCASREACT

化学反应数据库。目前收录了 1840 年以来的一千三百多万多个单步或多步反应。记录内容包括反应物和产物的结构图，反应物、产物、试剂、溶剂、催化剂的化学物质登记号，反应产率，反应说明。每周新增 600～1300 个新反应。

可以用结构式、CAS 化学物质登记号、化学名称(包括商品名、俗名等同义词)和分子式进行检索。

(5) CHEMCATS

化学品商业信息数据库，目前有一千九百多万个化学品商业信息，用于查询化学品提供商的联系信息、价格情况、运送方式，或了解物质的安全和操作注意事项等信息，记录内容还包括目录名称、订购号、化学名称和商品名、化学物质登记号、结构式、质量等级等。

用户可以用结构式、CAS 化学物质登记号、化学名称(包括商品名、俗名等同义词)和分子式进行检索。

(6) MEDLINE

MEDLINE 是美国国家医学图书馆(NLM)建立的书目型数据库，主要收录 1950 年以来与生物医学相关的3900种期刊文献,目前共有记录1600万条。

免费数据库,每周更新4次。

2. 安装注意事项

使用SciFinder需要在本地安装专用客户端。使用SciFinder Scholar客户端版有并发用户数限制,检索完成后应及时单击Exit退出,以便其他用户能够登录使用。

(1) 安装前退出所有程序,网页浏览器除外。

(2) 当安装过程中被问及是否有标有"Custom Site Files"的盘时,应选择"否"。其他选项选择默认设置。

(3) 安装的最后一步,会被询问是否要进行连接测试(Perform connectivity test),不要选择测试,直接单击Finish即可。

3. 检索指南

SciFinder有多种先进的检索方式,比如化学结构式(其中的亚结构模组对研发工作极具帮助)和化学反应式检索等,这些功能是CA光盘中所没有的。它还可以通过Chemport链接到全文资料库以及进行引文链接(从1997年开始)。其强大的检索和服务功能,可以让用户了解最新的科研动态,帮助用户确认最佳的资源投入和研究方向。根据统计,全球95%以上的科学家们对SciFinder给予了高度评价,认为它加快了他们的研究进程,并在使用过程中得到了很多启示和创意。SciFinder检索界面如图9-4所示。

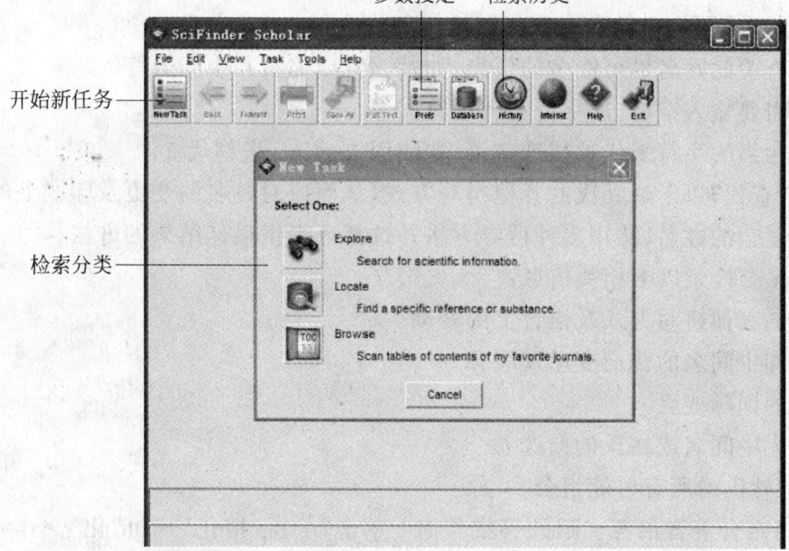

图9-4 SciFinder检索界面

(1) 检索文献(Explore Literature)

Research Topic(按研究主题搜索)

在Describe your topic using a phrase检索框中输入关键词、短语或句子搜索研究领域。运用关键词之间的关系迅速检索相关的结果。

① 使用简易英语指定2～3个概念。

② 包括连接概念所需的介词和冠词。

③ 在同义概念后用括号标明首字母缩写词或同义词。

④ 使用逻辑算符排除特殊术语。

注：SciFinder 自动搜索相关的术语，并在检索结果时，会考虑各种拼写方式、简写、缩写及相关短语，如表 9-2 所示。

表 9-2 SciFinder 自动搜索相关的术语

SciFinder 把术语视为 …	当找到术语时 …
"如同所输入的"	完全按用户已输入的
"彼此密切相关"	在同样句子或标题内
"出现于参考资料内任何地方"	记录标题、摘要或索引内的任何地方(可能互相分得很开)
"包含概念"	在记录里所找到的输入关键词的术语、同义术语或相似术语

可通过 Filters(过滤器)选项，通过限定出版年份、文档类型、语言种类、作者姓名、公司名称等筛选检索结果数量。单击 Get References，可以根据记录内术语的关系选择相关候选参考资料。单击 Back 可以返回至原始答案集。常用按钮如下。

：请参阅文档详情。

：查看全文选项。

Analyze/Refine：分析或精化答案。

Get Related...：检索引文、物质或反应。

根据科学家或研究员姓名来查找科技信息(Author Name)：

① 输入有关此姓名尽可能多的信息，如姓、名(或缩写)、中间名等。

② 根据需要输入空格、连字符和省略符。

③ 使用相当的字符来代替特殊字符，如使用 a 或 ae 来替代 ?。

④ 选择"查找"以了解姓氏的其他拼写方式，从而应对姓名的变更及印刷上的区别。

⑤ 对于复杂的姓名，使用多种搜寻方法并选择可提供最佳结果的方法。

SciFinder 会检索以下相关信息：

① 姓氏的其他拼写方式及语音上的变动。

② 名字和中间名的普通变动及昵称。

③ 姓名的国际变更。

④ 有和无中间名或姓氏的候选者。

⑤ 名字/姓氏的所有可能组合。

要筛选特定合著者参考文献的答案集时：单击"分析/精化"→"精化"→作者姓名→输入合著者姓名。

按公司名称/组织搜索(Company Name/Organization)：

查找与特定公司、学术机构或政府组织相关的信息的步骤如下。

① 一次仅输入一个组织。

② 通常情况下，要扩大答案集，应使用较少的短语。要缩小答案集，应使用较多的短语。输入的短语越多，查询越详细。

③ SciFinder 在检索结果时，会考虑各种拼写方式、简写、缩写及相关短语，但不会涉及合并与收购。

④ SciFinder 自动搜索相关短语组。例如，输入“company”和“co.”将返回相同的结果。

要查看 SciFinder 所考虑的所有名称变体：单击“分析/精化”→“分析”→“公司/组织”→“确定”，然后可选择相关的变体。单击 Get References(获取参考文献)仅检索那些参考文献。

(2) 检索物质(Explore Substances)

化学结构检索(Chemical Structure)：

通过 SciFinder 的结构绘图工具，用户可绘制化学结构，然后找出与此结构相匹配的特殊物质或物质组。

实际搜索结果可能包括的内容如表 9-3 所示。

表 9-3　根据绘制的化学结构实际搜索的结果

用户已绘制的结构	带电荷化合物
立体异构术	自由基或基离子
互变体(包括酮烯醇)	同位素
配位化合物	聚合体、混合物和盐

在“结构绘图”窗口中，使用工具从左下边至底部绘制结构。单击 Get Substances(获取物质)。

① 将鼠标移至工具按钮上方，查看工具的名称或描述。

② 选择工具后，信息会显示于绘图区的上方。

③ 参阅 SciFinder 帮助文件可以了解有关结构绘图和每一工具使用的详情。

④ 工具栏中显示的一些工具仅用于亚结构或反应搜索。

要进行结果筛选时选择精确搜索，指定想要应用于搜索中的任何 Filter(过滤器)。单击“确定”。

查看答案集时，可使用下列按钮。

：参阅有关物质详情。

：检索特定物质的参考文献、3D 模型、化学物质供应商、管制化学物质列表或反应。

Get References：检索所选答案或整个答案集的参考文献。

Get Reactions：检索所选答案或整个答案集的反应。

Analyze/Refine：分析或精化答案。

分子式检索(Molecular Formular)：

输入分子式检索相匹配的文献和物质信息。

(3) 反应检索(Explore Reactions)

通过 SciFinder 的结构绘图工具绘制化学反应式，然后找出与此反应相关的文献和物质信息。

4. 查找(Locate)

(1) 查找特定参考文献(Locate Literature)

① 根据书目信息查找文献(Bibliographic Information)：通过输入所需的书目信息，SciFinder 可帮助用户查找特定的期刊或专利参考文献。

② 查找期刊文献时，选择 Journal Reference，输入相关的期刊参考文献信息。单击

“确定”。

注：首字母缩写词适用于大多数但不是全部期刊。

③ 查找专利参考文献时，选择 Patent Reference，输入相关的专利参考文献信息如专利号、专利应用号、优先顺序应用号等，还可选择高级选项 More▸ 输入发明家或专利权人，单击“确定”。

④ 根据文献标识符查找文献（Document Identifier）。输入专利号或 CAS 物质登记号进行查找。每行输入一个标识符，一次可搜索 25 个标识符。或者单击从文件中读取可以导入标识符列表。

(2) 查找物质(Locate Substances)

使用“物质标识符”及化学名称或 CAS 登记号查找特定物质或物质组。

① 查找和验证化学名称、CAS 登记号、分子式和其他物质信息。

② 获取计算和实验属性数据。

③ 识别商业来源。

④ 检索法规遵循信息。

⑤ 获取讨论物质的文章和专利。

输入化学名称、商标名称或 CAS 登记号进行查找。每行输入一个标识符，一次可搜索 25 个标识符。或者单击从文件中读取可以导入标识符列表。单击“确定”。要查看答案中的属性数据，请单击显微镜图标以显示物质详情。如果属性信息可用，则提供链接。属性值来源显示于右侧列和脚注区域中。

5. 打印和保存结果

SciFinder Scholar 允许用户打印参考文献、物质和反应的结果，以及把结果保存至用户计算机上的文件中。

(1) 打印

选择想要打印的结果，选中对应条目前的方框。然后选择 File→ Print。如未选择特定的答案，SciFinder 将打印所有的答案。选择打印格式，指明是否包含任务历史。还可以输入打印标题。然后单击“确定”进行打印。

(2) 保存答案

选择想要保存的答案，然后选择 File→Save As。如未选择特定的答案，SciFinder 将保存所有的答案。选择或创建一个文件夹，并输入文件名。单击“选项”按钮，能够访问可选择的文件类型的所有选项。用.rtf 或.txt 格式至多可保存 500 个答案。单击保存，把结果保存至计算机上的文件中。

9.5 ISI 多学科文献资料数据库

1958 年，Dr. Eugene Garfield 创办了科学信息研究所(Institute for Scientific Information, ISI)。四十多年来，ISI 致力于科技文献信息领域，将最准确、最可靠的信息带给全球的研究人员。

ISI 多元化的数据库收录一万六千多种国际期刊、书籍和会议录，横跨自然科学、社会科学和艺术及人文科学各领域，内容包括文献编目信息、参考文献(引文)、作者、摘要等一系列关键性的参考信息，从而构成了研究信息领域内最全面综合的多学科文献资料数据库。这些数据库产品和服务包括现刊题录数据、引文索引、可定制的快讯服务、化学信息产品以及文献计量学方面的资料，版本包括书本型、CD-ROM光盘、磁盘，也可以通过Internet检索。同时，提供了相应的全文服务。

在中国，ISI的科学引文索引(Science Citation Index，SCI)、国际科技会议录索引(Index to Scientific & Technical Proceedings，ISTP)和科技综述索引(Index to Scientific Reviews，ISR)被列入四大文献索引，早已为众多研究人员广泛了解和使用。

ISI于1997年年底推出了以知识为基础的学术信息资源整合平台——ISI Web of Knowledge。该平台以三大引文索引数据库作为其核心，利用信息资源之间的内在联系，把各种相关资源提供给研究人员。兼具知识的检索、提取、管理、分析与评价等多项功能。在ISI Web of Knowledge平台上，还可以跨库检索ISI proceedings、Derwent、Innovations Index、BIOSIS Previews、CAB Abstracts、INSPEC以及外部信息资源。ISI Web of Knowledge还建立了与其他出版公司的数据库、原始文献、图书馆OPAC以及日益增多的网页等信息资源之间的相互连接。实现了信息内容、分析工具和文献信息资源管理软件的无缝链接。

9.5.1 数据库简介

Web of Science是美国Thomson Scientific公司ISI Web of Knowledge检索平台上的数据库，共包括以下7个数据库。

- 科学引文索引(Science Citation Index- Expanded，SCIE)
- 社会科学引文索引(Social Sciences Citation Index，SSCI)
- 艺术人文引文索引(Arts & Humanities Citation Index，AHCI)
- 科技会议录引文索引(Conference Proceedings Citation Index-Science，CPCI-S)
- 社科及人文会议录引文索引(Conference Proceedings Citation Index-Social Science & Humanities，CPCI-SSH)
- Index Chemicus(IC)
- Current Chemical Reactions(CCR-Expanded)

9.5.2 检索方法

Web of Science分为一般检索(Search)、被引参考文献检索(Cited Reference Search)、高级检索(Advanced Search)、化学结构检索(Structure Search)4种检索方式。检索界面如图9-5所示。

1. 一般检索

在执行检索前，还可以通过选择数据库、指定时间段、语种、文献类型等来限制检索结果，查准率和查全率高，利用价值大。

在一般检索中，既可以执行单字段检索，也可以结合主题、作者、刊名和地址进行多字段组合检索。在同一检索字段内，各检索词之间可使用逻辑算符、通配符。

(1) 主题字段(Topic)

通过主题来查找文献。它是在论文的题名、文摘或关键词中检索。在该字段中输入的检索词可以使用通配符、逻辑算符组配。

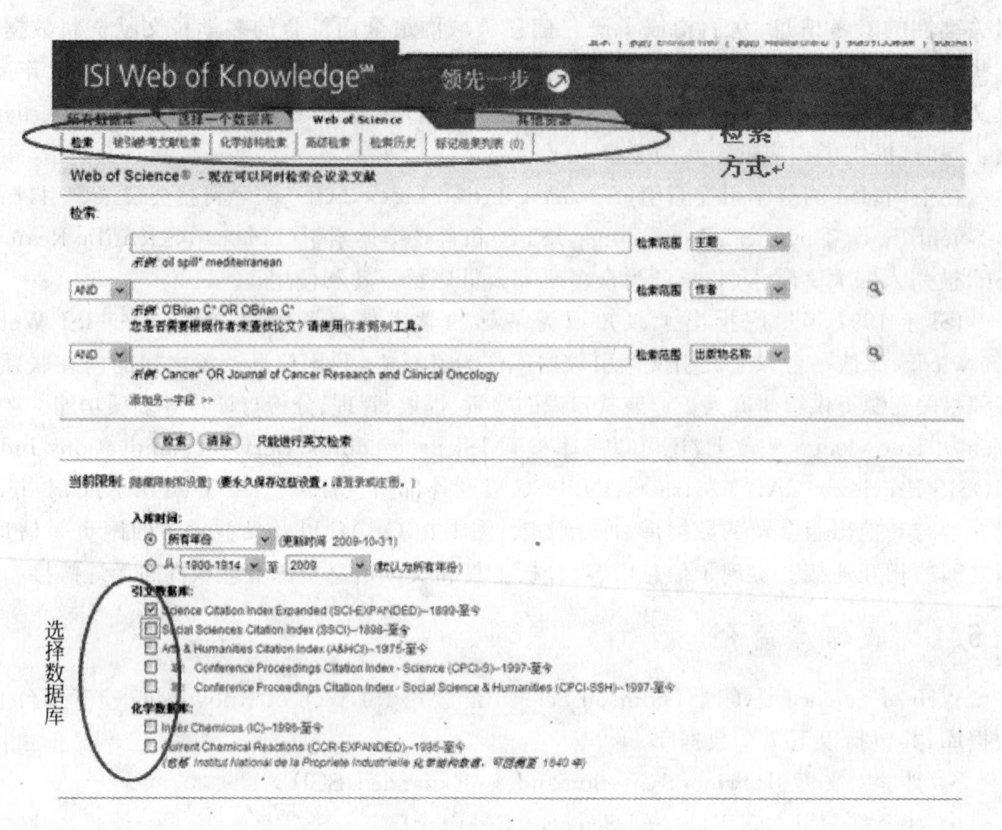

图 9-5　ISI Web of Knowledge 检索界面

注意：*如要进行精确的词组检索，须用引号限定，比如输入："global warming"，则可找到准确的 global warming，如输入：global warming，则可找到 global warming 同时也可找到 …global climate change and ocean warming…。*

(2) 标题字段(Title)

通过标题来查找文献。它仅在论文的题名中检索。

(3) 作者字段(Author)

通过输入来源文献的作者姓名，来检索该作者的论文被 Web of Science 数据库收录情况，进而了解该作者在一段时间内的科研动态。在输入姓名时，先输入“姓”，空一格，然后输入“名”的首字母缩写，如 ZHANG XW。如果不知道作者名的全部首字母，可以在输入的首字母后用星号(*)代替。如在作者字段里输入 zhang x*，可检索 zhang x 或 zhang xw 的记录；人名前的头衔、学位、排行不算做姓名。

(4) 团体作者字段(Group Author)

输入团体作者的姓名，应考虑其各种写法，包括全称和缩写形式。也可利用“group author index”选择并添加到检索框中。

(5) 编者字段(Editor)

通过输入来源文献的编者姓名来查找文献。在输入姓名时，先输入“姓”，空一格，然后输入“名”的首字母缩写。

(6) 出版物名称字段(Publication Name)

在这个字段中应输入刊名的全称。如果记不全刊名的名称,可以输入刊名的前几个单词和通配符来检索,或者单击该字段右面的图标,进入 Publication Name Index 查阅准确名称,选择并添加到检索输入框中。

(7) 出版年字段(Year Published)

应输入论文出版的准确年份,或发表论文的时间段。

(8) 地址字段(Address)

在该字段中可以输入一个机构、一个城市、一个国家或一个邮编等以及它们的组合。该字段所有地址都可以检索。机构名和通用地址通常采用缩写。可以单击该字段右面的 abbreviations help 链接查找缩写列表。各检索词之间可以使用 SAME、AND、OR、NOT 算符组配。一条地址相当于一句,若一条地址中包含两个或多个词汇,检索时用 SAME 运算符。如,检索复旦大学化学系发表论文被 Web of Science 数据库收录情况,可以输入 FUDAN UNIV SAME CHEM。要注意复旦大学物理系和物理所的区别: FUDAN UNIV SAME PHYS SAME INST\ FUDAN UNIV SAME PHYS SAME DEPT。

(9) Web of Science 提供检索的其他字段

包括会议(Conference)、语种(Language)、文献类型(Document Type)、基金资助机构(Funding Agency)、授权号(Grant Number)。根据已知条件多少或根据检索者的某种需要,在以上 13 个字段中输入检索词,单击 Search 按钮,即出现满足检索条件的结果列表。

2. 被引参考文献检索

被引参考文献索引是将文章中的参考文献作为检索词,它揭示的是一种作者自己建立起来的文献之间的关系链接。引文检索具有独一无二的功能,即从旧的、已知的信息中发现新的、未知的信息。该方式通过被引作者、被引文献所在期刊的刊名、被引文献发表的年份三种途径检索论文被引用情况。注意: 单一字段内各检索词之间只能用逻辑算符"OR"进行组配。

(1) 被引作者字段(Cited Author)

在该字段中输入某篇论文的第一作者的姓名。如果该论文是被 Web of Science 数据库收录成为一条源记录,则可以输入该论文中的任何一位作者姓名。输入检索词时,作者的"姓"放在最前,空一格,输入"名"的首字母。注意: 由于有时数据库录入错误或作者提供的姓名写法不同,检索不到结果。因此在输入名时应考虑采用通配符 *,以避免造成漏检。

(2) 被引著作字段(Cited Work)

在该字段中,可输入被引用的刊名、书名和专利号。输入被引论文的刊名时采用缩略式,为了提高查全率,要考虑被引刊名的不同写法,如果不知道准确的缩写,可以单击该字段下方的 ◆图标,查看期刊缩略表; 输入被引书名时,应考虑词的不同拼法采用通配; 如果要查专利,可以直接输入专利号。

(3) 被引文献发表的年份字段(Cited Year)

如果要检索某人在某个特定年份发表论文的被引情况,可以在该字段输入文献发表的年份(4 位数字表示),如果要检索几年,可以用"OR"组配,如"1998 OR 1999 OR 2000",或输入时间段。

检索词输入完后,单击 Search 按钮,出现满足检索条件的引文文献列表。

在每条记录最前面的数字就是该作者发表在某一刊物上一篇论文的被引次数，单击每条记录后的 View Record 链接，便可以看到该被引用文献的详细题录信息(即全记录)。那些不带 View Record 链接的黑色记录，则表示该期刊未被 Web of Science 收录，无法查看它的全记录信息。

3. 高级检索

单击 Web of Science 页面上的 Advanced Search 按钮进入高级检索页面，如图 9-6 所示。该方式可将多个字段或历次检索序号组配检索。熟练掌握检索字段代码和检索技术的用户，可直接在检索输入框中构造检索式；不熟悉的用户也可参照页面右上方显示的可采用的字段标识符和布尔逻辑算符构造检索式。需要注意的是：输入带有字段的检索词，应先输入检索字段代码，然后在其后的等号后输入检索词。也可在 Search History 显示框中选择不同的检索步号，选种上方的“AND”、“OR”组配检索。单击 Results 栏中的命中结果数，即显示检索结果列表。

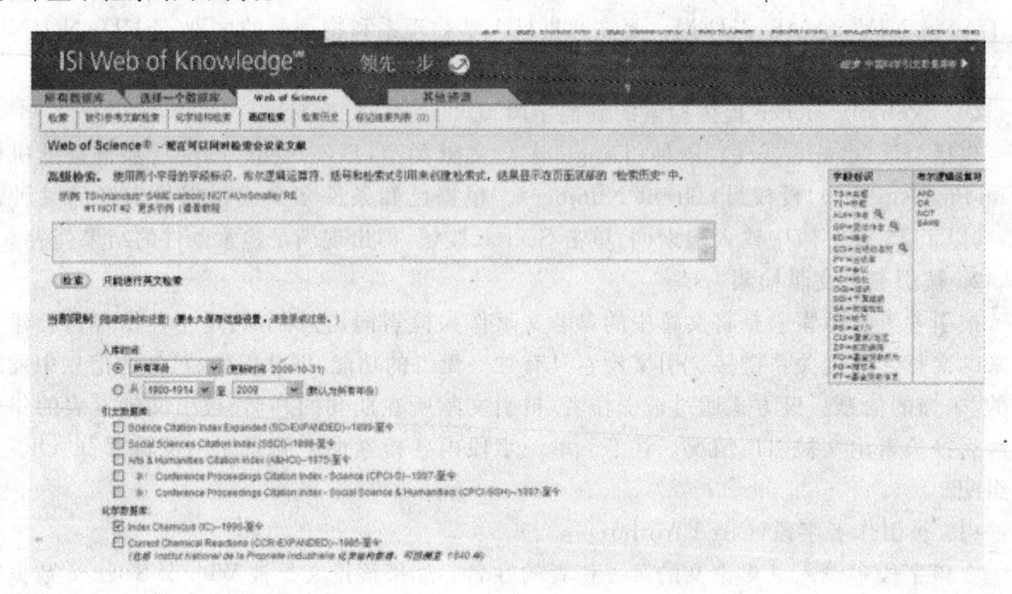

图 9-6　ISI Web of Knowledge 高级检索页面

4. 检索结果处理

在浏览了检索结果的简要题录信息或摘要之后，可以对所需记录进行标记。

(1) 标记检索结果列表

在检索结果列表右侧的标记菜单中，提供三种标记方式。选择标记方式后，单击 ADD TO MARKED LIST 按钮递交标记的记录。

(2) 标记全记录

浏览了全记录后，想对该记录做标记，只需单击菜单栏上的 ADD TO MARKED LIST 按钮，就可把当前显示详细题录信息的记录添加到标记表中。

在标记了所需记录后，单击菜单栏中的 MARKED LIST 按钮，就可对这些标记记录集中进行打印、存盘、输出或发电子邮件等处理。输出的结果除包含默认的作者、题名、来源期字段外，还可以添加其他字段，并选择记录的排序方式。

单击页面上相关的“保存”、“打印”、E-mail按钮对所选择的记录进行保存、打印、E-mail。如果想一次同时打印所有标记记录，则可以在标记表的状态下，单击FORMAT FOR PRINT按钮，显示所有标记的记录，之后，再单击页面上的“打印”按钮打印记录。

利用Web of Science数据库进行常规检索或引文检索时，如果某个检索策略（即检索式）要被经常使用，可以将此检索策略保存起来。方法为：单击检索界面上方工具栏中的SEARCH HISTORY按钮，打开检索历史显示框，可以将检索历史和策略保存在本地计算机或服务器上，并可创建定题跟踪服务。

思 考 题

1. 通过上机了解不同中文数据库及数字图书馆的检索方式、收录范围与检索途径。

2. 试运用本章介绍的检索工具，查找所学专业的信息，并说说哪种工具更适合自己。是否还有其他更好的检索方式？

3. 通过图书馆馆藏目录，查找自己所学专业的著作情况。

4. 怎样可以查到某产品在某一年度的市场销量统计信息？

5. 试述国研网的检索途径有哪些？

6. 选一要查找的法规，利用中外网络信息资源查找该法规的详细信息，比较各信息源检索效率。

7. 检索有关数理、工程和食品化学化工方面的知识，可查哪些参考工具书？

第10章 特种文献的检索

特种文献是专利文献、标准文献、会议文献、科技报告和学位论文的总称。它们发行渠道特殊、形式各异,具有特殊的、其他文献所不能取代的价值,在信息检索方法方面也稍有别于图书报刊的检索工具。本章主要介绍专利文献、会议文献、学位论文、标准文献以及科技报告的信息检索。通过本章的学习,读者将了解特种文献的检索途径和检索方法,使特种文献在传递科技信息方面发挥更大的作用。

10.1 专利文献信息检索

10.1.1 专利含义、类型及特点

1. 专利的含义

专利(Patent)是知识产权的一种。专利文献是一种重要的信息源,它是专利申请人向政府递交的说明新发明创造的书面文件。此文件经政府审查、试验、批准后,成为具有法律效力的文件,由政府印刷发行。专利文献不仅具有实用性,而且反映了世界技术与发展动向。

在我国,直到19世纪末20世纪初才开始有涉及专利的活动。1950年颁布了《保障发明权与专利权暂行条例》。1979年成立了中华人民共和国专利局,着手拟定我国的专利法和专利制度。1983年3月,我国正式加入了世界知识产权组织,代号"WO"。1984年3月12日,正式通过了《中华人民共和国专利法》,并于1985年4月1日起实施。我国专利制度的实行,有利于新技术的普及和推广应用,有利于国际技术交流和新技术的引进。

专利一词包含三层含义:一指专利法保护的发明;二指专利权;三指专利说明书等文献。其核心是受专利法保护的发明,而专利权和专利文献是专利的具体体现。从广义上讲,专利文献包括专利说明书、专利公报、专利检索工具、专利分类表、与专利有关的法律文件及诉讼资料等。从狭义上说,专利文献就是专利说明书,它是专利申请人向专利局递交的说明发明创造内容及指明专利权利要求的书面文件,既是技术文献,也是法律性文件。

2. 专利的类型

由于各国的专利法不同,专利种类的划分也不尽相同。例如,美国分为发明专利、外观设计专利和植物专利;我国、日本和德国等国分为发明专利、实用新型和外观设计专利。

(1) 发明专利。国际上公认的应具有新颖性、先进性和实用性的新产品或新方法的发明。

(2) 实用新型专利。对机器、设备、装置、器具等产品的形状构造或其结合所提出的实

用技术方案。其审查手续简单，保护期限较短。

(3) 外观设计专利。指产品的外形、图案、色彩或其结合做出的富有美感而又适用于工业应用的新设计。

实用新型专利和外观设计专利都涉及产品的形状，两者的区别是：实用新型专利主要涉及产品的功能，外观设计专利只涉及产品的外表。如果一件产品的新形状与功能和外表均有关系，申请人可以申请其中一个，也可分别申请。

3. 专利的特点

(1) 独占性。专利为专利所有人独自占有，任何个人和单位未经许可，不得私自使用专利所有人的技术发明，否则为侵权行为。

(2) 区域性。专利权具有严格的区域范围，它只在取得专利权的国家(地区)受到保护，而在其他国家没有任何约束力。人们欲使其一项新发明技术获得多国专利保护，就必须将其发明创造向多个国家申请专利。同一项发明创造在多个国家申请专利而产生的一组内容相同或基本相同之处的文件出版物，称为一个专利族。

(3) 时效性。任何专利都有保护期，也就是说专利权人对其发明创造所拥有的专利权只在各国法律规定的时间内有效，保护期满后，该项发明创造就成为社会的共同财富，任何单位和个人都可无偿使用。我国专利法规定专利权期限为自申请日起，发明专利为 20 年，实用新型专利和外观设计专利各为 10 年。

10.1.2 专利文献的含义、类型及特点

1. 专利文献的含义

狭义上讲，专利文献就是专利说明书。该说明书的内容包括发明人对发明内容的详细说明和对要求保护的范围的详细描述。广义上讲，专利文献就是指记载和说明专利内容的文件资料及相关出版物的总称。它包括专利说明书、专利分类表，及专门用于检索专利文献的各种检索工具书，如专利公报、专利索引、专利文摘、专利题录等。

2. 专利文献的类型

根据专利文献的不同功能，可以将专利文献分为三大类型。

(1) 一次专利文献

一次专利文献是指详细描述发明创造内容和权利保护范围的各种类型的专利说明书，它是专利文献的主体。专利说明书详细地公布专利技术内容，并且它严格地限定专利权的保护范围，是最重要的专利文献形式。

(2) 二次专利文献

二次专利文献主要指各种专利文献的专用检索工具，如各种专利文摘、专利索引、专利公报等。我国的专利公报主要有三种：《发明专利公报》、《实用新型专利公报》和《外观设计专利公报》。它们是查找中国专利文献、检索中国最新专利信息和了解中国专利局专利审查活动的主要工具。

(3) 三次专利文献

三次专利文献是指按发明创造的技术主题编辑出版的专利文献工具书，主要包括专利分类表、分类定义、分类表索引等。

3. 专利文献的特点

专利文献在内容上和形式上都有明显的特点。

(1) 内容详尽,技术高、精、尖

国际专利合作条约(PCT)对撰写专利说明书有明确的规定：专利申请说明书所公开的发明内容应当完全清楚,以内行人能实施为标准。我国专利法也规定：说明书必须对发明或实用新型做出清楚、完整的说明,以所属技术领域的技术人员能实现为准,必要的时候,应当有附图。

与其他科技文献相比,专利文献在技术内容的表述上更为详细、具体。又由于申请专利要花费大量的精力和财力,所以,大多数申请人都会选取自己最有价值的发明创造成果去申请专利,使得专利文献的技术含量较高。

(2) 数量庞大、内容广泛

全世界每年公布的专利说明书约150万件,占每年科技出版物数量的1/4,专利说明书内容极为广泛,从简单的日常生活用品到世界尖端科技,几乎涉及人类生产活动的所有技术领域。

(3) 出版报道速度快

世界上大部分国家实行的都是先申请制、早期公开和延迟审查制度。对于内容相同的发明、专利权授予最先提出申请的人,这使得发明人总是尽一切可能及早提出自己的专利申请,以取得主动权。另外,由于实行了早期公开和延迟审查制度,自专利申请日起的18个月内,专利局就公开出版专利申请说明书,使得专利文献成为报道新技术最快的一种信息源。

(4) 格式雷同

各国对于专利说明书的著录格式的要求大体相同,著录项目统一使用国际标准识别代码,并采用统一的专利分类体系,即国际专利分类法；各国的专利申请说明书和权利要求书的撰写要求也大致相同。这些要求极大方便了人们对全球各国专利说明书的阅读和使用。

(5) 重复报道量大

专利文献的重复报道量非常大,一是同族专利的存在,一件专利在多个国家申请,就会在多个国家重复进行出版、公布；二是在实行早期公开、延迟审查专利审批制度的国家,在一件专利的申请、审批过程中要公开内容相同的专利说明书2～3次。

10.1.3 国际专利分类法简介

1. 概述

国际专利分类法(International Patent Classification,IPC),是根据1971年签订的《关于国际专利分类的斯特拉斯堡协定》编制的,是一个在世界范围内由政府间组织执行的专利体系。该分类法自1968年第一版开始使用到现在,基本上是每5～6年修订一次,目前使用的是第8版。

IPC是使各国专利文献获得统一分类及提供检索的一种工具。它的基本目的是为各国专利局以及其他使用者围绕确定专利申请的新颖性、创造性或对有关专利做出评价工作而进行的专利文献检索,提供一种有效的检索工具。目前,世界上有50多个国家及两个国际组织采用IPC对专利文献进行分类。

2. IPC的服务功能

IPC的服务功能主要如下。

(1) 利用分类表编排专利文献。

(2) 对专利情报使用者提供进行选择性报道的基础。

(3) 作为对某一个技术领域进行现有技术水平调研的基础。

(4) 作为进行工业产权统计工作的基础,以此为依据,可对各个领域的技术发展状况做出评价。

3. 国际专利分类表

IPC 号按顺序由以下 5 级组成:部(Section)、大类(Class)、小类(Subclass)、大组(Group)、小组(Subgroup)。其中:部由大写字母表示(共有 A~H 8 个部);大类由数字表示;小类由字母表示(大小写均可);大组、小组均由数字表示,两者之间用斜线"/"隔开。

国际专利分类表(印刷型)共分为 8 个部,每个部是一个分册,加上使用指南分册,IPC 共有 9 个分册。

A 分册:A 部——人类生活必需(农、轻、医)。

B 分册:B 部——作业、运输。

C 分册:C 部——化学、冶金。

D 分册:D 部——纺织、造纸。

E 分册:E 部——固定建筑物(建筑、采矿)。

F 分册:F 部——机械工程。

G 分册:G 部——物理。

H 分册:H 部——电学。

第 9 分册:使用指南(包括大类、小类及大组的索引)。

《使用指南》是利用国际专利分类表的指导性文件,它对国际专利分类表的编排、分类原则、分类方法和分类规则等做了详细的解释和说明,可帮助使用者正确使用《国际专利分类表》。

在前 8 个大部下分为 118 个大类(Class)、620 个小类(Subclass)、5000 多个大组(Group)和小组(Subgroup),任何一个完整的国际专利分类号都是由部、大类、小类、大组、小组 5 级组成,各级有不同的编号方式。

例如,水果蔬菜保鲜剂的国际专利分类号为:A23B7/153。第一位的 A 指的是部(生活必需品);"23"表示大类;B 表示小类;"7"表示大组,"153"表示小组。

10.1.4 专利文献检索的类型及途径

1. 专利文献检索的类型

(1) 新颖性检索。通过检索专利文献,可判断发明创造是否具有专利法规定的新颖性,对于专利审查人员,可以判断专利申请是否合格;对于科研人员,技术创造、发明人而言,则可判断专利申请的成功率,了解相关课题的研究状况,减少不必要的损失。

(2) 侵权检索。通过检索专利文献,可判断侵权行为或避免侵权行为。

(3) 专利有效性检索。通过检索专利文献,可以判断相关专利的时效性。

(4) 同族专利检索。通过检索专利文献,可以了解同一项发明创造在多个国家申请专利的情况。

(5) 信息性检索。通过检索专利文献,可获取一定量的科技情报信息。

2. 专利文献的检索途径

(1) 分类途径。

分类途径是根据专利所属主题范围,利用特定的专利分类体系进行查找的一种途径。

通过分类途径检索的一般步骤是：首先依检索目的确定合适的主题范围，根据工具书的特点找出合适的分类号；然后利用工具书的分类索引查找相关的信息；最后利用专利公报中的摘要和附图等信息进行鉴别，找到合适的结果并索取专利说明书。

各国专利文献一般都提供分类检索途径，绝大多数国家使用的分类体系都是国际专利分类表。

(2) 名称途径。

这里的名称主要是指专利发明人、专利申请人、专利权人或者专利受让人的名称。按照名称途径检索的前提条件是要有相关专利所属的自然人和法人的名称，然后根据专利工具书提供情报的名称索引进行查找。

《中国专利索引》提供了申请人、专利权人索引途径，用户可以以申请人、专利权人作为检索人口进行查找。

(3) 号码途径。

号码途径是指通过专利申请号、专利号、公开号等相关的专利号码，利用相应的索引进行检索。利用号码检索还可以根据获得的其他信息进行扩检。

(4) 优先项途径。

优先项是指同族专利中基本专利的申请日期、申请号和申请国别。由于同族专利中的所有专利都具有相同的优先申请日期、优先申请号和优先国别，所以只要专利说明书上的优先项相同，就可以确定相关专利为同族专利。优先项检索的主要工具是德温特公司的《世界专利索引优先项对照表》。

(5) 其他途径。

除了以上检索途径，还可以通过其他途径获得相关的专利线索，包括从商品或产品样本上寻找线索，从报刊中获取专利信息，或者从其他科技文献检索工具中查找专利文献等。

10.1.5 国内外专利文献检索工具

1. 国内专利文献检索工具

(1)《中国专利索引》

中国专利索引是年度索引，它对每年公开、公告、授权的三种专利以著录数据的形式进行报道，是检索中国专利文献，尤其是通过专利公报检索专利十分有效的工具。

中国专利索引目前共有三种：《分类号索引》、《申请人、专利权人索引》和《申请号、专利号索引》。1997年以前，《中国专利索引》只有《分类年度索引》和《申请人、专利权人年度索引》两种。《分类年度索引》是按照国际专利分类或国际外观设计分类的顺序进行编排的；《申请人、专利权人年度索引》是按申请人或专利权人姓名或译名的汉语拼音字母顺序进行编排的。两种索引都按发明专利、实用新型专利和外观设计专利分编成三个部分。《申请号、专利号索引》则以流水号顺序编排，其中发明专利分为发明专利申请公开和发明专利权授予两部分，分别用以检索专利申请和专利权授予。

以上三种专利索引无论查阅哪一种，都可以得到分类号、发明创造名称、公开号(或授权公告号)、申请人(或专利权人)、申请号以及卷期号(专利公报卷、期号)这6项数据。

(2) 专利公报

专利公报是查找专利文献，检索中国最新专利信息，了解中国专利行政机关业务活动的主要工具书。

① 中国专利公报的种类及出版状况。

中国专利公报根据专利的类型共分为《发明专利公报》、《实用新型专利公报》和《外观设计专利公报》三种，其出版周期也随着我国专利事业的发展经历了一个从无到有、由慢到快的过程。从1990年开始，三种公报都改为周刊，每年分别出版52期。

② 中国专利公报的编排体例。

中国专利公报大体可以分为三部分：第一部分公布专利文献和授权决定；第二部分公布专利事物；第三部分是索引。

第一部分以摘要形式对发明专利公开公告和对实用新型专利申请进行公布。从1993年以后，《实用新型专利公报》的第一部分改为以摘要的形式公布授权的实用新型专利使用授权公告号；《外观设计专利公报》第一部分公布的是公告授权的外观设计专利的全文；《发明专利公报》第一部分除了以摘要的形式公布专利申请公开，还以著录项目的形式公布发明专利权的授予。

第二部分是专利事务部分，记载专利申请的审查以及专利的法律状态等有关事项，包括专利申请的驳回、专利权的撤销及无效宣告、强制许可、专利权的恢复等内容。

第三部分是索引。这一部分对当期公报所公布的申请和授权的专利做出索引，以便检索。随着专利法的修改而产生的专利审查、授权程序的变化，使专利公报的索引也有所变化：发明专利公报索引从1993年起，取消了审定公告索引，目前还有申请公开索引和授权公告两种。这两种索引分别按照IPC(国际专利分类表)分类号、申请号和申请人的顺序编排了三个子索引。每部分索引还列有公开号/申请号对照表和授权公告号/专利号对照表。

实用新型和外观设计专利公报的索引部分，取消了1993年以前的申请公告索引，保留了授权公告索引；从1993年起以授权公告号/专利号对照表取代了原来的公告号/申请号对照表。

(3) 缩微型专利文献和CD-ROM光盘版专利文献

我国缩微型专利文献的出版开始于1987年，分为胶卷和平片两种。从1993年开始出版中国专利文献CD-ROM出版物，并且从1996年起，我国不再出版印刷型专利说明书，专利说明书全部以CD-ROM光盘的形式出版。

(4) 专利文献通报

专利文献通报是一种中文专利检索工具，它以文摘和题录的形式报道中国、美国、英国、日本、德国等国家以及欧洲专利公约和国际专利合作条约的专利文献。该刊根据国际专利分类表中的118个大类，分编成45个分册，按照国际专利分类号编排，并有年度分类索引。

2. 国外专利文献检索工具——德温特专利工具简介

英国德温特出版公司(Derwent Publication Ltd.)成立于1951年，专门从事世界专利文摘和索引工作，刚开始主要出版药物方面的专利文献，1970年开始扩大到全部化学化工及材料专业，共出版12种文摘，称为《中心专利索引》(Central Patents Index, CPI)。1974年进一步把报道范围扩大到整个工业技术领域，从而成为完整报道世界性专利文献的检索刊物——《世界专利索引》(World Patents Index, WPI)。德温特专利文献的特点是全面、快速和方便，是查找国际专利文献的重要工具。

(1) 德温特检索工具体系

德温特检索工具是一个非常复杂的体系，主要有三大部分。

① 题录周报。又称为《世界专利索引快报》，是报道各国专利说明书的题录周报，共有4个分册，每个分册后附有专利权人索引、国际专利分类号索引、德温特入藏号索引和专利号索引。

② 文摘周报。有分类文摘周报和分国文摘周报两套编排方法。其中分类文摘周报主要有3个系列：《世界专利文摘》、《电气专利索引》、《中心专利索引》。

③ 累积索引。《世界专利索引》共有4种累积索引：专利所有权人索引、分类号索引、相同专利对照表、专利号索引。

(2) 德温特专利工具的检索

通过《世界专利索引快报》(WPIG)可以查找专利的题录；《世界专利文摘》(WPAJ)、《电气专利索引》(EPI)和《中心专利索引》(CPI)可以用来查找专利的文摘。也可以由WPIG查到题录的专利号，再到WPAJ、EPI、CPI中查看文摘。

10.1.6 国内外检索专利文献的相关网站

1. 国内检索专利文献的相关网站

(1) 中华人民共和国国家知识产权局网站(http://www.sipo.gov.cn/)

该网站是由国家知识产权局和中国专利信息中心主办，可获得中国专利说明书全文。它提供主题词和分类号两种检索方式。

(2) 中国知识产权网(http://www.cnipr.com/)

该网站由中华人民共和国国家知识产权局知识产权出版社主办，其中"中国专利文献网上检索系统"收录了1985年至今在中国公开的全部专利，并提供全文说明书。

(3) 中国专利信息网(http://www.patent.com.cn/)

该网站是1998年由中国专利局检索咨询中心与长通飞华信息技术有限公司共同开发。其提供的"中国专利数据库"收集了我国自1985年实施专利制度以来的全部发明专利和实用新型专利信息，有完整的题录和文摘。该网站具有专利检索，专利知识、专利法律法规介绍，项目推广，高技术传播等功能。

(4) 中国专利网(http://www.patentfair.net/)

该网站由隶属国家知识产权局的中国专利技术开发公司承办，是涉及专利和发明的综合性网站，它为个人、企业和机构提供专利法律咨询、专利申请、费用缴纳、专利技术信息、专利会展、专利技术转让、发明人事务等全方位服务。

2. 国外检索专利文献的相关网站

(1) 美国专利商标局(USPTO)专利数据库(http://www.uspto.gov/)

美国专利商标局成立已有200多年的历史，收录了1790年至1975年颁布的专利说明书；以及1976年后授权的专利文摘及说明书。2001年3月开始增加了美国申请专利说明书的文本及映像文件。该数据库有快速检索、高级布尔逻辑检索及专利号检索三种检索方式。

(2) 欧洲专利局专利数据库(http://ep.espacent.com/)

由欧洲专利组织(EPO)及其成员国的专利局提供，可用于检索欧洲及欧洲各国的专利，包括欧洲专利(EP)、英国、德国、法国、意大利、芬兰、丹麦、西班牙、瑞士、瑞典等15个欧洲国家的专利。

(3) PCT 国际专利数据库(http://ipdl.wipo.int/)

知识产权数字图书馆(Intellectual Property Digital Library)提供检索国际专利的数据库 PCTEG 和检索非专利文献的数据库 JOPAL。这些数据库对公众免费开放使用,数据由世界知识产权组织(WIPO)提供,收录了 1997 年 1 月 1 日至今的 PCT 国际专利(仅提供专利扉页、题录、文摘和图形)。

(4) 日本工业产权数字图书馆(http://www.ipdl.jpo.go.jp/homepg.ipdl/)

日本专利局的工业产权数字图书馆是一个专利信息数据库检索系统。该系统可以供公众免费检索日本专利局数据库中的专利信息,并提供日、英两种文字的检索页面。

(5) 其他国家和地区专利信息网网址

澳大利亚专利数据库(http://www.IPAustralia.gov.au/)

韩国专利数据库(http://www.kipris.or.kr/english/index.html)

WIPO 知识产权数字图书馆(http://ipdl.wipo.int/)

JOPAL 数据库(http://jopal.wipo.int/JOPAL)

NCBI 基因序列数据库(http://www.ncbi.nlm.nih.gov)

巴西专利数据库(http://www.inpi.gov.br/pesq_patentes/patentes.htm)

法国专利数据库(http://www.inpi.gov.fr/brevet/html/rechbrev.htm)

德国专利数据库(http://www.dpma.de/suche/suche.html)

英国专利数据库(http://www.patent.gov.uk/patent/dbase/index.htm)

俄罗斯联邦专利数据库(http://www.fips.ru/ensite)

美、日、欧三方合作数据库(http://www.uspto.gov/web/tws/sh.htm)

10.2 会议文献信息检索

10.2.1 会议文献的含义及类型

所谓会议文献,主要是指会议会前、会中、会后围绕该会议出现的文献。严格地从文献类型来说,它包括征文启事、会议通告、会议日程、论文会前摘要、开幕词、会上讲话、报告、讨论记录、会议决议、闭幕词、会议录、汇编、论文集、讨论会报告、会议专刊、会议纪要等。这些都是科技信息的重要来源。

检索会议文献应了解几个关于会议的常用术语:Conference(会议)、Congress(代表大会)、Convention(大会)、Symposium(专业讨论会)、Colloquium(学术讨论会)、Seminar(研究讨论会)、Workshop(专题讨论会)等。一般按会议的规模可分为国际性会议、全国性会议和地区性会议。

10.2.2 会议文献的检索工具

《世界会议》、《会议论文索引》和《科技会议录索引》是著名的国际会议文献的报道工具。我国国内会议文献重要检索刊物有《中国学术会议文献通报》,此外还有多种相关的会议文献网络数据库。

1.《世界会议》

《世界会议》(*World Meeting*),由美国 Macmillan Publishing Company 编辑出版,季刊。它的特点是预报两年内即将召开的重要国际性会议,每期预报会议数以千计。它只报道会议有关信息而不包括会议论文。每期有 4 个分册,分别是《世界会议:美国和加拿大》(*World Meeting:United States and Canada*),创刊于 1963 年;《世界会议:美国和加拿大以外地区》(*World Meeting:Outside United States and Canada*),创刊于 1968 年;《世界会议:医学》(*World Meeting:Medicine*),创刊于 1978 年;《世界会议:社会与行为科学,人类服务与管理》(*World Meeting:Social & Behavioral Science, Human Services & Management*),创刊于 1971 年。

2.《会议论文索引》

《会议论文索引》(*Conference Paper Index, CPI*)由美国剑桥文摘社编辑出版,创刊于 1933 年,从 1978 年起使用现刊名,双月刊,也出版年度累积索引。它是一种常用的检索工具,报道世界科技、工程和医学、生物学科等方面的会议文献,年收录文献量约 80 000 篇。除印刷型版本外,也有电子版本,在 DIALOG 联机检索系统中为 77 号文档。

3.《科技会议录索引》

《科技会议录索引》(*Index to Scientific & Technical Proceedings, ISTP*),由美国科学情报研究所(ISI)编辑出版,创刊于 1978 年,月刊,也出版年度索引。ISTP 是当前报道国际重要会议论文的权威性刊物,它不仅是一种经典的检索工具,也是当前世界上衡量、鉴定科学技术人员学术成果的重要评价工具。

现更名为 CPCI 学术会议数据库(Conference Proceedings Citation Index)。该数据库是内容最全面、覆盖学科最广泛的学术会议数据库。收录了 1990 年以来超过 11 万个重要的国际会议,内容覆盖 256 个学科。分为两个版本:Science & Technology 科学与技术,即 CPCI-S(原 ISTP)和 Social Sciences & Humanities 社会科学与人文,即 CPCI-SSH(原 ISSHP)。文献来源包括专著、期刊、报告、学会协会或出版商的系列出版物以及预印本等。

ISTP 报告的学科包括生命科学、物理、化学、农业、生物和环境科学、临床医学、工程技术和应用科学等各个领域。它每年报道的内容,囊括了世界出版的重要会议录中的大部分文献。

ISI 出版《科技会议录索引》(ISTP)的光盘版和网络版。光盘版的检索方法与 SCI 光盘版相同。网络版 *Web of Science Proceeding*(*ISTP & ISSHP*)的检索方法与 SCI 网络版相同。

4.《中国学术会议文献通报》

它由中国科技信息研究所主编,科学技术文献出版社出版,创刊于 1982 年,起初为季刊,后改为双月刊,1986 年起改为月刊。该刊是检索我国召开的学术会议及其论文的主要工具。现已出版《中国学术会议论文库》(CACP)可以在网上检索,其网址为 http://www.chinainfo.gov.cn。它收录全国 100 多个国家级学会、协会及研究机构召开的学术会议论文。

10.2.3 网上会议文献信息资源

1. 美国航天学会会议论文引文数据库(AIAA Meeting Papers Searchable Citation Database)

网址:http://www.aiaa.org/publications/mp-search.html。

收录时间:从 1992 年至今。

内容发表在 AIAA 会议上,且尚未为 AIAA 的出版品所收录。可依作者(Author)、篇名(Title)或篇名关键词(Title Keywords)、论文编码(ALAA Paper Number)及会议名称或日期(Conference Name/Date)等信息查询,并通过 AIAA Dispatch 在线文件传递服务订购论文。50 页以内的文献传送费每份 11.5 美元,超过 50 页每页加 0.25 美元,彩色印刷每页加收相应费用。其更新速度是每季更新。

2. 美国微生物学会的会后信息(American Society for Microbiology, Post-Meeting and Post-Conference Information)

网址: http://www.asmusa.org/pmpcpagl.htm。

内容: 提供生物等相关会议会后问卷调查表(Overall Conference Evaluation)、会议摘要(Abstracts)、会议摘要及会议程序(Abstracts and ProgramBooks)等数据。销售方式有纸本式、卡带及光盘方式(Audio tape,Disk)。

3. 美国化学工程学会的会议档案(Aiche,Meeting Archive Calendar)

网址: http://www.aiche.org/conferences/。

收录时间: 提供 1995 年到现在的会议数据。

内容: 每个会议下有文献浏览,依会议时间(by day and time)、学科领域或主题(by group/area)、研讨会编号(by session number)检索。可查到会议编号、所属主题、类别、召开时间地点、研讨主题、讨论论文及主讲者、主办单位负责人及服务处联系方式。还有公告栏(Bulletin Board),提供与会人士抒发感想、意见,并作为未参与会议者上网检索后提交建议的互动渠道。

4. 美国机械工程学会(American Society of Mechanical Engineers, ASME)

网址: http://www.asme.org/conf/choices.htm。

内容: 除了提供一般会议信息检索外,有专为会员服务的会议计划指南(the Update Guideline Manual)、笔记(Congress Planning Notebook)、会议指南(Meeting Guidelines),并可阅读完整的会议程序(Final Program)或部分技术程序(Technical Program)等。

5. 美国电气电子工程师学会的会议数据库(IEEE Conference Database),TAG(IEEE Technical Activities Guide)

网址: http://www.ieee.org/conferences/tag/tag.html。

内容: 提供完整的会议信息,分为即将召开的会议、已召开的会议及主题检索(Section 1—Future or Upcoming,Section 2—Past Year, Section 3—Topical Interest)。TAG 也可以用 IEEE 的 38 个分会作为检索点(TAG by Society),并有分区检索功能(TAG Conferences by Region)。

6. 美国计算机学会的在线会议论文集(The World's Computer Society, Conference Proceedings Online)

网址: http://www.computer.org/conferen/proceed/dlproceed.htm。

内容: 可直接在网络上获得会议论文集的全文数据。全文只限学会会员(Members)并具有电子账号(E-account)者使用,其他网友则只能使用其摘要。在线可获得宣读论文图文并茂的全文数据(full-text),但有些作者未附电子文件者除外; 并展示论文的摘要(Poster Paper/research exhibits)。

10.2.4 我国国内相关会议文献数据库

1. 万方数据资源系统中的《中国学术会议论文全文数据库》(CACP)

该库是国内学术会议文献全文数据库,主要收录 1998 年以来国家一级学会、协会、研究会组织召开的全国性学术会议论文,数据范围涵盖自然科学、工程技术、农林、医学等领域,是了解国内学术动态必不可少的帮手。《中国学术会议论文全文数据库》分为两个版本:中文版、英文版,其中中文版所收会议论文内容是中文,英文版主要收录在中国召开的国际会议的论文,论文内容多为西文。

2.《中国医学学术会议论文数据库》

《中国医学学术会议论文数据库》(China Medical Academic Conference,CMAC),是解放军医学图书馆研制开发的中文医学会议论文文献书目数据库。CMAC 光盘数据库主要面向医院、医学院校、医学研究所、医药工业、医药信息机构、医学出版和编辑部等单位。收录了 1994 年以来中华医学会所属专业学会、各地区分会等单位组织召开的医学学术会议 700 余本会议论文集中的文献题录和文摘,累计收录文献量 15 万余篇。涉及的主要学科领域有基础医学、临床医学、预防医学、药学、医学生物学、中医学、医院管理及医学情报等。收录文献可检索项目包括:会议名称、主办单位、会议日期、题名、全部作者、第一作者地址、摘要、关键词、文献类型、参考文献数、资助项目等 16 项内容。

3.《中国重要会议论文全文数据库》(CPCD)

《中国重要会议论文全文数据库》(CPCD)是中国知识基础设施工程(CNKI)创建并通过网络发布的会议论文全文数据库,收录我国 2000 年以来国家二级以上学会、协会、高等院校、科研院所、学术机构等单位的论文集,年更新约 10 万篇论文。产品分为十大专辑:理工 A、理工 B、理工 C、农业、医药卫生、文史哲、政治军事与法律、教育与社会科学综合、电子技术与信息科学、经济与管理。十大专辑下又分为 168 个专题和近 3600 个子栏目。

国家科技图书文献中心(NSTL)(http://www.nstl.gov.cn/)是根据国务院批示于 2000 年 6 月 12 日组建的一个虚拟的科技文献信息服务机构,负责各成员单位网上共建共享工作的组织、协调与管理。NSTL 可提供以下检索服务:西文期刊、中文期刊、日文期刊、俄文期刊、外文学位论文、中文学位论文、国外科技报告、外文会议、中文会议、国外专利、中国专利、国外标准、中国标准、计量检定规程等。

10.3 学位论文的检索

10.3.1 学位论文的含义及种类

学位论文是高等院校和科研机构的本科生、研究生为获得学位而撰写的学术性较强的研究论文,是在学习和研究过程中参考大量文献资料,进行科学探索和分析研究的基础上完成的。学位论文的特点是理论性、系统性较强,内容专一,阐述详细,具有很强的独创性,是一种重要的文献信息源。

根据学生学历层次,学位论文可分为学士论文、硕士论文和博士论文;根据学生所学的学科和专业,可分为人文社会科学学位论文、自然科学学位论文及工科学位论文等,并可层层往下展开,分为政治学、经济学、文学、史学、数学、化学、工程学、计算机科学等;按国别或语种分,又有国内的和国外的学位论文或中文学位论文、日语学位论文、英语学位论文等。

学位论文除在本单位被收藏外,一般还在国家指定单位专门进行收藏。如国内收藏硕士、博士学位论文的指定单位是中国科学技术信息研究所和国家图书馆。检索国内学位论文可以利用《中国学位论文数据库》，检索国外学位论文可利用 DIALOG 国际联机系统或国际大学缩微胶卷公司(University International)编辑出版的《国际学位论文文摘》、《美国博士学位论文》以及《学位论文综合索引》等检索工具。

10.3.2 国内学位论文的重要检索工具

学位论文作为一种重要信息资源逐渐被认识，并出现了一些学位论文检索工具，但总体上还不完善，有待于提高。

1.《中国博士学位论文提要》

由国家图书馆学位学术论文收藏中心编写，书目文献出版社 1992 年开始出版。它是目前检索中国博士学位论文的最全面的工具书。

2.《中国学位论文通报》

《中国学位论文通报》于 1984 年创刊，双月刊。该刊以题录形式报道全国理工科博士和硕士学位论文，曾是国内检索我国学位论文的重要检索工具，但由于种种原因，该刊于 1993 年停刊。它与"中国学位论文数据库"在内容方面是一致的，是一种继承关系。

10.3.3 学位论文数据库

1.《中国知识资源总库》(CNKI)的《中国优秀硕士学位论文全文数据库》和《中国博士学位论文全文数据库》

这是目前国内相关资源最完备、高质量、连续动态更新的学位论文全文数据库。

2.《中国学位论文数据库》(CDDBI)

中国科技信息研究所是国家法定的学位论文收藏机构，万方数据以其为数据来源，建成了《中国学位论文数据库》。《中国学位论文数据库》设有多个检索入口，用户可通过论文题名、论文作者、分类号、导师姓名、关键词、作者专业、授予学位、授予学位单位、完成时间等进行检索。

从该数据库中可检索到各高等院校、研究生院及研究所向中国科技信息研究所送交的我国自然科学领域的硕士、博士和博士后的论文。

3.《国际学位论文文摘》(PQDD)

PQDD(ProQuest Digital Dissertations)是美国 UMI 公司创建的博士、硕士论文数据库，是 DAO(Dissertation Abstracts Ondisc)的网络版，它收录了欧美 1000 余所大学的 160 多万篇学位论文，是目前世界上最大和最广泛使用的学位论文数据库。数据库内容涵盖理工和人文社科等各个领域。PQDD 具有收录年代长(从 1861 年开始)、更新快、内容详尽(1997 年以来的部分论文不但能看到文摘索引信息，还可以看到 24 页的论文原文)等特点。

该数据库具有检索和浏览两种查询功能：单击 Search 进行检索和单击 Browse 可按学科浏览论文。

10.4 标准文献信息检索

10.4.1 标准文献的含义及其类型

标准文献是一种特殊的文献，它以科学、技术和实践经验的综合成果为基础，为在一定范围内获得最佳秩序，对活动或其结果规定共同的和重复使用的规则、导则或特性的文件，由主管部门批准，以特殊形式发布，并作为共同遵守的准则和依据，是标准化工作的产物。广义的标准文献是指由技术标准、生产组织标准、管理标准及其他标准性质的类似文件所组成的文献体系，含标准化的书刊、目录和手册以及与标准化工作有关的文献等。狭义的标准文献是指"标准"、"规范"、"技术要求"等。

标准文献的类型因分类方法的不同而不同，通常有以下几种。

1. 按标准文献使用范围划分

层次分类法是标准文献按其发生作用的有效范围，划分不同的层次的一种分类方法。这种层次关系，通常又称为标准的级别。从世界范围来看，标准分为六大类。

(1) 国际标准。如国际标准化组织(ISO)标准等。

(2) 区域性标准。如欧洲(EN)标准等。

(3) 国家标准。如中国国家标准(GB)，美国国家标准(ANSL)等。

(4) 行业标准。如我国轻工业部的部颁标准(QB)，美国石油学会标准(API)等。

(5) 地方标准。如上海市的标准，沪 Q/SG4-25-82 等。

(6) 企业标准。如美国波音飞机公司标准(BAC)，营口市电火花机床厂标准 Q/YD1001 等。

《中华人民共和国标准化法》将我国国家标准分为国家标准、行业标准、地方标准和企业标准 4 级。我国的国家标准由国务院标准化行政主管部门制定；行业标准由国务院有关行政主管部门制定；地方标准由省、自治区和直辖市标准化行政主管部门制定；企业标准由企业自行制定。

2. 按标准文献内容划分

按内容划分，通常可把标准分为以下几种类型。

(1) 基础标准。指在一定范围内作为其他标准的基础并普遍使用，具有广泛指导意义的标准，如有关名词、术语、符号、代码、标志等方面的标准。

(2) 制品标准。为确保制品实用、安全，对制品必须达到的某些或全部要求所制定的标准，如品种、技术要求、试验方法、检验规则、包装、储存等。

(3) 方法标准。对检查、分析、抽样、统计等做统一要求所制定的标准。

(4) 安全标准。以保护人和物的安全为目的而制定的标准。

(5) 卫生标准。为保证人的健康，对食品、医药及其他方面的卫生要求而制定的标准。

(6) 环境保护标准。为保护环境和有利于生态平衡而制定的标准等。

3. 按标准的约束性划分

(1) 强制性标准。指具有法律属性，在一定范围内通过法律、行政法规等手段强制执行的标准是强制性标准。如我国国家标准(GB)为强制性国家标准。根据我国《国家标准管理办法》和《行业标准管理办法》，下列标准属于强制性标准：药品、食品卫生、兽药、农药和劳动卫生标准；产品生产、储运和使用中的安全及劳动安全标准；工程建设的质量、安全、卫生等标准；环境保护和环境质量方面的标准；有关国计民生方面的重要产品的标准等。

(2) 推荐性标准。又称为非强制性标准或自愿性标准，指生产、交换、使用等方面，通过经济手段或市场调节而自愿采用的一种标准，如我国国家标准 GB/T。这类标准不具有强制性，任何单位均有权决定是否采用，违反这类标准，不构成经济或法律方面的责任。但推荐性标准一经采用，或各方面商定同意纳入经济合同中，就成为各方面必须共同遵守的技术依据，具有法律约束性。

此外，还可以按标准化对象等其他方法来划分标准文献的类型。

10.4.2 标准的分类体系和代号

1. 分类体系

各国都编有适合国情的标准分类体系，概括起来有以下三种形式。

(1) 字母分类法。即以字母为标记的分类法。这种方法将标准分成若干类，每类用一个字母表示。采用这种分类法的有澳大利亚、加拿大、墨西哥等国。

(2) 数字分类法。即以数字作为标记的分类法。这种方法将标准分成若干类，有的还分为几级类目，每类用一组数字表示。采用这种分类法的有丹麦、印度、葡萄牙、意大利、西班牙、比利时、阿根廷、德国、荷兰、瑞士等国。

(3) 字母数字混合分类法。即采用字母和数字相结合。这种方法把标准分类后，每一类用字母加数字表示。采用这种分类法的有中国、美国、日本、芬兰、法国、俄罗斯(前苏联)、罗马尼亚、波兰等国。

2. 标准代号

各国的标准都有各自的代号，了解这些代号，对于查找各国标准很有用处。一些主要国家的标准代号如表 10-1 所示。

表 10-1 一些主要国家的标准代号

国家名称	标准代号	国家名称	标准代号
美国	ANSI	俄罗斯(前苏联)	OCT
英国	BS	日本	JIS
法国	FN	瑞典	SIS
意大利	UNI	荷兰	NEN
德国	DIN	挪威	NS
加拿大	CSA	比利时	NBN
澳大利亚	AS	丹麦	DS
瑞士	VSM	罗马尼亚	STAS

无论是国际标准还是各国标准，在编号方式上均遵循各自规定的一种固定格式，通常为“标准代号 ＋ 流水号 ＋ 年代号”。这种编号方式上的固定化使得标准编号成为检索标准文献的主要途径之一。

10.4.3 国际标准化组织及其网站

1. 国际标准化组织(http://www.iso.ch)

国际标准化组织正式成立于 1947 年 2 月 23 日，是世界上最主要的非政府间国际标准化机构。它的宗旨是：在世界范围内促进标准化及有关工作的开展，以利于国际物资交流和服务，并促进在知识、科学、技术和经济活动中的合作。

ISO 的主要活动有：制定和出版 ISO 国际标准，并采取措施在世界范围内实施；协调世界范围内的标准化工作；组织各成员和各技术委员会进行信息交流；与其他国际组织进行合作，共同研究有关标准化问题。

随着国际贸易的发展，对国际标准的要求日益提高，许多国家对 ISO 也越加重视。

2. 国际电工委员会(http://www.iec.ch)

国际电工委员会是世界上成立最早的非政府间国际标准化机构。目前 IEC 成员国包括绝大多数的工业发达国家及一部分发展中国家。这些国家拥有世界人口的 80%，其生产和消耗的电能占全世界的 95%，制造和使用的电气、电子产品占全世界产量的 90%。

国际电工委员会(IEC)的宗旨是：在电学和电子学领域中的标准化及有关事务方面(如认证)促进国际合作，增进国际的相互了解，并且通过出版国际标准等出版物来实现这一宗旨。

3. 国际电信联盟(http://www.itu.int/)

国际电信联盟是联合国的一个专门机构，也是联合国机构中历史最长的一个国际组织，简称“国际电联”或“电联”。这个国际组织成立于 1865 年 5 月 17 日，是由法国、德国等 20 个国家在巴黎会议上，为了顺利实现国际电报通信而成立的国际组织，定名“国际电报联盟”。1932 年，70 个国家代表在西班牙马德里召开会议，决议把“国际电报联盟”改为“国际电信联盟”，这个名称一直沿用至今。1947 年经联合国同意，国际电信联盟成为联合国的一个专门机构。总部由瑞士伯尔尼迁至日内瓦。另外，还成立了国际频率登记委员会(IFRB)。

国际电信联盟的实质性工作由三大部门承担，它们是：国际电信联盟标准化部门(ITU)、国际电信联盟无线电通信部门和国际电信联盟电信发展部门。其中，电信标准化部门由原来的国际电报电话咨询委员会(CCITT)和国际无线电咨询委员会(CCIR)的标准化工作部门合并而成，主要职责是完成国际电信联盟有关电信标准化的目标，使全世界的电信标准化。ITU 目前已制定了 2024 项国际标准。

国际电信联盟现有来自 150 多个国家和地区的会员、准会员。ITU 使用中、法、英、西、俄 5 种语言出版电联正式文件，工作语言为英、法、西三种。

ITU 的目的和任务是：维持和发展国际合作，以改进和合理利用电信，促进技术设施的发展及其有效运用，以提高电信业务的效率，扩大技术设施的用途，并尽可能使之得到广泛应用，协调各国的活动。

4. 美国国家标准学会(http://web.ansi.org/)

美国国家标准学会(American National Standards Institute，ANSI)，是非赢利性质的民间标准化团体。1918 年 10 月 19 日，美国材料试验协会、美国机械工程师协会、美国矿业与冶金工程师协会、美国土木工程师协会、美国电气工程师协会 5 个民间组织，在美国商务部、陆军部和海军部三个政府机构改革的参与下，共同发起成立了美国工程标准委员会(AESC)。1928 年 AESC 改组为美国标准协会(ASA)，1966 年 8 月又改组为美利坚合众国标准学会(USASI)，1969 年 10 月 6 日改为现名。

ANSI 经联邦政府授权，作为自愿性标准体系中的协调中心，其主要职能是：协调国内各机构、团体的标准化活动；审核批准美国国家标准；代表美国参加国际标准化活动；提供标准信息咨询服务；与政府机构进行合作。

5. 英国标准学会(http://www.bsi.org.uk)

英国标准学会(British Standards Institution，BSI)，是世界上最早的全国性标准化机构，它不受政府控制但得到了政府的大力支持。BSI 制定和修订英国标准，并促进其贯彻执行。

英国标准学会(BSI)的宗旨是：促进生产，努力协调生产者与用户之间的关系，达到标准化(包括简化)；制定和修订英国标准，并促进其贯彻执行；以学会名义，对各种标准进行登记，并颁发许可证；必要时采取各种行动，保护学会利益。

6. 德国标准化学会(http://www2.din.de)

德国标准化学会(Deutsches Institute fur Normung,DLN)，是德国的标准化主管机关，作为全国性标准化机构参加国际和区域的非政府性标准化机构。

DLN 是一个经注册的私立协会，大约有 6000 个工业公司和组织为其会员。目前设有 123 个标准委员会和 3655 个工作委员会。

DLN 于 1951 年参加国际标准化组织。由 DLN 和德国电气工程师协会(VDE)联合组成的德国电气电工委员会(DKE)代表德国参加国际电工委员会。DLN 还是欧洲标准化委员会、欧洲电工标准化委员会(CENELEC)和国际标准实践联合会(IFAN)的积极参加者。

7. 法国标准化协会(http://www.afnor.fr/)

法国标准化协会(Association Francaise de Normalisation,AFNOR)，成立于 1926 年，总部设在巴黎，是一个公益性的民间团体，也是一个由政府承认和资助的全国性标准化机构。1941 年 5 月 24 日，法国政府颁布的一项法令确认 AFNOR 为全国标准化主管机构，并在政府标准化管理机构——标准化专署领导下，按政府批示组织和协调全国标准化工作，代表法国参加国际和区域性标准化机构的活动。

根据标准化法，AFNOR 的主要任务有如下几项：在标准化专员的指导监督下，集中和协调全国性的标准化活动：向全国各专业标准化局传达、落实政府指令，协助他们制订标准草案，审查草案，承担标准的审批工作；协调各标准组织的活动并担任他们与政府间的联络人，代表法国参加国际标准化组织和出席会议；在没有标准化管辖的领域，组织技术委员会，进行标准草案的制订工作。

目前，法国共有 31 个标准化局(最多时达 39 个)承担了 AFNOR 50%的标准制订修订工作。其余 50%则由 AFNOR 直接管理的技术委员会来完成。AFNOR 现有 1300 多个技术委员会，近 35 000 名专家参与工作。法国每三年编制一次标准修订计划，每年进行一次调整。

8. 日本工业标准调查会(http://www.jisc.go.jp/)

日本工业标准调查会(Japanese Industrial Standards Committee,JISC)，成立于 1946 年 2 月，隶属于通产省工业技术院。它由总会、标准会议、部会和专门委员会组成。

标准会议下设 29 个部会，负责审查部会的设置与废除，协调部会间工作，负责管理调查部会的全部业务和制订综合计划。各部会负责最后审查在专门委员会会议上通过的 JIS 标准草案。专门委员会负责审查 JIS 标准的实质内容。

9. 美国机械工程师协会(http://www.asme.org)

美国机械工程师协会(American Society of Mechanical Engineers,ASME)，成立于 1881 年 12 月 24 日，会员约 693 000 人。ASME 主要从事发展机械工程及其有关领域的科学技术，鼓励基础研究，促进学术交流，发展与其他工程学、协会的合作，开展标准化活动，制订机械规范和标准。

ASME 是 ANSI 的 5 个发起单位之一。ANSI 的机械类标准主要由它协助提出，并代表美国国家标准委员会技术顾问小组参加 ISO 的活动。

10. 美国电气电子工程师学会(http://www.ieee.org/)

美国电气电子工程师学会(Institute of Electrical and Electronics Engineers, IEEE), 1963 年由美国电气工程师学会(AIEE)和美国无线电工程师学会(IRE)合并而成,是美国规模最大的专业学会。它由大约 17 万名从事电气工程、电子和有关领域的专业人员组成,分设 10 个地区和 206 个地方分会,设有 31 个技术委员会。

IEEE 的标准制订内容有电报与电子设备、试验方法、元器件、符号、定义及测试方法等。

10.4.4 中国标准组织及其文献检索

1. 概况

1978 年 5 月,国家标准总局的成立和 1975 年 7 月《中华人民共和国标准管理条例》的颁布,标志着我国标准化工作进入了一个新的发展时期。1979 年以来,我国已成立了 200 个专业标准技术委员会,327 个分标准化技术委员会,1978 年 9 月又以中国标准化协会(CAS)名义,加入了国际标准化组织(ISO),并参加了其中 103 个技术委员会。

我国标准的分类是采用字母数字混合分类法。字母代表大类,数字代表小类,由 A~Z 共分为 24 个大类。我国标准号结构形式为:标准代号 + 标准编号 + 发布年份,如 GB13668—1992。

2. 中国标准化组织与网址

(1) 中国国家标准化管理委员会(http://www.sac.gov.cn/)

它是国务院授权履行行政管理职能,统一管理全国标准化工作的主管机构。在其网上可查看国家标准化管理委员会的最新国家标准公告、中国行业标准公告,还可用“中国国家标准目录”栏提供的检索工具对标准进行检索。

(2) 中国标准服务网(http://www.cssn.net.cn/)

它是由中国标准研究中心标准馆主办,是世界标准服务网在中国的网站,有着丰富的信息资源。开放的数据库有中国国家标准、国际标准、发达国家的标准数据库等 15 种。

(3) 中国标准化信息网(http://www.china-cas.com/)

它是由中国标准协会主办,该协会是主要从事标准化学术研究、标准修订、培训、技术交流、编辑出版、咨询服务、国际交流与合作的综合性社会团体。

(4) 中国质量信息网(http://www.cqi.gov.cn/)

它是在 1997 年由原国家质量技术监督局,现在的国家质量监督检验检疫总局批准正式成立,是质检总局覆盖全国的质量技术监督信息系统和管理系统,也是向社会开放的质量服务平台。

(5) 中国电力标准网(http://www.dls.org.cn/)

它是由中国电力企业联合会标准化中心主办。该中心主要职能有:组织编制电力国家标准计划项目建议,组织起草电力行业标准的制订修订计划;审核全国标准化技术委员会和电力行业标准化技术委员会拟订的电力国家标准及行业标准;负责国际电工委员会相关技术委员会中国业务的联系与接洽工作,组织参加国际标准化活动,推动电力行业采用国际标准和国外先进标准等。

(6) 中国通信标准与质量信息网(http://www.ptsn.net.cn/)

它是由中国通信标准化协会主办的。其目的是为了更好地开展通信标准的普及推广工作,对企业标准化工作进行指导和管理。其质量网是为广大通信企、事业单位提供多方位通信标准信息服务的专业网站。

(7) 中国标准出版社网(http://www.bzcbs.com.cn/)

中国标准出版社是我国法定的以出版国家标准、行业标准、标准类图书和相关科技图书为主的中央级出版社。通过该社网址,可查阅相关标准信息。

3. 我国标准文献的检索工具

查找我国各类标准的检索工具有以下几种。

(1)《中国标准化年鉴》

由国家标准局编辑,1985年创刊,以后逐年出版一本。内容包括我国标准化事业的现状、国家标准分类目录和标准序号索引三部分。

(2)《中华人民共和国国家标准目录》

由中国标准化协会编辑,不定期出版,内容除包括现行国家标准外,还列出了行业标准。该目录分为标准序号索引和分类目录两部分编排。

(3)《中国国家标准汇编》

它是一部大型、综合的国家标准全集。自1983年起,由中国标准出版社以精装本、平装本两种形式陆续分册汇编出版,收集了我国正式发布的全部现行国家标准,依标准顺序号编排,凡顺序号空缺,除特殊注明处,均为作废标准号或空号。该汇编是查阅国家标准(原件)的重要检索工具,它在一定程度上反映了新中国成立以来标准化事业发展的基本情况和主要成就。

(4)《台湾标准目录》

由厦门市标准化质量管理协会翻印,1983年出版。该目录收录中国台湾1983年前批准的共10 136个标准。

(5)《世界标准信息》

由中国标准信息中心编辑出版,月刊。该刊以题录形式介绍最新国家标准、行业标准、中国台湾标准、国际和国外先进标准,以及国内外标准化动态。

除上述印刷型检索工具外,中国标准情报中心已建立了中西混合检索标准数据库。该库除国家标准(GB)外,还包含中国台湾标准,以及ISO、IEC、日本、美国等国际标准组织和西方各国的标准。该库提供了以30天周期的标准发布、修改、作废信息。数据库数据可以软盘或光盘形式向广大用户提供。

如需了解我国标准化动态和掌握某学科范围内新制订和修改的标准,可借助《世界标准信息》等刊物浏览查找。如需要系统查找某特定内容方面的标准,可通过《中国标准年鉴》和《中华人民共和国标准目录》等刊物中提供的分类途径查找。分类途径查找时应注意我国标准的分类体系。

10.5 科技报告的检索

10.5.1 科技报告的含义及类型

科技报告最早出现在20世纪初,是各国政府部门或科研、生产机构关于某个研究项目和开发调整工作的成果总结报告，或者是研究过程中每个阶段的进展报告，其中绝大多数涉及国家扶持的高新技术项目，内容丰富、信息量大，它对问题研究的论述系统完整，是科研活动中的第一手资料。

科技报告是有关科研工作记录或成果的报告。它有以下几种类型。

(1) 按研究进展分为初步报告、进展报告、中间报告和终结报告。

(2) 按密级分为绝密、秘密、非密级限制发行、解密、非密级公开等各种密级的科技报告。

(3) 按技术角度分为技术报告、技术札记、技术备忘录、技术论文、技术译文、合同户报告、特殊出版物、中间报告、最后报告、年度报告、进展报告等。

10.5.2 中国科技报告及其检索工具

我国科研成果的统一登记和报道工作是从1963年正式开始的。凡是有科研成果的单位都要按照规定程序上报、登记。国家科委根据调查情况发表科技成果公报和出版《科学技术研究成果报告》。我国出版的这套研究成果报告内容相当广泛，实际上是一种较为正规的、代表我国科技水平的科技报告。它分为"内部"、"秘密"和"绝密"三个级别。检索我国科技报告的检索工具有《科学技术研究成果公报》(简称《公报》)。

《科学技术研究成果公报》，1963年创刊，1966年停刊，1981年5月复刊。由国家科委科学技术研究成果管理办公室编辑，科学技术文献出版社出版，双月刊，并有年度分类索引，是检索中国科技报告的主要检索工具。我国较大的科研成果，由国务院有关部门推荐，经国家科委科学技术研究成果办公室正式登记，以摘要形式在《公报》上公布。每期文摘款目按分类编排，共分为下列4大类：农业、林业；工业、交通及环境科学；医药、卫生；基础科学。每大类按《中国图书资料分类法》的分类号顺序排列，每期最后有"科技成果授奖项目通报"，每年第12期有全年"分类索引"。由于相应的数据库已投入使用，《公报》于1999年停止出印刷版。

10.5.3 国外科技报告及其检索工具

科技报告主要是第二次世界大战期间和战后迅速发展起来的，大多数发达国家都有自己的科技报告，如英国航空航天委员会的ARC报告、法国原子能委员会的CEA报告、德国航空研究DVR报告、瑞典国家航空研究FFA报告、日本原子能研究JAERI报告等。美国的4大报告(PB、AD、NASA、DOE)一直居世界前列，是世界上科技人员注目的重心。

1. 美国政府4大报告

(1) PB报告

第二次世界大战结束时，美国派遣了许多科技人员去当时的战败国德国、日本、意大利等国进行所谓"调查"，掠夺了数千吨计的秘密科技资料，其中有工厂实验室的战时技术档案、战败国的专利文献、标准与技术刊物、科技报告、期刊论文、工程图纸等。为了系统整理并利用这些资料，1945年6月，美国成立商务部出版局(U. S. Department of Commerce Office of Publication Board，PB)来负责收集、整理、报道和提供使用这批资料。每件资料都依次编上顺序号，在号码前统一冠以"PB"字样，故称之为PB报告。后来，PB报告出版单位几经变化，从1970年9月起，才由NTIS负责，并继续使用PB报告号。

PB 报告的编号原采用 PB 编码加上流水号，1980 年开始使用新的编号系统，即"PB—年代—报告顺序号"，而且报告的体系有新的变化。例如，PB10 万号系统为一般能够收藏的单篇报告；PB80 万号系统为专题检索目录；PB90 万号系统为连续出版物和刊物。

PB 报告收录范围也几经变化：20 世纪 40 年代的 PB 报告(10 万号以前)主要是来自战败国的科技资料，内容包括科技报告、专利、标准技术刊物、图纸以及对这些战败国科技专家的审讯记录等；20 世纪 50 年代(10 万号以后)主要报道美国政府系统的解密、公开的科技报告及有关单位发表的科技文献；20 世纪 60 年代后内容逐步从军事科学转向民用工程技术，并侧重于土建、城市规划、环境污染等方面，而电子技术、航空、原子能方面的资料较少，只占百分之几。

就文献类型而言，PB 报告包括专题研究报告、学术论文、会议文献、专利说明书、标准资料、手册、专题文献目录等。PB 报告均为公开资料，无密级。

(2) AD 报告

AD 报告原是美国军事技术情报处(Armed Services Technical Information Agency，ASTIA)收集、整理、出版的科技报告，产生于 1951 年，由 ASTIA 统一编号，称为 ASTIA Documents，简称 AD 报告。凡美国国防部所属研究所及其合同户的技术报告均编入 AD 报告，在国防部规定的范围内发行。当时有一部分不保密的报告，又交给有关部门再编一个 PB 报告号公布，因此，这部分 PB 报告与 AD 报告的内容是重复的。1961 年 7 月起这部分报告直接编 AD 号公布，不再加编 PB 号。1963 年 3 月，ASTIA 改组为国防科学技术情报文献中心(Defense Documentation Center for Scientific and Technical Information，DDC)；1979 年又更名为国防技术情报中心(DTIC)，AD 报告名称仍继续使用，但其含义可理解为"入藏文献"(Accessions Document)。

AD 报告主要来源于美国防海空三军的科研单位、公司、企业、大专院校、外国研究机构及国际组织等 1 万多个单位，其中主要的有 2000 多个；另外还有一些美国军事部门译自前苏联、东欧和中国的译文。AD 报告的内容不仅包括军事方面，也涉及许多民用技术领域。AD 报告的文献类型有科技报告(占 68%)、期刊文献(占 29%)、会议录(占 3%)。

DTIC(或 DDC)收藏和公布的 AD 报告，密级分为机密(secret)、秘密(confidential)、非密限制发行(restricted or limited)、非密公开发行(unclassified)4 种。公开报告约占其总数的 45%，由 NTIS 公开发行，每年约公开发行有 18 000 件；每年编目公布的有 40 000 余件。由于密级不同，其编号较为繁杂，1975 年以来 AD 报告编号可归纳为"AD-密级-流水号"。AD 报告的密级与编号如表 10-2 所示。

表 10-2　AD 报告的密级与编号表

AD 编号范围	报 告 密 级	AD 编号范围	报 告 密 级
AD-A00001-	A 表示公开报告	AD-D00001-	D 表示美军专利文献
AD-B00001-	B 表示非密限制报告	AD-E00001-	E 表示临时实验号
AD-C00001-	C 表示秘密报告	AD-L00001-	L 表示内部限制使用

AD 报告均比 PB、DOE 和 NASA 报告重要，控制得更严格。

(3) NASA 报告

NASA 报告是美国航空与宇航局(National Aeronautics and Space Administration，

NASA)收集、整理、报道和提供使用的一种公开的科技报告。NASA 的前身是成立于 1915 年的美国国家航空咨询委员会(National Advisory Committee for Aeronautics,NACA),它是美国最主要的航空科学研究机构。1958 年 10 月,NACA 改组为 NASA,负责协调和指导美国航空和空间的科学研究。在工作过程中,它所属机构或合同户产生了大量的科技报告,都冠以 NASA(NACA)字样,故称 NASA(或 NACA)报告。NASA 专设科技技术处从事科技报告的收集、出版工作。

该报告内容侧重在航空、空间科学技术领域,同时广泛涉及许多基础学科,主要报道空气动力学、发动机及飞行器结构材料、实验设备、飞行器的制导及测量仪器等,是航空及航天科研工作的重要参考文献。由于航空本身就是一门综合性的科学,与机械、化工、冶金、电子、气象、天体物理、生物等学科都有密切的联系,该报告含 NASA 的专利文献、学位论文和专著,也有外国的文献、译文,因此,NASA 报告实际上也是一种综合性的科技报告。

该报告采用"NASA-报告出版类型-顺序号"编号,报告出版类型多数用简称,少数用全称。

(4) DOE 报告

DOE 报告名称来源于美国能源部(Department of Energy,DOE)的英文首字母缩写。这套报告在较长时间内一直使用 AEC 报告名称,它原是美国原子能委员会(Atomic Energy Commission,AEC)出版的科技报告,累积数量较大。AEC 成立于 1946 年 8 月,1974 年 10 月撤销,建立能源研究与发展署(Energy Research and Development Administration, ERDA)。该署除继续执行前原子能委员会有关职能外,还广泛开展能源的开发研究活动,这样 AEC 报告的报道工作也于 1976 年 6 月宣告结束,被 ERDA 所取代。1977 年 10 月,ERDA 又改组扩大为美国能源部,但原有能源研究报告编码体系保持不变,仍称 ERDA 报告。直到 1978 年 7 月才较多地出现具有 DOE 字码编号的能源研究报告。其文献主要来自能源部所属的技术中心、实验室、管理处及信息中心,其中主要是能源部所属的 8 大管理所、5 大能源技术中心和 18 个大型实验室所产生的科技报告,另外也有一些国外能源部门机构。AEC 报告的内容虽然主要是原子能及其开发应用方面,但也涉及其他各门学科,其范围已由核能扩大到整个能源方面。

DOE 报告没有统一编号,比较混乱,不像 AD、PB、NASA 报告那样,全部冠以报告名统一编号。除能源部及其出版的合同报告冠以 DOE 字样,如 DOE/TIC 表示能源部技术信息中心,其他 DOE 的报告号一般采用来源单位名称的首字母缩写加顺序号形式,有的还表示编写报告的年份或报告的类型简称等。

2. 美国 4 大报告的主要检索工具

(1) 美国《政府报告通报及索引》

美国《政府报告通报及索引》(Governments Reports Announcements & Index, GRA&I),是美国商务部国家技术情报服务局(National Technical Information Services, NTIS)主办的系统报道美国政府科技报告的主要出版物,是检索 4 大报告的主要检索工具。

GRA&I 创刊于 1946 年,主要以摘要形式报道美国政府机构及其合同户提供的研究报告,同时还报道美国政府主管机构出版的科技译文和一些其他国家的科技文献。它报道全部 PB 报告,所有公开或解密的 AD 报告,部分的 NASA 报告、DOE 报告及其他类型的报告,还有部分会议文献和美国专利申请说明书摘要。目前该刊的年报道量约 7.8 万件,其中

5.5万件为技术报告，其余为会议录、专利、学位论文、指南、手册、机读数据文档、数据库、软件及技术资料。国外报告来自加拿大、英国、德国、日本和东欧各国约占2%。

(2)《宇宙航行科技报告》

《宇宙航行科技报告》(Scientific and Technical Aerospace Report，STAR)，是航空和航天方面的综合性文摘刊物，是查找NASA报告的主要检索工具。该刊于1963年创刊，月刊，由美国国家航空和宇航局科技情报处出版。它收录了NASA及其合同户编写的科技报告，美国及其他政府机构、美国及外国的研究机构、大学及私营公司发表的科技报告，报告形式的译文；NASA所拥有的专利、学位论文和专著等，还转载PB、AD、DOE报告中有关航空和宇航方面的文献，是检索美国政府4大报告的辅助工具。该刊采用"N-年份-顺序号"编号，年报道量24 000多条。

(3)《能源研究文摘》

该文摘简称ERA，是目前检索DOE报告的主要检索工具，由美国能源部技术情报中心(TIC)编辑出版，半月刊。1976年创刊时的刊名为《美国能源研究与发展署能源研究文摘》(Energy Research Abstracts，ERA)，从1979年第4卷开始改用现名。

ERA收录的文献以美国能源部及其所属单位编写的科技报告、期刊论文、会议论文、会议录、图书、专利、学位论文及专著为主，也有其他单位(包括美国以外的单位)编写的与能源有关的文献，年报道量55 000条。

3. 美国科技报告的其他检索工具

(1)《美国政府出版物目录》

《美国政府出版物目录》(Monthly Catalog of US Government Publications)，创刊于1895年，由美国政府出版局出版，其内容重点为社会科学，如政府法令、国会记录、方针政策、政府决策及调查资料等。

(2)《核子科学文摘》

《核子科学文摘》(Nuclear Science Abstracts，NSA)，是美国能源委员会(AEC)技术信息中心于1948年创办的刊物，它是检索非保密的或公开解密的AEC报告的主要检索工具。

4. 美国4大报告的网上查询

美国商务部国家技术情报服务局近年推出网站(http://www.ntis.org)，提供按学科分类(农业、商业、能源、卫生、军事等)的综合导航服务。NTIS数据库有200万篇全文供检索，内容为1964年至今的美国政府机构所资助的研究报告，数据每半月更新一次，检索结果可以从网上直接向NTIS服务处订购，需支付美金，具体价格因文献而异，我国用户也可直接从北京文献信息服务处获取。

5. 科技报告的其他网上查询

(1) NASA Scientific and Technical Information Program

这里有NASA提供的有关航空、航天方面的丰富的科技报告全文。系统提供以下服务。

① Scientific and Technical Aerospace Reports(STAR)：免费检索下载。

② Aerospace Medicine and Biology：仅通过订购才能提供服务。

③ Aeronautical Engineering：仅通过订购才能提供服务。

进入检索主页后，单击Scientific and Technical Aerospace按钮，可进入报告的目录页，可以免费下载《航天科技报告文摘》期刊的全部内容,并提供检索功能。

(2) Networked Computer Science Technical Reports Library(NCSTRL)

该网站收集了世界上许多大学及研究实验室有关计算机学科的科技报告,允许浏览或检索,可以免费得到全文。

(3) The Congressional Research Service Report

这是 Committee for the National Institute for the Environment 的站点,提供了许多环境方面的报告全文。

(4) DOE Information Bridge

这里能够检索并获得美国能源部提供的研究与发展报告全文,内容涉及物理、化学、材料、生物、环境和能源等领域。

(5) NBER Working Paper

这里可获得美国国家经济研究局(National Bureau of Economic Research)的研究报告文摘。进入主页后,单击最下方 Search 按钮后进入检索界面。NBER 有 4 个检索数据库,其中之一是科技报告(Working Paper)。检索时只要输入检索词即可,最终得到的是文摘。

思　考　题

1. 如何获取专利文献的原文?
2. 如何获取科技报告的原文?
3. 如何获取学位论文的原文?
4. 如何获取会议文献的原文?
5. 如何获取标准文献的原文?
6. 利用所学数据库,查找近三年来有关本学科方面的会议文献。

附录A 《中国图书馆分类法》简表

类号	类名
A	**马克思主义、列宁主义、毛泽东思想、邓小平理论**
A1	马克思、恩格斯著作
A2	列宁著作
A3	斯大林著作
A4	毛泽东著作
A5	马克思、恩格斯、列宁、斯大林、毛泽东、邓小平著作汇编
A7	马克思、恩格斯、列宁、斯大林、毛泽东、邓小平生平和传记
A8	马克思主义、列宁主义、毛泽东思想、邓小平理论的学习和研究
B	**哲学、宗教**
B0	哲学理论
B1	世界哲学
B2	中国哲学
B3	亚洲哲学
B4	非洲哲学
B5	欧洲哲学
B7	美洲哲学
B80	思维科学(总论)
B81	逻辑学(论理学)
B82	伦理学(道德哲学)
B83	美学
B84	心理学
B9	无神论、宗教
C	**社会科学总论**
C0	社会科学理论与方法论
C1	社会科学现状、概况
C2	机关、团体、会议
C3	社会科学研究方法
C4	社会科学教育与普及
C5	社会科学丛书、文集、连续出版物
C6	社会科学参考工具书
C8	统计学
C91	社会学
C93	管理学
C96	人才学
D	**政治、法律**
D0	政治理论
D1	国际共产主义运动
D2	中国共产党
D33/37	世界各国共产党
D4	工人、农民、青年、妇女运动与组织
D5	世界政治
D6	中国政治
D73/77	世界各国政治
D8	外交、国际关系
D9	法律
E	**军事**
E0	军事理论
E1	世界军事
E2	中国军事
E3/7	各国军事
E8	战略、战役、战术
E9	军事技术

类号	类名
F	**经济**
F0	经济学
F1	世界各国经济概况
F2	经济计划与管理
F3	农业经济
F4	工业经济
F5	交通运输经济
F6	邮电经济
F7	贸易经济
F8	财政、金融
G	**文化、科学、教育、体育**
G0	文化理论
G1	世界文化事业概况
G2	信息与知识传播
G3	科学、科研事业
G4	教育
G5	世界各国教育事业
G8	体育
H	**语言、文字**
H01	语音学
H1	汉语
H2	中国少数民族语言
H3	常用外国语
I	**文学**
I0	文学理论
I1	世界文学
I2	中国文学
I3/7	各国文学
J	**艺术**
J1	世界各国艺术概况
J2	绘画
J3	雕塑
J4	摄影艺术
J51	图案学

类号	类名
J6	音乐
J7	舞蹈
J8	戏剧艺术
J9	电影、电视艺术
K	**历史、地理**
K0	史学理论
K1	世界史
K2	中国史
K3/7	世界各国和地区历史
K81	人物传记
K82	中国人物传记
K83/837	各国人物传记
K85	文物考古
K86	世界文物考古
K87	中国文物考古
K89	风俗习惯
K9	地理
N	**自然科学总论**
N1	自然科学现状、状况
N2	自然科学机关、团体、会议
N3	自然科学研究方法
N4	自然科学教育与普及
N5	自然科学丛书、文集、连续出版物
N6	自然科学参考工具书
N8	自然科学调查、考察
N91	自然研究、自然历史
N94	系统学
O	**数理科学和化学**
O1	数学
O22	运筹学
O23	控制论、信息论
O24	计算数学
O29	应用数学
O3	力学

类号	类名
O4	物理学
O6	化学
O7	晶体学
P	**天文学、地球科学**
P1	天文学
P2	测绘学
P3	地球物理学
P4	大气科学(气象学)
P7	海洋学
P9	自然地理学
Q	**生物科学**
Q1	普通生物学
Q2	细胞生物学
Q3	遗传学
Q4	生理学
Q5	生物化学
Q6	生物物理学
Q7	分子生物学
Q94	植物学
Q95	动物学
Q96	昆虫学
Q98	人类学
R	**医药、卫生**
R1	预防医学、卫生学
R2	中国医学
R3	基础医学
R4	临床医学
R5	内科学
R6	外科学
R9	药学
S	**农业科学**
S1	农业基础科学
S2	农业工程
S3	农学(农艺)

类号	类名
S4	植物保护
S5	农作物
S6	园艺
S7	林业
S8	畜牧、动物医学、狩猎、蚕峰
S9	水产、渔业
T	**工业技术**
TB	一般工业技术
TD	矿业工程
TE	石油、天然气
TF	冶金工业
TG	金属学与金属工艺
TH	机械仪表工业
TJ	武器工业
TK	能源与动力工程
TL	原子能技术
TM	电工技术
TN	无线电电子学、电信技术
TP	自动化技术、计算机技术
TQ	化学工业
TS	轻工业、手工业
TU	建筑科学
TV	水利工程
U	**交通运输**
U1	综合运输
U2	铁路运输
U4	公路运输
U6	水路运输
U8	航空运输
V	**航空、航天**
V1	航空、航天技术的研究与探索
V2	航空
V32	航空飞行术
V35	航空港、机场及技术管理
V37	航空系统

类号	类名
V4	航天(宇宙航行)
V52	航天飞行术
V55	地面设备、试验场、发射场、航天基地
V57	航天系统工程

X 环境科学、安全科学

类号	类名
X1	环境科学基础理论
X2	社会与环境
X3	环境保护管理
X4	灾害及防治
X5	环境污染及其防治
X7	三废处理与综合利用
X8	环境质量评价与监测
X9	安全科学

Z 综合性图书

类号	类名
Z1	丛书
Z2	百科全书、类书
Z3	辞典
Z4	论文集、全集、选集、杂著
Z5	年鉴、年刊
Z6	期刊、连续性出版物
Z8	图书目录、文摘索引

附录B　美国《化学文摘》编排体系

1　著录格式

CA的著录格式包括文摘和索引两大部分。

文摘部分主要是报道性文摘，其著录格式根据文摘内容的不同而有所区别。

索引部分根据出版时间的不同，分为期索引、卷索引和累积索引，不同的索引体系其著录格式又有所不同。

1.1　文摘正文

1. 期刊论文

130：16957f ① **Reprocessing and reuse of waste materials to solve air quality related problems.** ② Lehmann，christ-opher M. B.；Rostam-Abadi，Massoud；Rood，Mark J.；Sun，jian ③（Environmental Engineering and Science，Dept. of Civil Engineering，University of Illinois at Urbana-champaign，Urbana，IL 61801 USA）④. *proc.，Annu. Meet.-Air Waste Manage. Assoc.* ⑤［computer optical disk］⑥ **1998，91st，** ⑦ **TA4C07/14** ⑧(Eng) ⑨，Air&Waste Management Association. …⑩

说明：①卷号及文摘号(黑体)；②论文题目(黑体)；③著者姓名，以姓前名后的顺序排列，多位作者之间用分号隔开；④首位著者的单位及地址；⑤刊物名称(斜体缩写)；⑥论文收入光盘；⑦论文的年、卷(有的注明期号及起止页码)；⑧光盘号；⑨原始文种；⑩文章摘要部分。

备注：文献资料如在网上发行，从130卷起，在摘要前语种后注明其发行的网址。

2. 新书及视听资料

130：16973h ① **Biological treatment of Residual Waste：Methods，Installations，and prospects.**（Biologische Restabfallbehandlung：Methoden，Anlagen and Perspektiven）②Beudt，jurgen；

Gessenich，Stefan；Editors③(springer：Berlin，Germany). ④**1998.** ⑤239pp. ⑥(Ger). ⑦

说明：①卷号及文摘号(黑体)；②图书名称(黑体)；③著者姓名，以姓前名后的顺序排列，多位作者之间用分号隔开；④著者的单位及地址；⑤发行年代；⑥图书总页码；⑦原始文种。

3. 专利

130：16899s ①**Treatment of excess muddy wastewaters in construction of underground gas pipelines.** ② Katsuta，Chikara；Kosuga，Uichiro③（Kanpai Co.，Ltd，Japan）④ **Jpn. Kokai**

Tokkyo Koho JP10 296,232[98 296,232]⑤(CL. C02F1/00)⑥,10 Nov 1998,⑦**Appl.** 97108,956⑧,25Apr 1997;⑨5pp.⑩(Japan)⑪Excess muddy wastewaters in construction of gas pipelines are treated by pumping it from underground sites into a mixing tank,…⑫

说明:①卷号及文摘号(黑体);②专利题目(黑体);③专利发明人;④专利权人;⑤专利号;⑥国际专利分类号;⑦专利的公布日期;⑧专利申请号;⑨专利申请日期;⑩说明书总页码;⑪原始语种;⑫专利摘要。

4. 交叉参考

For papers of related interest see also section:

57 ①**16571a**② Recycling of some Egyptian industrial solid wastes in clay bricks.③

说明:①小类的类号;②文摘号;③文章题目。

1.2 索引系统

CA的索引种类较多。根据出版时间的不同,分为期索引、卷索引和累积索引,不同的索引体系其著录格式又有所不同。

1.2.1 期索引

期索引附在每期文摘之后,不单独出版,供查检该期的文摘。用期索引查资料,时效性强。

期索引包括:

- keyword index(关键词索引)
- patent index(专利索引)
- author index(著者索引)

1. 关键词索引(keyword index)

编排顺序:按关键词的英文字顺排列。

著录格式:

Wastewater①

treatment toxic air pollutant emission②

16812e③

备注:①关键词(黑体,首字母大写);②说明语;③文摘号。

2. 专利索引(patent index)

CA最初出版专利号索引和专利对照索引,从1981年94卷起,开始由专利索引代替这两种索引。该三种索引均按国名字顺排列,同一国名下按专利号大小的顺序由小到大排列。

著录格式:

DE (Germany)①

4318369 C1,see WO 94/27977 A1②

4319951 A1③,122:117476p④

BR 94/02435 A

CA 2125829 AA

EP 635587 A1(B1)

(Designated States:BE,CH,DE,ES , FR,GB, IT,LI,NL)

ES 2121120 T3

JP 07/305189 A2 ⑤

US 5593557 A(Continuation; Related) ⑥

备注：①专利国别；②相同专利；③文摘专利；④卷号及文摘号；⑤相同专利；⑥相关专利。

BR-Brazil; CA-Canada; EP-European patent Organization; BE-Begium; CH-Switzerland; ES-Spain; FR-France; GB-United Kingdom; IT-; LI-; NL-Netherlands; JP-Japan; US-United States of America.

3. 著者索引(author index)

编排顺序：按姓名(全称)的英文字顺排列。

著录格式：

Howley, p. s. 14876e

Howmedica International Inc. P17264q P17265r

Hu, Guobin 16592h

Hu, G. B. 19079g

1.2.2 卷索引

卷索引随卷单独出版，供查检该卷的文摘。

卷索引包括：

- chemical substance index (CS)
- general subject index (GS)
- author index
- patent index
- 辅助索引，包括：formula index; HAIC index; index of ring systems; register number index。

1. CS 与 GS

CA 创刊时就编排主题索引。随着化学学科的发展，新的化合物品种剧增。促使 CA 主题索引相应地发生变化。为了避免主题索引过于庞大以减少检索麻烦，从 1972 年 76 卷开始，将主题索引分为 CS 和 GS 两部分，单独出版。

主题词要求：主题索引中的标题必须是切合文献内容的，经过规范化的主题词。检索前首先查阅索引指南。

(1) CS(化学物质索引)

概况：CS 中的标题要求是主题索引中组成原子数价键立体化学结构都明确的物质，是具体的特定性的物质。CAS 给这些特定的物质不同的登记号，叫 CAS 登记号。

编排顺序：以规范化的化学物质名称作为主标题，按其英文字顺排列。

著录格式：

Carbon dioxide①[124-38-9]②, **reactions③**

for prepn. Of clathrate hydrate of carbon dioxide④, ***rct*** 331762n⑤

备注：①主标题词(黑体，首字母大写)；②CAS 登记号；③副标题词(黑体)；④说明语；⑤文摘号(rct-reaction; pr-preparative; cat-catalytic; p-patent; b-book; r-review; rct, pr,cat 只在 CS 中出现. pr 从 121 卷开始出现,rct,cat 从 130 卷开始出现)。

(2) GS(普通主题索引)

概况:凡是不涉及具体化学物质的主题都编入 GS。这些主题包括概念性名称和广泛性非专指非特定性的物质。

编排顺序:按标题词的英文字顺排列。

著录格式:

Biochemical analysis①

making app. for conducting biochem. Analyses,②

P 49482a③

备注:①标题词(黑体,首字母大写);②说明语;③文摘号。

2. 专利索引

期索引与卷索引中的专利索引在排序及著录格式上完全相同。

3. 著者索引

编排顺序:按姓名的英文字顺排列。

著录格式:

Dai,Fengying①

Separation and determination of barium oxide in barium chloride,②60340y③

Dai,Fuguan See Rong,huachun ④

4. 辅助索引

辅助索引是卷索引的辅助形式,一般用辅助索引查找不能直接找到需要的课题,需借助其他索引才能完成。

分子式索引:不易掌握命名和复杂化合物无法检索化学物质索引时,查分子式索引很方便。

编排顺序:按物质分子式的英文字顺排列,有机物先排 CH 两种元素,其余的再按字顺排序。

著录格式:

C2H4①

Ethene[74-85-1]. See *Chemical Subtance Index*②

compd. with borane(1:1)[220035-49-4],139377z③

compd. with hydrochloric acid(1:1)[54419-95- 3], 109812v

说明:①化学物质的分子式;②引见到 CS;③与 C2H4 有关的其他物质的文献。

1.2.3 累积索引

累积索引把卷索引集中分类编排,每 10 卷出版一期(5 年出版一次)。用累积索引便于大规模查阅资料,时间跨度大,适用于回溯检索。

累积索引在卷索引的基础上,增加了两种索引:

- index guide(IG)
- Chemical Abstracts Service Source Index (CASSI)

1. 索引指南

主要作用:

(1) 通过 see 查出规范化的主题词。

(2) 通过 see also 扩大检索范围。

(3) 及时掌握 CS 和 GS 的变化和新增内容,以及删减或修订过的索引名称。

著录格式:

Extraction①

See also narrower②:

Cementation(displacement reaction)

Electrowinning

Microextraction

*Solvent extraction*③

See also related:④

Centrifugation

Concentration(process)

Extractants

Extraction apparatus

*Extraction enthalpy*⑤

agents—see *Extractants*⑥

micro—see *Microextraction*

solvent—see *Solvent extraction*

备注:①规范化主题词;②引见该词的规范化的下位词;③规范化的下位词;④引见该词的规范化相关词;⑤规范化相关词;⑥将不规范词引见到规范词。

2. 化学文摘资料来源索引

概况:化学文摘资料来源索引(Chemical Abstracts Service Source Index,CASSI),是利用 CA 所摘文献出处来检索刊物详细地址及概况,便于读者查阅资料原文的工具。CASSI 现一年出版 4 期,及时对新增加及变动的刊物做介绍,在一年的最后一期对前三期进行覆盖,集中介绍一年来的变化情况。

编排顺序:按所收刊物名称的英文字顺排列。

著录格式:

(Journal)

Xiandai Huagong. ①HTKUDJ②. ISSN 0253-4320. ③(Modern Chemical Industry) ④ In Chinese⑤; Chinese, english sum⑥; english tc. ⑦ History: n1 1980+. ⑧ *m* **20 2002.** ⑨ *XiandaiHuagong Bianjibu*, 53, *Xiaoguanjie*, *Anwai*, *Beijing* 100029, *China*. ⑩

HSIEN TAI HUA KUNG-PEI-CHING. ⑪

Doc. Supplier: CAS. ⑫

PPiU; JTJ 1981+⑬

备注:①期刊名称;②美国材料学会定的刊物代号;③国际标准连续出版号;④美国译名;⑤文种;⑥摘要;⑦目录;⑧创刊时间;⑨刊物发行类别及当前年代和卷号(期号);⑩出版社及地址;⑪美国图书协会编目的刊名;⑫文献提供者;⑬该刊物的收藏单位。

2　检索途径与实例

2.1　文摘的检索途径

1. 分类途径
2. 主题途径
- keyword index
- CS
- GS
3. 分子式途径
4. 著者途径
5. 序号途径

2.2　检索实例

实例：新型鞣制剂(以卷索引主题途径为例)

1. 分析研究课题，译成英文，选主题词(tanning agent)。
2. 使用 IG 规范主题词(确定规范词为 tanning materials)。
3. 查主题索引 (先根据主题词确定用 CS 或 GS，此处为 GS)，结果如下：

(1992，V.117)

Tanning materials

aluminum-chrome contg. Syntans，with low pollution；p92617s

chrome-syntan，prepn. Of，51218u

4. 查文摘 (V.117)。

117：92617s Tanning agents for decreased pollution. …

JP 04 88.100 [92，88，100] (cl. C14C3/06) …

117：51218u Use of chromium-containing shaving for retainning-filling agents Borcipotech 1991，41 (9)，410-13(hung)…

5. 查原文。

参 考 文 献

[1] 谢希仁.计算机网络.第5版.北京：电子工业出版社,2008.
[2] Andrew S Tanenbaum.计算机网络.第4版.北京：清华大学出版社,2004.
[3] 吴树锦.Internet技术.北京：对外经济贸易大学出版社,2010.
[4] 洪家军,林荣主编.Internet技术与应用.北京：清华大学出版社,2011.
[5] 綦朝辉主编,邓宪法编著.下一代Internet技术.北京：国防工业出版社,2005.
[6] 张向宏,张少彤.互联网新技术在媒体传播中的应用.北京：清华大学出版社,2010.
[7] 沈固朝主编.信息检索(多媒体)教程.北京：高等教育出版社,2009.
[8] 沈固朝主编.网络信息检索(工具、方法、实践).北京：高等教育出版社,2008.
[9] 邓学军等.科技信息检索.西安：西北工业大学出版社,2006.
[10] 乔好勤,冯建福,张材鸿主编.文献信息检索与利用.武汉：华中科技大学出版社,2008.
[11] 吴六爱等主编.计算机信息检索教程.兰州：甘肃人民出版社,2006.
[12] 彭志宏,王家驹主编.现代图书馆信息检索与利用.郑州：郑州大学出版社,2008.
[13] 孙桂荣等主编.现代文献信息检索教程.郑州：河南人民出版社,2007.
[14] 信息检索利用技术编写组.信息检索利用技术.第二版.成都：四川大学出版社,2008.
[15] 袁学松,宋雯斐主编.现代信息检索.北京：中国水利水电出版社,2007.
[16] [美]格罗斯曼,[美]弗里德.信息检索：算法与启发式方法.第2版.北京：人民邮电出版社,2009.
[17] 百度百科：http://baike.baidu.com.
[18] 维基百科：http://wikipedia.jaylee.cn.